感受传统中医 无微不至的呵护

体验粥膳养生 博大精深的内涵

彩读养生馆 3

粥膳养生堂1000例

养生堂膳食营养课题组 编著

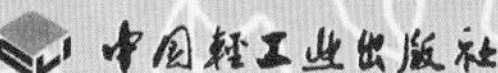

目录

第一章 粥膳与养生

第二章 常用食物粥膳养生

第三章 不同体质的粥膳养生

第四章 增强体质的中医粥膳养生

第五章 不同人群的粥膳养生

第六章 常见疾病与身体保健的粥膳养生

第七章 粥膳美容

第八章 不同季节的粥膳养生

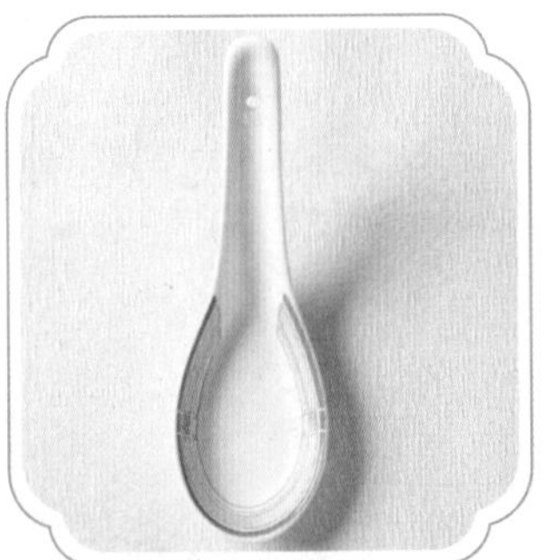

计量单位换算表

1小匙＝3克＝3毫升
1大匙＝15克＝15毫升
1杯＝200毫升
1碗＝300毫升

●少许＝略加即可，如用来点缀菜品的香菜叶、红椒丝等。

●适量＝依自己口味，自主确定分量，比如放盐的多少。

另外，烹调中所用的高汤，读者可依个人口味，选择鸡汤、排骨汤或是素高汤都可以。

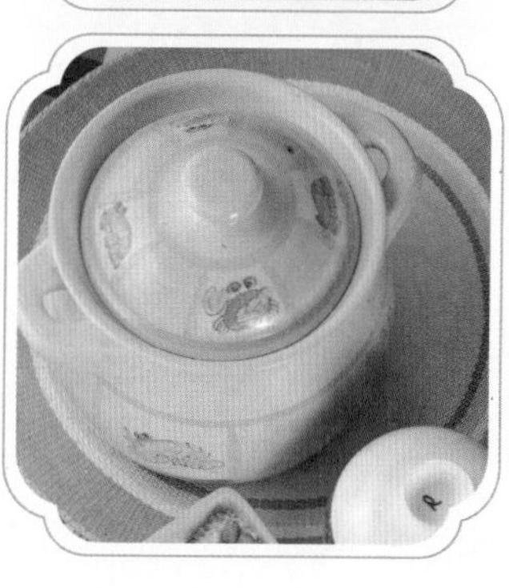

第一章

粥膳与养生

粥膳养生是一种传统的养生方式，它承袭了我国古代中医的养生理念，在历经各朝各代的发展之后，更加贴近了人们的生活。它告诉人们怎样吃更健康、怎样吃更美丽、怎样吃更长寿，使人们在进餐中实现了养生与保健。

了解粥膳养生

YANG SHENG

走进粥膳

粥又称“稀饭”，古代称为“糜”、“酏”，由米与大量的水或高汤熬煮而成，是最常见的食品。

粥在我国有着几千年的历史，我国人民自古就有食粥的习惯。当然随着人民饮食生活的不断丰富，粥的做法也不断发展，种类迅速增加，风味、口感不断多样化，粥逐渐具有了不同的功效。粥已不仅仅作为一种食物呈现在人们面前，而是更多地注入了养生的成分，日趋形成了人们常说的“粥膳”，这也正符合我国中医理论“药食同源”的主张。

可制作粥膳的食材十分丰富，五谷杂粮、蔬菜、水果、中草药、肉类、水产品都可烹制出美味的粥品。

粥的材料与营养

传统意义上的粥多由五谷杂粮制作而成，但随着粥膳养生的不断发展，人们在五谷杂粮的基础上，又不断增加了新的粥膳材料，包括蔬菜、水果、肉类、水产品和中草药等。

随着粥膳材料种类的增加，粥的营养成分也日渐丰富。粥除富含碳水化合物外，还含有大量的蛋白质、氨基酸、脂肪酸、多种维生素以及钙、铁、磷、锌等矿物质，能很好地满足人体对营养的需求。

适宜食粥的人群

从古至今，粥作为养生保健食品，其食用人群极为广泛，不论男女老少，不论何种体质，对粥都十分青睐。由于粥具有清淡、易消化的特点，因此很适合儿童、老年人、体弱多病及脾胃虚弱者食用。

古医书记载：“……五十岁，肝气始衰；六十岁，心气始衰；七十岁，脾气衰；八十岁，肺气衰；九十岁，肾气衰；百岁，五脏皆虚。”由此看来，随着年龄增长，各个器官会逐渐老化，身体机能也随之衰弱，尤其到了老年阶段，健康状况日趋下降，新陈代谢减缓，抵抗病毒的能力下降，胃肠消化功能也逐渐减弱，因此老年人不能很好地吸收、利用食物中的营养成分，一旦生病，多表现为虚证。如果此时能恰当地运用粥膳，可以在一定程度上起到滋补身体、增强体质、预防疾病的作用。

喝粥的最佳时间

粥多在早晨进食，以适应人体肠胃空虚的生理特点。早晨喝粥“空腹胃虚，谷气便作，所补不细，又极柔腻，与肠胃相得，最为饮食之良”。当然不仅晨起宜食粥，苏东坡还提倡晚上进食白粥，认为它能“推陈致新，利膈益胃，粥后一觉，尤妙不可言”。

粥的保健与养生

粥适合搭配各种口味的食物，同时就具备了不同的养生功效。如：粳米粥可以养胃、补脾、止渴；小米粥能补气、益中、暖脾胃；绿豆粥具有清热解毒的功效；有些菜粥能滋阴补肾等。

合理地利用粥膳养生，能使人健康、强壮、延年益寿。正如清代《随息居饮食谱》中所说：粥为世间第一补品，这是古人对粥膳养生的肯定。

粥膳与疾病调养

传统中医一直认为粥膳对调养疾病有积极作用。

时至今日，由于人们不断受到不安全食品及垃圾食品的侵害，饮食比例严重失衡，健康也受到了极大的危害，于是一些疾病悄然而至，如：肥胖症、脂肪肝、高血压、冠心病、糖尿病等。俗话说：药补不如食补。人们逐渐意识到了健康饮食的重要性，于是粥膳对疾病的调养作用越来越受到人们的重视。例如：胡萝卜粥对高血压有缓解作用；羊肉粥可以改善慢性气管炎等。

传统而时尚的养生之道

粥膳作为一种传统的饮食样式，承袭了我国古代中医的养生理念，使人们在进食中实现了养生与保健。如今，粥膳依旧是人们增强体质、养生保健、延年益寿、美容养颜的手段之一，逐渐在一些大中城市流行开来，被人们视为一种时尚的养生方式。

粥膳的历史与发展

LI SHI

追溯粥膳的源头

粥膳是我国特有的饮食文化，它的历史悠远而绵长，我国最早食粥的人可能是黄帝。有史书记载：黄帝好烹谷为粥，而利用粥膳食疗养生则始于西汉时期。一般认为，汉代司马迁所著的《史记·扁鹊仓公列传》是最早记载粥膳具有食疗作用的书籍，书中记载了当时的名医用粥改善病症的事迹。而后在汉墓出土的多种医书中也有粥膳食疗的记载。可见，粥膳养生有着悠久的历史。

据资料记载，黄帝是我国历史上最早食粥的人。

东汉医书中的粥膳记载

东汉时期，利用粥膳调养身体有了新发展，不再只是前人用过的粥膳食疗单方，而是将粥膳与药物合用，出现了很多此类名方。东汉名医张仲景所著的《伤寒杂病论》中就曾记载了很多这类的名方，如“桃花汤”等，这类名方中均含有粳米的成分。而这里所说的“汤”并不是一般意义的“汤”，而是指将米煮熟后去渣所成的汤，事实上就是粥熬煮好之后所成的米汤。

隋唐时代的药粥方

隋唐时代的医学家秉承了前代人的医学传统，将粥膳养生继续发扬光大。隋代医书《诸病源候论》与唐代著名医学家孙思邈的《备急千金要方》中均记载了一些粥膳食疗方。而《备急千金要方》中还收录了民间常用的偏方。如：谷皮糠粥可改善脚气病；羊骨粥具有温补阳气的作用等。

宋代的宝贵积累

宋代时，粥膳养生较之前代，有了更大

的发展与进步，粥膳养生更为普遍，同时也积累了宝贵的粥膳食疗方。例如：《太平圣惠方》中记载了一百多个粥膳食疗方；《圣济总录》中也记载了一百多方；《养老奉亲书》中则收集了数十方适合中老年人养生长寿的粥膳食疗方。在这些书籍收录的粥膳食疗方中，有些配方至今仍在沿用，如苁蓉羊肉粥、生姜粥等。

金元时期的再发展

到了金元时期，粥膳养生也有了进一步的发展。据史书记载，医学史上著名的金元四大家之一的李东垣对粥膳食疗很有研究，在其著作中，他专门介绍了几十个最常用的粥膳食疗方。此外，还有人在《养老奉亲书》的基础上著成《寿亲养老新书》，其中收集了几十个粥膳食疗方。

粥膳养生不仅在民间大受欢迎，同时也得到了皇室宫廷的认可。元代宫廷饮膳方面的太医就曾收集过不少滋补强身、改善病症、养生延年的粥膳配方。

明清时代的粥膳

到明清时，粥膳养生有了长足的发展，在原有粥膳方的基础上不断增加了新的食疗方。

明代的粥膳养生已十分普遍。明代名医李时珍通过总结前人的医学理论，长期走访民间百姓，并结合自己的从医经验，编著了《本草纲目》一书，收录了更多的粥膳食疗方。而明代编撰的《普济方》共收录了近200个粥膳食疗方，是我国现存最大的一部方书。

清代，粥膳养生在明代粥膳方的基础上又有了新的发展。清代著作《老老恒言》中记载了近百种粥膳养生方。

今日粥膳

随着粥膳发展至今，其种类不断翻新，功效也各有不同。不同季节、不同人群、不同体质的人均有各自不同的养生粥膳，而针对不同的病症也有不同的食疗方案。例如：有专门针对中老年人高血压、心脏病的粥膳；有针对女性月经不调的粥膳；有针对五官疾病的粥膳；有针对消化系统疾病的粥膳等。可以说养生粥膳的种类极其丰富，普及程度也今非昔比。由于粥膳养生被大众广泛接受，因此一些特色粥店便应运而生，从而进一步向前推进了粥膳文化的发展。

如今的粥膳虽然有地域的差异，南北方制作粥膳的食材也各有侧重，但无一例外都有着同一目的——养生。

粥具有一定的食疗功效。

认识粥膳的种类

ZHONG LEI

常见的粥膳种类

粥膳养生经历了几千年的发展，其花样不断翻新，种类也逐渐增多。粥的品种和档次今非昔比，各种风味的粥也屡见不鲜，如八宝粥、养颜粥、淡粥、甜粥、咸粥等，各式各样的蔬菜粥、水果粥、鲜花粥也层出不穷。

若想细分粥膳的种类，也要依据不同的划分原则。

依照形态分类

这种分类方法多见于古代。古人依照粥膳形态的不同把粥膳分为两类，即稀粥与稠粥。

稀粥

稀粥是以米加水直接烹制而成的，且是一种米少水多的粥，形态与稀饭相似，古代称之为酏。用来熬煮稀粥的米、水比例大致为1：20。

稠粥

稠粥也是以米加水烹制而成的粥品，但与稀粥不同的是，稠粥是黏稠的粥，米与水的比例大致为1：15。

依照原料分类

根据制作粥膳所用主要原料的不同，可将粥分为三大类，即白粥、食品粥和食疗药粥。

白粥

白粥是指将米加水直接烹煮而成的粥，多以五谷杂粮为主要原料。制作白粥常用的原料有：稻米、小米、玉米、小麦、燕麦、荞麦、薏米、黑米、黑豆、黄豆、赤小豆、绿豆等五谷杂粮。

古代医书指出："五谷为养"。可见，由五谷杂粮制作而成的白粥，其养生作用不容忽视。每种粥品都有各自不同的养生功效，较为常见的粥膳养生功效包括：养心安神、滋阴、壮阳、清热、利湿、润肠、健脾胃等。

食品粥

食品粥是在白粥的基础上发展而来的，在原料的选用上增用了蔬菜、鲜花、水果、肉类、水产品等。由于白粥与增用的原料之间在性味上没有太大的偏差，作用较温和，因此较适宜老人、患病儿童及体弱多病者食用，常食此类粥膳能补充营养、增强体质、提高抗病能力。

食疗药粥

食疗药粥则是在白粥或食品粥的基础

上，加入中药烹制而成的。药粥常用的中药材包括：当归、人参、丹参、山楂、山药、白术、白果、甘草、神曲、枸杞子、冬虫夏草等。在制作药粥时，可将中药研成末后与米同煮成粥，也可将中药捣汁或煎汁代替水来煮粥。

药材的使用为粥膳带来了新的功效，可以针对具体的病症自行制作药粥。用中药煮的粥，功效比白粥与食品粥更为显著，有较好的养生功效。但应注意的是，在选用每一种中药前，一定要先了解自己的体质以及药材的特性与功能，或者咨询中医师。是药三分毒，任何药物都不能滥用，以免影响身体健康。

依照烹制方法分类

现代社会，根据烹制方法的不同，可将粥膳分为普通粥和花色粥两大类。

普通粥

普通粥的制作方法较为简单，主要分为煮粥和熬粥两种。

煮粥的方法：米淘洗干净，放在冷水中浸泡五六个小时，每500克米加水约3000~4000克，再用大火煮至熟透即可。

熬粥的方法：将米洗净后，加入冷水，再用大火加热至滚后，立即装入有盖的木桶内，盖紧锅盖，熬约2小时即可，用这种方法熬出来的粥味道较香。

花色粥

与普通粥相比，花色粥品种繁多，根据所用材料的不同，口味也有荤有素、有咸有甜。花色粥的做法也有两种。

一种做法是配料与米同时熬煮，但也要注意下料的先后顺序，用此方法制成的粥包括：绿豆粥、赤小豆粥、豌豆粥、腊八粥等。另一种做法是煮好米粥后再放入各种配料，用这种方法制成的粥有：鱼片粥、肉丝粥、鱼蛋粥等。

花色粥的名字随加入配料的不同而有所变化，一般加什么配料就叫什么粥，如苹果粥、鱼松粥、菠菜粥等。

粥膳的养生功效

GONG XIAO

增强体质

制作粥膳的原料不同，粥品的功效也会有所区别，但总体而言粥是一种温和的调理性食物，能增强体质，保持人体的健康。

粥膳增强体质的功效表现

功效	具体表现
养心安神	人的精神、意识、思维活动都受大脑支配，当心的功能失常时，就会出现心气不足、血液流动缓慢、脉象无力、面色苍白、血压低、恍惚健忘、失眠多梦、神不守舍等病症，常食具有养心安神功效的粥膳能较好地改善这些症状。
益气	中医认为，人体的气主要由来自父母的先天精气、食物中的营养精微物质和自然界中的清气所组成。当气虚时，往往会出现面色苍白、气短乏力、自汗、心悸、心胸闷痛、眩晕、腹胀、尿频、咳嗽、气喘、月经不调等。当出现上述症状时，可食具有益气功效的粥膳进行调理。
补血	中医认为，血液具有营养和滋润全身的作用，主要由营气和津液组成。粥膳的补血功效主要是针对血虚的情况。
滋阴	中医讲究阴阳调和，当阴虚时，人体就会发生各种病变。可通过粥膳进行调理，从而达到养阴、滋液、润燥的目的。
补肾壮阳	具有补肾壮阳作用的粥膳能补助肾阳，主要用于肾阳虚证。

养肝护肝	肝能通调气血，主疏泄，主藏血。当肝的功能失常时，往往会出现急躁、易怒、心情郁闷、影响脾胃的运行功能等病症，所以平日里可以常食具有养肝护肝作用的粥膳进行调理。
养肺护肺	肺是五脏之一，能推动气血，负责人体的呼吸。当肺的功能失常时，会出现胸闷、喘促、咳嗽、气短少言、骨倦自汗、痰多、水肿等病症。当肺功能失常时可常食有养肺功能的粥膳来进行调理。
健脾胃	脾是五脏之一，能生化气血；胃能接受入口的食物，并向下传递食物。当脾胃功能失常时，会出现腹胀、腹泻、食欲不振、神疲乏力、头晕目眩、胃下垂、便血、胃寒、胃热等病症，可常食一些具有健脾胃功效的粥膳。
润肠	肠是接受经过胃消化后的食物的器官。当肠功能失调时，会出现腹胀痛、腹泻、便溏、便秘、痔疮等病症。可经常食用具润肠功效的粥膳进行调理。
清热	具有清热作用的粥膳主要用于热证，热证既可指体温升高的发热，也可泛指体温正常或接近正常，但患者常出现某些热证症状的发热，如口干、咽燥、面红、目赤、大便干结、小便赤短、舌红苔黄等。
散寒	散寒类的粥膳具有温中散寒、下气止痛、温肾回阳等作用，对心腹胀满、脘腹疼痛、呕吐、泄泻、腰膝酸痛、四肢浮肿、小便不利、汗出不止、四肢厥冷、呼吸微弱、脉微欲绝等症状的改善有不错的效果。
解表	解表类粥膳能发散邪寒，解除表证，对恶寒、发热头痛、无汗或有汗、鼻塞、咳嗽、苔薄白、脉浮等病症的调理有不错的效果。
利湿	湿邪为病，有外湿和内湿之分，常表现为恶寒发热、头胀脑重、肢体浮肿、身重疼痛、胸痞腹满、呕恶黄疸、泄痢淋浊、足跗浮肿等。利湿类粥膳可改善以上症状。

预防疾病

疾病重在预防，不同的季节易患不同的疾病，如果每个季节都能做到合理膳食，就能达到预防疾病的目的。

春季常食菠菜粥、菊花粥可以起到养护肝脏的作用；夏季吃荷叶莲子粥、绿豆粥可清热解暑；秋季吃沙参粥、玉竹粥可以利脾养胃，生津液；冬季吃生姜粥、苁蓉羊肉粥可提高抗寒能力。

另外，常用对身体有益的食材烹制粥膳，在一定程度上，可起到长期防病的作用。

辅助食疗

粥膳不仅能预防疾病，还能配合药物帮助改善某些病症。据资料记载，药粥适用的病症有30余种，其中咳喘、水肿、感冒、食积、胃病、便秘、泄泻、痢疾、消渴、产后缺乳、胎动不安、呕吐、发热等在能用粥膳食疗的疾病中是较为常见的。因此，当患上述常见疾病时，可尽量用粥膳进行调理。制作此类粥膳常用的食材有：萝卜、葱白、冬瓜、莲子、乌鸡、绿豆等。

滋补养生

人们食用粥膳，重在滋补与调理，特别是儿童、中老年人、孕产妇及体弱多病者更需要日常的饮食调理。可以根据这些人群的年龄特点、体质特征及身体各个器官的具体状况来进行粥膳调理与养生，从而达到保健与养生的目的。

中医认为，虚性体质的人更需要滋补，如果能配以一些粥膳进行调理，并坚持长期服用，通过阴阳气血的调和，就会取得不错的效果。

延年益寿

具有延年益寿作用的粥膳多需一些中草药的配合来制作成药粥，以达到提高免疫力、抵抗衰老、健康长寿的目的。人参、枸杞子、何首乌等就是不错的选择。如用这些药物制成粥膳，就能收到延年益寿的功效。

美容养颜

美容养颜是很多女性食用粥膳追求的目的之一。中医认为，美容养颜与人体的五脏六腑、气、血、津液都有着密切的联系。因此，要想达到美容养颜的目的，就必须从内部调理入手。

养颜润肤

人的容颜是通过肤色、光泽等方面表现出来的，如果人体内部阴、阳、气、血失调，就会影响容颜的美丽，可常食用具有养颜润肤功效的粥膳来进行调理。

抗衰老祛皱

人从出生到终了就是一个逐渐衰老的过程，但根据自身的体质与机体状况服用粥膳，可清除让机体衰老的自由基，从而保持年轻。

排毒祛痘

身体内部毒素聚集，无法排出体外，便容易产生皮肤问题，如青春痘、痤疮等。若想排出身体毒素，可用具有排毒功能的食材制作粥膳进行调理，如绿豆等。

祛斑美白

光照日晒容易形成色斑，色斑给很多女性带来了烦恼，有些药粥具有淡化色斑的作用，可适量食用。

养发护发

芝麻、核桃等干果类制作的粥膳对头发的养护很有益处，不妨一试。

牙齿保健

牙齿的美观也不容小觑，平时可多吃一些对牙齿有保健作用的粥膳。

亮眼明眸

黯然的眼神会影响形象，常吃具有亮眼明眸功效的粥膳能在一定程度上改善双眼无神、眼目混浊、眼睑水肿等症状。

减肥瘦身

人体内的脂肪堆积过多不仅会影响美观，严重时还可能危害身体健康，引发肥胖症、高血压、心脏病、糖尿病等危害身心的疾病。中医认为，肥胖与饮食、劳逸、体质及情志等因素有关，因此要想改善这种状况，除需锻炼身体、增加运动量外，还可适当进行饮食调理，食用养生粥膳。

丰胸

丰胸是很多女性追逐的热点问题。丰满的胸部依赖于人体的乳腺发育，一般在青春期即已完成。若想达到丰胸的效果，可用具有丰胸效果的食材制作粥膳进行调理。

粥膳具有很好的美容养颜功效，因此，很受女性的欢迎。

认识五谷杂粮——粥膳的主角

WU GU ZA LIANG

走进五谷杂粮

五谷杂粮是日常饮食的基础，但人们对它并不一定十分了解，并缺少基本的认识，都认为五谷杂粮是再平常不过的食物，事实上，我们每天必须食用的五谷杂粮才是真正的健康良药。

有调查显示，面包、谷类、米和面食类占了食物比例的50%～60%，也就是说五谷杂粮是人类生存的基础。

五谷杂粮能给人们提供每日所需的热量、改善病症、保健养生等，因此多吃五谷杂粮有益于身体健康。

五谷杂粮包含哪些

《黄帝内经》认为五谷即“粳米、小豆、麦、大豆、黄黍”。而《孟子腾文公》称五谷为“稻、黍、稷、麦、菽”。在佛教祭祀时又称五谷为“大麦、小麦、稻、小豆、胡麻”。

现在通常说的五谷杂粮是指稻谷、麦子、高粱、大豆、玉米，而习惯地将米和面粉以外的粮食称作杂粮，所以五谷杂粮也泛指各式各样能当粮食的作物。其中，大米是五谷杂粮的代表。

五谷杂粮的四性

中医理论强调“药食同源”，认为食物有改善疾病的功效，所以将食物的性质分类，让人们根据自己的体质来选择合适的食物。五谷杂粮的四性即寒、凉、温、热四种属性，寒热偏性不明显的则归于平性，但习惯上仍称为四性。五谷杂粮的四性是根据吃完食物后对身体产生的作用来划分的，一般来说，寒凉性的五谷杂粮能减轻或消除体内热象，清热解渴；而吃完后有明显地消除或减轻身体寒象的，就归于温热性。其实，所谓寒、凉、温、热的区分都只是程度上的差别，寒性的程度比较轻就归凉，而温热也是如此。

四性的作用、适合体质及代表食物

四性	作用	适合体质	代表食物
寒	清热解渴、消除热证	热性症状或阳气旺盛者	小麦、荞麦
凉	降火气、减轻热证	热性症状或阳气旺盛者	绿豆、薏米、大米、小米
温	祛寒补虚	寒性症状或阳气不足者	赤小豆、高粱、糯米、栗子
热	祛寒、消除寒证	寒性症状或阳气不足者	炒、炸花生等
平	健脾开胃	各种体质皆适合	黑豆、玉米、粳米、黄豆

五谷杂粮的五味

五谷杂粮的五味即酸、苦、甘、辛、咸五种滋味。另外，还有淡味和涩味，一般把淡味归入甘，涩味归入咸。五味都有各自对应的体内器官和功效，饮食五味均衡，才是最好的养生方法。

酸味

有生津开胃、收敛止汗、助消化、改善腹泻症状等作用，对应器官为肝。但是，如果吃得太多容易造成筋骨损伤。感冒者宜少食。

苦味

清热泻火，解毒除烦，能促进伤口愈合。对应器官为心。如果食用过多会口干舌燥，便秘、干咳、胃病或骨病患者，应避免食用。

甘味

有补益身体、调和脾胃系统的作用，对应器官为脾。但食用过多会导致发胖和蛀牙，如有糖尿病或腹部闷胀者不宜食用过多。代表性五谷杂粮为糯米、荞麦、豌豆等。

辛味

可缓和肌肉及关节病、偏头痛等，可发散风寒、行气活血。对应器官为肺。如果过多食用会便秘、火气大或长青春痘等。

咸味

有温补肝肾、泻下通便的功效，对应器官为肾。如果食用过多会造成高血压等心血管疾病，中风患者应节制食用。代表性五谷杂粮为小麦、小米等。

淡味

有除湿利水的功效，可改善小便不畅、水肿等症状。如果没有湿性症状的人应谨慎食用。代表性五谷杂粮为薏米等。

五谷杂粮的五色

传统中医认为，五行对应着体内的器官，木为肝、火为心、土为脾、金为肺、水为肾。就饮食保健方面而言，五色（即青、赤、黄、白、黑）的食物分别对应五行（即木、火、土、金、水），因此对人体的五脏有不同的滋补作用。而现代中医认为，五色对应五脏的理论也并非绝对，如绿豆对应五行为木，对应体内器官应为肝，而实际上，绿豆主要是入心、胃二经。但各个脏腑之间是相互联系的，因此，五色食物必须均衡摄取，不能偏食一色，要让五脏同时得到滋补。

五色食物的作用

青色食物	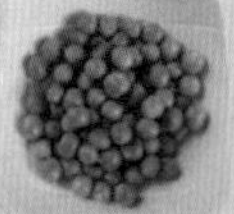	对应五行为木，入肝经，能增强脏腑之气。肝为解毒的器官，所以青色食物有清肝解毒的作用，如豌豆等。
赤色食物		对应五行为火，入心经，能增强心脏之气，提高人体组织中细胞的活性。多吃赤色食物能预防感冒，有清血、补血、通血的效用，如赤小豆等。
黄色食物	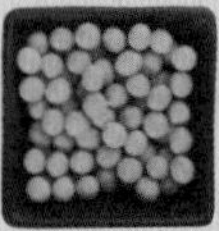	对应五行为土，入脾经，能增强脾脏之气，促进和调节新陈代谢，提高脏腑功能，如黄豆、小米、玉米等。
白色食物		对应五行为金，入肺经，可增强肺脏之气，如大米、薏米、杏仁等。
黑色食物		对应五行为水，入肾经，能增强肾脏之气，可保健养颜、抗衰、防癌等，对生殖、排泄系统较有好处，如黑豆等。

五色与脏腑、四季、性味对应表

五色	五味	五脏	五行	五腑	四季
青	酸	肝	木	胆	春
赤	苦	心	火	小肠	夏
黄	甘	脾	土	胃	仲夏
白	辛	肺	金	大肠	秋
黑	咸	肾	水	膀胱	冬

常见五谷杂粮的营养与功效

受健康饮食观念的影响，现代人逐渐将目光投向了玉米、小米、大麦等五谷杂粮。因为，相对而言，五谷杂粮比精制的米面更有营养。除此之外，杂粮还能为身体提供特别的食疗作用。以下是常见的五谷杂粮种类与其营养成分列表。

谷物种类	营养与功效
稻米	其主要成分是碳水化合物、蛋白质、脂肪、纤维素及人体必需的微量元素，但普通稻米缺乏维生素A、维生素C和碘等人体必需的成分，因此需要通过搭配蔬菜及其他食物来均衡营养。
黑米	黑米中的蛋白质和氨基酸含量较多，还含有多种维生素和锌、铁、钼、硒等人体必需的矿物质。黑米具有滋阴补肾、补胃暖肝、明目活血的功效。长期食用黑米，可改善头昏、目眩、贫血、白发、眼疾、腰腿酸软等病症。
紫米	含有丰富的蛋白质、脂肪、赖氨酸、色氨酸、维生素B_1、维生素B_2、叶酸等多种营养成分，还含有铁、钙、磷、锌等人体所需的矿物质。紫米具有补血益气、暖脾胃的功效，对改善胃寒痛、消渴、夜多小便等病症有不错的效果。
薏米	富含亮氨酸、精氨酸、赖氨酸、酪氨酸等氨基酸类成分，还含有脂肪油、糖类等。薏米性微寒，有健脾、去湿、利尿的功效。可缓解湿热、脾虚腹泻、肌肉酸痛、关节疼痛等。还可增强肾上腺皮质功能。薏米是一种理想的抗癌保健食品。
小米	味甘，性微寒，有健脾、除湿、安神等功效。
玉米	世界公认的黄金作物。纤维素比精米、精面粉高4～10倍。纤维素可加速肠部蠕动，排除大肠癌的因子，降低胆固醇吸收，预防冠心病。玉米还能吸收人体的一部分葡萄糖，对糖尿病有缓解作用。
黄米	富含蛋白质、脂肪和赖氨酸。黄米味甘，有黏性，有和胃、健脾、乌发的功效。
高粱	营养丰富，用途广泛。加工后所成的高粱米可用来蒸饭或磨成粉，再做成各种食品。高粱米含有蛋白质、脂肪、碳水化合物、钙、磷、铁等，赖氨酸含量高，丹宁酸含量较低。高粱性温，有和胃、健脾、凉血、解毒、止泻的功效，可用来改善积食、消化不良、湿热下痢和小便不利等多种疾病。
黄豆	味甘，性平，有健脾宽中、润燥消水的效用，对疳积泻痢、腹胀、妊娠中毒、疮痈肿毒、外伤出血等病症有辅助食疗作用。
黑豆	含有黄酮类物质、大豆皂醇、蛋白质、B族维生素、优质脂肪酸、胡萝卜素、叶酸等。黑豆具有补肾益精、活血润肤的功效，有很强的补肾、养肾作用。
赤小豆	含有较多的皂苷，可刺激肠道。有良好的利尿作用，能解酒、解毒，对心脏病、肾病、水肿均有一定的作用。还含有较多的膳食纤维，具有良好的润肠通便、降血压、降血脂、调节血糖、解毒、抗癌、预防结石、健美减肥的作用。哺乳期女性多吃赤小豆，还有催乳的功效。
蚕豆	蛋白质含量高，并含有钙、铁、磷等多种矿物质和维生素。蚕豆具有祛湿、利脏腑、养胃、补中益气的功效，对水肿及慢性肾炎等有缓解作用。

绿豆	味甘，性寒，有利尿消肿、清热、解毒、凉血的作用。
小麦	含有钙、磷、铁及帮助消化的淀粉酶、麦芽糖酶等，还含有丰富的维生素E，是保护人体血液、心脏、神经等正常功能的必需营养品。另外，常吃小麦还可增强记忆、养心安神。
大麦	主要含有淀粉、蛋白质、脂肪和矿物质，还含有维生素E和多种微量元素。食用大麦，可以消暑热，还可以缓解胃炎及十二指肠球部溃疡等病的症状。另外，还有消食、回乳、消水肿等功效。
燕麦	含有淀粉、蛋白质、脂肪，氨基酸、脂肪酸的含量也较高，还含有维生素B_1、维生素B_2和少量的维生素E、钙、磷、铁以及谷类作物中独有的皂苷。常服燕麦能降低心血管和肝脏中的胆固醇、甘油三酯。燕麦具有补益脾胃、滑肠催产、止虚汗和止血的功效。
莜麦	其蛋白质含量比大米、面粉高1.6～2.2倍，脂肪含量则比大米、面粉高2～2.5倍，而且莜麦脂肪成分中的亚油酸含量较多，易被人体吸收，有降低人体血液中胆固醇的作用。莜麦含糖较少，是糖尿病患者的理想食品。
荞麦	荞麦含有其他谷物所不具有的叶绿素和芦丁，其维生素B_1、维生素B_2含量比小麦多2倍，烟酸含量比小麦多3～4倍。荞麦中所含烟酸和芦丁都是治疗高血压的成分，经常食用荞麦对糖尿病也有一定的疗效。荞麦外用还可改善毒疮肿痛等。

五谷杂粮的7大功效

美容养颜

五谷杂粮中所含的维生素A，有助于保持皮肤和黏膜的健康；所含的维生素B_2，能够预防青春痘；所含的维生素E则能预防衰老和皮肤干燥。同时，五谷杂粮又含脂肪油、挥发油、亚麻油酸等，可以滋润皮肤，使皮肤光滑细嫩；它所含的氨基酸等能让秀发乌黑亮丽；它所含的不饱和脂肪酸可使胆固醇变少，促进新陈代谢。

保持健康

五谷杂粮富含的营养物质有预防和改善疾病的功效。如：其所含的不饱和脂肪酸能减少胆固醇的摄取，减少心血管方面的疾病；所含的膳食纤维，能有效地减缓糖类的吸收、降低血压、促使胰岛素产生作用，对糖尿病患者有很大的帮助。

减肥瘦身

很多五谷杂粮中都含有泛酸，泛酸可释放食物能量，是脂肪代谢的主要成分。五谷杂粮所含的B族维生素可帮助人体释放热能。

所含的膳食纤维能促进消化液分泌和肠蠕动，减少脂肪的堆积，加强体内废物排出，有益于瘦身。

排出毒素

五谷杂粮富含铁、镁，可加速体内废物的排出。其所含的膳食纤维在肠道内不易被消化，可吸附小分子，促进食物残渣或毒素在肠道内运行，达到排毒的效果；所含的维生素E则可帮助血液循环，加速排毒作用。

防癌抗癌

豆类富含蛋白质、氨基酸和B族维生素，具有抗癌的作用；而它所含的维生素A则有助于人体内的细胞分裂、预防癌细胞的形成，并可助免疫系统反应，制造抗生素；它丰富的膳食纤维，可缩短废物在肠道中停留的时间，以减少致癌物质和肠道黏膜接触的机会，有利于防止便秘的产生。

预防文明病

五谷杂粮中所含的铁能预防胃溃疡与食欲不振；所含的钾也可以避免肌肉麻痹、烦闷不安、全身无力等症状发生；而所含的铜、锌等矿物质能改善神经衰弱和失眠症状，还可增进食欲，改善胃口不佳的状况。

增智醒脑

五谷杂粮中所含的蛋白质，可增强大脑皮层兴奋或抑制的功能，提高脑部代谢活力。它还含有人体必需的8种氨基酸，其中，赖氨酸能活化大脑，对记忆力减退的老年人和正处在发育期的儿童有所帮助；谷氨酸还可改善脑部机制，对痴呆症患者很有好处。此外，其所含的丰富磷脂，对脑部神经的发育与活动也有良好的效用。它所含的胆碱能帮助神经传达、增强记忆力。

适合不同体质的五谷杂粮

健康养生，要先了解自己的体质，然后再根据自己的体质吃合适的五谷杂粮，这才是养生的根本，使身体更加健康。在中医理论中，如何利用日常饮食来改善和预防疾病是重要的环节。不同的食物有各自不同的养生功用，要先认识自己的身体，再找出适合自身体质的食物，这样才能使身体更加健康。

体质是指身体的形态与功能。在生长过程中，任何人都有自己的体质特性。体质可分寒、热、虚、实四种，但绝大部分人的体质类型是重叠的，会随着环境、季节或女性的月经周期变化而改变。所以，应当以最近一个月身体产生的症状来判断，然后再依照“热者寒之、寒者热之”及“虚则补之、实则泻之”的原则，以达到养生的目的。

适合不同体质的五谷杂粮列表

体质类型	五谷杂粮	贴心提示
热性体质	大麦、小麦、荞麦、绿豆、薏米、小米等。	热性体质者应适当摄取一些寒凉性食物，以减轻燥热的症状。
寒性体质	赤小豆、糯米、高粱、炒花生等。	寒性体质的人应多吃温性的食物，可活化身体机能，增加活力，改善贫血症状。
实性体质	薏米、绿豆、小米等。	实性体质者，由于常常便秘，因而体内便会产生较多的废气，所以多吃苦寒食物，可以帮助毒素排出体外。
虚性体质	赤小豆、糯米、糙米、芝麻、高粱、炒花生等。	虚性体质的人，应选择滋补性的食物，以增加体力和恢复力气。

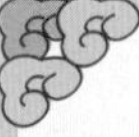

小贴士

食用五谷杂粮的注意事项

○黄豆、扁豆不能生食。
○肝硬化患者食用豆类要适量。
○胃病及消化系统不好者应少吃含粗纤维的五谷杂粮。
○五谷杂粮混合搭配营养更全面。
○五谷杂粮宜与其他类食物搭配食用。

走近中药——不可缺少的粥膳成员

ZHONG YAO

了解中药

中药的养生保健作用，可谓众所周知。其实，它是粥膳养生家族中不可缺少的成员，同时也是制作药粥的必备原料。

中药的四气

中药的性质可分为寒、凉、平、温、热五种。其中，寒、凉、温、热等四种不同的特性被称为“四气”，也称为“四性”。其中的平性药有偏温或偏凉的特性，所以中医对药物的性能习惯上称为四气，而非五气。

不同药性中药的功效

温热性中药具有散寒、温里、化湿、行气、壮阳等功效，主治寒证或机能减退的症候。

平性中药药性平和，多为滋补药，用于体质衰弱和温热性质中药不适应者。

寒凉性中药具有清热、泻火、解毒、凉血、滋阴等功效，主治热证或机能亢进的疾病。

中药的五味

中药的五味是指中药具有辛、酸、甘、苦、咸五种滋味。此五味具有两层含义：中药本身的味道与中药的作用范畴。

辛味药

辛味的中药具有发散、行气、行血的作用，可用于辅助治疗外感表证、气血淤滞等疾病。所谓“辛散”是指辛味中药具有发散表邪的作用，可用于治疗外感性疾病；“辛行”是指辛味中药具有行气行血的作用，可用于治疗气滞血淤型疾病。

酸味药

具有收敛、固涩的作用，可用于辅助治疗虚汗、久泻、尿频及出血症等。还具有生津、开胃、消食的作用，可用于食积、燥渴、胃阴不足等病症。

甘味药

具有补益、和中、缓急等作用，可用于辅助治疗虚证、脾胃不和等病症，主要用于体质虚弱者。

苦味药

苦味中药具有通泻、降泄、倾泄、润燥、泻火、坚阴的作用，主要用于热结便秘、气逆咳喘、热盛心烦、寒湿或湿热性疾病等。另外，轻度的苦味还具有开胃的作用。

咸味药

具有润下、通便、软坚散结的作用，可用于大便干结、痰核等症状。

粥膳中常用的中药

白术

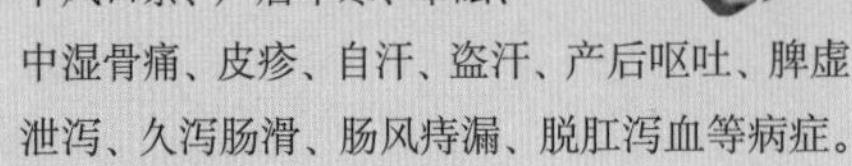

味甘，性温，无毒。可辅助治疗胸膈烦闷、四肢肿满、中风口禁、产后中寒、晕眩、中湿骨痛、皮疹、自汗、盗汗、产后呕吐、脾虚泄泻、久泻肠滑、肠风痔漏、脱肛泻血等病症。

选购提示

购买时，以表面灰黄色或灰棕色、气清香、味甘及微辛、嚼之略带黏性者为佳。

枸杞子

味甘，性平。适用于血虚、阳虚型体质。能滋补肺肾、养睛明目，还具有补血的功效。

选购提示

购买时，以颗大、饱满、色鲜红的为佳。

百合

味甘、微苦，性平。适用于阴虚型体质，能补中益气、安定心胆，还有滋补五脏、利大小便的功效。

选购提示

购买干百合时，应以干燥、无杂质、肉厚且晶莹透明者为佳。购买鲜百合时，应以瓣大且匀、肉厚、色白或呈淡黄色者为佳。

杜仲

味甘，性平。适用于气虚型体质。能润肝燥，有强壮筋骨、去湿利水、滋补肝肾的功效。

选购提示

购买时，选择外皮呈淡棕色或灰褐色、薄皮有斜方形横裂皮孔、厚皮有纵槽形皮孔、内表皮呈暗紫色、折断后有白色胶丝、且胶丝密而多、呈银灰色、富有弹性的为佳。

当归

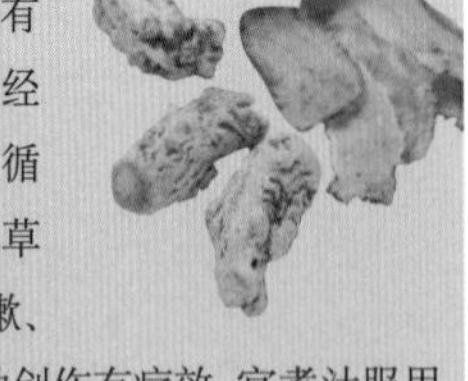

味甘，性温，无毒。具有补血、清血、润肠、通经的功效，还可促进血液循环、活血化淤。《神农本草经》上记载：当归对咳嗽、流产不孕以及各种痈肿创伤有疗效，宜煮汁服用。

选购提示

购买时要挑选主根粗长、油润、外皮颜色黄棕、断面颜色黄白、气味浓郁的为佳。

肉苁蓉

味甘，性温。适用于气虚型体质。能滋补肾脏、润燥滑肠、行气通便，有养精血的功效。

选购提示

购买时，选择扁圆柱形、稍微有些弯曲、表面呈棕褐色或灰棕色、体重、质坚、不易折断、断面棕褐色的为佳。

生姜

味辛，性微温，无毒，可辅助治疗疟疾寒热、寒热痰嗽、心胸胁下硬痛胀满、大便不通、湿热发黄、满口烂疮、牙痛、擦伤割伤、痔漏等。

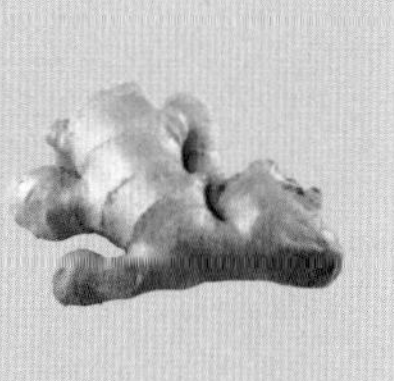

选购提示

购买时，以表面黄褐色或灰棕色、有环节、质脆、易折断、断面浅黄色、内皮层环纹明显、气香特异、味辛辣者为佳。

肉豆蔻

味辛、涩，性温、无毒。可辅助治疗心腹胀满、气短、胃弱呕逆不食、霍乱烦渴、虚疟、自汗不止、赤白带下、脾痛胀满等病症。

选购提示

购买时，以表面黄白色至淡黄棕色、果皮体轻、质脆、气芳香、味辛凉略似樟脑者为佳。

甘草

味甘，性平。有解毒、祛痰、止痛、解痉等药理作用。在中医上，甘草能补脾益气，止咳润肺，缓急解毒，调和百药。

选购提示

购买时，以根及根茎质地较坚实、外皮不粗糙、皮孔细而不明显者为佳。

黄芪

味甘，性微温，无毒。适用于气虚型体质。具有益气固表、提神强体、健脾养胃的功效。

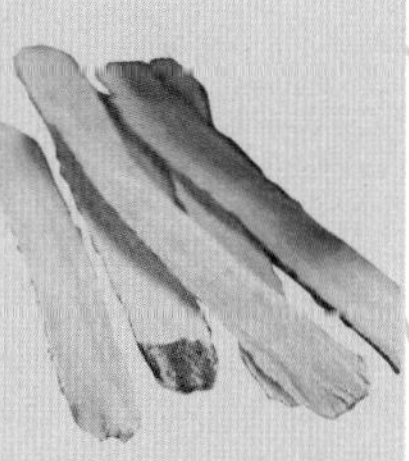

选购提示

选购时，以圆柱形、分枝少、上粗下细、表面灰黄或淡褐色、有纵皱纹或沟纹、皮孔横向延长、味微甜、嚼起来带有豆腥味的为佳。

三七

味甘、微苦，性微温。适用于气虚血淤型体质。可止血，活血化淤，增强免疫力。

选购提示

三七有“春三七”和“冬三七”之分，“春三七”为三七中的佳品。购买时，应挑选个大、体重、色好、光滑、坚实的。“冬三七”皱纹比较多，但质量比“春三七”差。

人参

味甘，性微寒，无毒。适用于气虚型体质。能强化身体各部分功能，帮助新陈代谢，加强抵抗力，消除疲劳，补五脏。体质虚弱、贫血、虚咳、气喘、手足冰冷者可多食用。

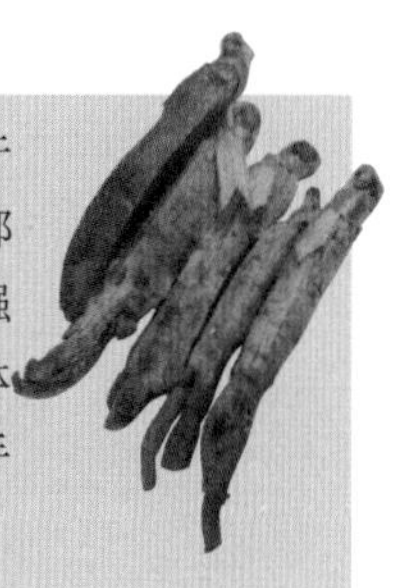

选购提示

购买时，以身长、枝粗大、浆足、纹理细、根茎长、根茎较光滑无茎痕以及根须上偶尔有不明显的细小疣状突起、无霉变、无虫、无折损的为佳。

党参

味甘，性平。适用于气血两虚型体质。可强化机体活力、益气养血、预防贫血及体虚。

选购提示

选购时，以条大粗壮、横纹多、皮松肉紧、味清甜、嚼起来无渣的为上品。

天冬

味甘、苦，性寒。具有养阴生津、润肺清心的功效，适用于肺燥干咳、虚劳咳嗽、津伤口渴、心烦失眠、内热消渴、肠燥便秘、白喉等症。

选购提示

选购时，优良的天冬带有甜及微苦的味道，表面呈黄白色至淡黄棕色，有半透明感，表面有光滑或具深浅不等的纵纹，偶有残存的灰棕色外皮，有黏性，断面呈角质样，中柱黄白色。

山药

味甘，性平。适用于气虚型体质。具有补气、健胃、益肾、补益脾肺的功效，可清虚热、止咳、止泻、健脾胃。

选购提示

选购时，以质坚实、粉性足、色白、干燥的为佳。

何首乌

味苦、甘、涩，性温。适用于血虚型体质。能滋补调养，对治疗腰痛、滋养肝脏、补养气血有显著功效，可帮助肝脏疏泄体内毒素。

选购提示

购买时，以质坚体重、粉性十足的为佳。

白果

味甘、苦、涩，性平，无毒。具有敛肺定喘、止带浊、缩小便的功效，适用于痰多喘咳、带下白浊、遗尿、尿频等症。

选购提示

白果又叫银杏。选购时，以外壳洁白、光滑、颗粒大小均匀且果仁新鲜、饱满、坚实、无霉斑者为佳。

薄荷

味辛，无毒。具有清热解毒的功效。可辅助治疗风热、眼睑红烂、瘰疬、鼻血不止、血痢不上、火毒成疮等病症。

选购提示

购买时，以质脆、断面白色、髓中空、气味芳香清凉者为佳。

中药配伍的禁忌

将两种或两种以上的中药进行配伍使用，能使中药之间相互作用，提高药效、减少或消除毒副作用，从而保证用药的安全并提高疗效。但并不是所有的中药都能相互配伍，有些中药配伍具有相互抵消甚至对抗的作用，进而使中药的毒副作用增强，因此在制作粥膳时一定要禁止不当的搭配。关于中药的配伍应掌握“十八反”与“十九畏”。

“十八反”原则

半楼贝蔹芨攻乌，藻戟遂芫具战草，诸参辛芍叛藜芦。

主要意思为：乌头（附子）与半夏、栝楼、贝母、白蔹、白芨相反，不能配伍使用；甘草与海藻、大戟、甘遂、芫花相反，不能配伍使用；藜芦与人参、沙参、苦参、丹参、玄参、细辛、芍药相反，不能配伍使用。其中的玄参后来增加的，因此实际上有十九种中药，但习惯上仍沿用“十八反”的说法。

“十九畏”原则

硫黄原是火中精，朴硝一见便相争，水银莫与砒霜见，狼毒最怕密陀僧，巴豆性烈最为上，偏与牵牛不顺情，丁香莫与郁金见，牙硝难合京三棱，川乌草乌不顺犀，人参最怕五灵脂，官桂善能调冷气，若石脂便相欺，大凡修合看顺逆，炮监灸溥莫相依。

主要意思是：硫黄畏朴硝，水银畏砒霜，狼毒畏密陀僧，巴豆畏牵牛，丁香畏郁金，牙硝畏三棱，川乌、草乌畏犀角，人参畏五灵脂，官桂畏石脂，相畏的两者之间不宜配伍使用。

中药与食物搭配的禁忌

不仅中药搭配时有禁忌，中药与食物搭配制作药粥时同样也有禁忌，下面是常见的中药与其相克的食物列表。

中药		食物
白果	VS	白鳝
白术	VS	白菜、香菜、蒜、青鱼、李子、桃
半夏	VS	羊肉
薄荷	VS	鳖肉
丹参	VS	牛奶、黄豆、肝类、食醋、酸物
茯苓	VS	食醋、酸物
何首乌	VS	蒜、葱、萝卜
麦冬	VS	鲫鱼、鲤鱼
人参	VS	龟、萝卜
细辛	VS	莴苣
紫苏	VS	鲤鱼

煮粥也有大学问

ZHU ZHOU

煮粥也有学问

中医讲究“药食同源”，也就是以食物作为药物。用当季的蔬菜、鱼及肉等，以简单的烹调技巧搭配具有不同特性的原料，不但能让食物更加美味，还会使食物兼具营养及保健的双重价值，粥膳也是如此。不过，粥的烹制并不简单，要想把粥煮得鲜美、好吃，也要参透其中的学问。

米的学问

煮粥，米是不可缺少的。常用于烹制粥膳的米包括籼米、粳米、糯米、小米、薏米等。在选购米时一定要仔细辨别，以便顺利买到优质米。

制作粥膳常用的米

籼米：一般为长椭圆或细长形，较白，透明度较差。吸水性强，胀性大，出饭率高。口感粗硬，易消化吸收。

粳米：米粒为椭圆形，透明度高，表面光亮。吸水性差，胀性小，不如籼米易消化。

糯米：也叫江米。米质呈蜡白色、不透明或半透明状，吸水性和膨胀性小，熟后黏性大，常用其制作甜食或各种年糕。但较难消化吸收，胃肠消化功能弱者不宜食用。

小米：由粟脱壳制成的粮食，颗粒较小。

薏米：又称薏苡仁，是谷类粮食的一种，营养丰富。

优质米与劣质米的鉴定

米的挑选应从不同颜色、干燥程度及是否有霉变等感官性状着手。

优质米有光泽，米粒整齐，颗粒大小均匀，碎米及其他颜色的米极少。当把手插入米中时，有干爽之感。然后再捧起一把米观察，米中是否含有未成熟米（即无光泽、不饱满的米）、损伤米（虫蛀米、病斑米和碎米）、生霉米粒（米表面生霉，但没完全霉变，还可食用的米粒）。同时，还应注意米中的杂质，优质米糠粉少，带壳稗粒、稻谷粒、沙石、煤渣、砖瓦粒等杂质少。

在挑选米时，还要看含黄粒米多少（精白米中），黄粒米也称黄变米。黄变米含有许多霉菌毒素，其中的黄天精和环氯素已被证实对人类有致癌作用，不能食用。

陈米是一种储存时间过长的米。其外观质量差，色泽发暗，黄粒米较多，有糖酸气味，米香味减弱或消失。此种米煮熟后，黏性下降，米粒组织结构松散，食用时无鲜米的香气。陈米只要无霉变，仍可食用。

优质米有光泽，米粒整齐且大小均匀。

水的用法

煮粥用的水也有讲究。一般情况下，煮粥需要用大量的水，那么应该选择什么样的水来煮粥呢？《粥谱》认为，活水要比死水好，若用井水，要在凌晨3：00～5：00汲取为好，还有认为煮粥用泉水好。当然，这些都是古人的观点，社会发展到今天，人们一般只用自来水煮粥了。

不论用哪种水煮粥，都要采用正确的方法。一般人都习惯用冷水煮粥，其实最适宜煮粥的是开水。因为冷水煮粥会煳底，而开水煮就不会出现这种现象。

火候也讲究

在粥膳制作过程中，米与水固然重要，但火候的掌握也是关系粥质量的一个关键因素。

煮粥时一般应先用大火煮开，再转小火熬煮约30分钟。另外，可根据不同的火候做成不同的粥。比如：用小火熬煮加进白果和百合的白粥，能够清热降火；用大火生滚的各类肉粥，低油低脂、原汁原味、口感清新。

时间的把握

熬粥时间长短要区别对待。熬粥时间越长，淀粉会被水解为糊精，有利于消化吸收，但容易引起血糖升高，因此，对于有糖尿病患者的家庭来说，熬粥时间不要太长。对于其他正常人群，尤其是儿童及消化吸收能力较差的人来说，熬粥时间越长越好，基本上不存在营养素的丢失。

器具的学问

用五谷杂粮烹制粥膳时，应尽量使用稳定性较高的陶瓷器具或不锈钢制品等，尽量不要使用塑胶或铝制等容易氧化的器具。

熬煮五谷类的粥膳应选择稳定性较高的锅具。

正确的煮粥程序

很多人都会觉得煮粥是件很简单的事，把米淘好多加点水慢慢煮就是了。不过，要将粥煮得稠而不糊、糯而不烂要注意方法，下面就来向大家介绍一下煮粥的正确步骤。

1.浸泡

煮粥前先将米用冷水浸泡半小时，让米粒膨胀开。这样不但节省煮粥的时间，而且粥煮出来口感好。

1

由于制作粥膳的原料多为五谷杂粮，而其中的谷类、豆类中含有较多的纤维素，如果在烹调前不用水浸泡一段时间粥便不容易软烂，吃的时候口感会较硬，不易入口。更重要的是，浸泡后烹调，会使食物更容易被人体吸收、消化。

在浸泡豆类时，最好用自来水，浸泡过豆类后的水有的可能会含有化学物质，应及时倒掉。在浸泡黑糯米时，其营养成分会溶于水中，浸泡过后的水可以直接烹煮。浸泡后再煮还可使五谷杂粮内的营养活化，减少烹调时间。浸泡时间需视五谷杂粮的种类而定。

2.开水下锅

大家的普遍共识都是冷水煮粥，而真正的行家里手却是用开水煮粥。因为用冷水煮粥容易糊底，而开水下锅就不会有此现象，而且它比冷水熬粥更省时间。如果你一直用冷水煮粥，以后就要改掉这一习惯。先将水烧热

2

再将浸泡好的米倒入锅中，粥就不会煳底了。

3.火候

先用大火煮开，再转小火熬煮约30分钟。即以大火烧水，小火煲粥，内行人称之为“大火攻，小火烘”。别小看火的大小转换，粥的香味由此而出！

3

4.搅拌

在烹制美粥时搅拌是关键。搅拌的技巧是：开水下锅时搅几下，盖上锅盖以小火熬20分钟时，开始不停地搅动，记住要顺一个方向搅，持续约10分钟，到呈稠状出锅为止。煮粥时经常搅拌，不仅可以防止粥煳底，而且还可以让米粒更饱满、更黏稠、

4–A

4–B

5.点油加盐

煲粥时，米洗净后最好先用盐、油拌腌过，盐会使粥易熟、绵滑，生油可促进米粒软烂成粥。加盐不加油则粥味清淡，加油则甘浓香甜一些，可随个人口味选择。一般人认为煮粥不必放油，但事实上，煮粥也应放油。粥煮开改小火煮约10分钟时，加入三四滴色拉油，就会发现不但成品粥色泽鲜亮，而且入口特别鲜滑。

6.底、料分煮

大多数人煮粥时习惯将所有的东西一股脑儿全倒进锅里，百年老粥店可不是这样做的。辅料和粥一定要分开煮，吃前再将它们放在一起熬煮片刻，时间以不超过5分钟为宜。这样熬出的粥品清爽而不混浊，每样东西的味道都熬出来了又不串味。特别是辅料为肉类及海鲜时，更应将粥底和辅料分开煮，辅料如皮蛋、瘦肉、鱼片、虾仁之类。

家庭煮粥小常识

煮粥很简单，但想煮出既美味又营养的粥来，还是有些难度的。煮粥的关键在于原料的准备和熬制的火候。下面介绍一些煮粥常识，可以让你事半功倍。

1.米要先泡水

淘净米后再浸泡30分钟，米粒吸收水分，才会熬出又软又稠的粥，而且还比较省火。

2.熬一锅高汤

为什么外面的粥总比自己家里做的多一点鲜味？最大的秘诀就是要先熬出一锅高汤。

高汤的做法：猪骨1000克，放入冷水锅中煮沸，除血水，捞出，洗净。另起锅放入足量清水煮沸，再放入猪骨，洗净姜2片，转小火焖煮1小时关火即可。

3.水要加得适量

大米与水的比例分别为：稠粥=大米1杯+水15杯，稀粥=大米1杯+水20杯。

稠粥所需水量

稀粥所需水量

4.煮一碗好吃的粥底

煮粥最重要的是要有一碗晶莹饱满稠稀适度的粥底，才能衬托入粥食材的美味。

粥底做法：大米400克洗净，加入1200克清水浸泡30分钟，捞出，沥净水分，放入锅中，加入2500克高汤煮沸，转小火熬煮约1小时至米粒软烂黏稠即可。

5.掌握煮粥的火候

先用大火煮沸后，要赶紧转为小火，注意不要让粥汁溢出，再慢慢盖上盖，留缝，用小火煮。

6.不断搅拌才黏稠

大火煮的时候要不断地搅动，小火煮的时候减少翻搅。

7.哪些材料可以熬粥底

猪骨熬出的高汤，很适合搭配肉类入粥。鸡汤适合做海鲜粥。用柴鱼、海带及萝卜等根茎类熬成的高汤适合作栗子粥等日式风味的粥。

8.如何加料煮粥

要注意加入材料的顺序，慢熟的要先放。如米和药材应先放，蔬菜、水果最后放。海鲜类一定要先汆烫，肉类则拌淀粉后再入粥煮，就可以让粥看起来清而不混浊。

9.米饭煮粥

建议比例是1碗饭加4碗水，注意不可搅拌过度。胃寒的人建议用米饭放入沸水中煮粥，对胃有益。

10.电饭锅煮粥

建议比例是米：水=1：8。

11.善用砂锅的保温特性

砂锅要先用小火烧热，等砂锅全热后再转中火逐渐加温，烹饪中加水也只能加温水。

12.防止溢锅

熬大米粥、小米粥，或用剩米饭熬粥，稍不注意便会溢锅。如果在熬粥时往锅里加5～6滴植物油或动物油，就可避免粥汁溢锅了。用压力锅熬粥，先滴几滴食用油，开锅时就不会往外喷，比较安全。

煮粥的注意事宜

淘米忌过于用力

谷类外层的营养成分比里层要多，特别是含有丰富的B族维生素和多种矿物质，而这些营养物质可以溶在水里。如果在淘米时，太过用力，会让米外层中的营养物质随水流失。另外，也不要用热水淘米，这同样会破坏其中的营养物质。一般情况下，可先把沙子等杂质挑出，然后再淘洗两遍即可。

淘米时不可过于用力揉搓米粒。

原料选择要适当

利用生鲜食物煮粥时，其加热温度和加热的时间都无法达到杀死致病微生物的要求，尤其是水产品，如想保持食物的鲜美，就不能高温加热，加热时间也不宜过长，因此极有可能会有细菌或寄生虫卵残留。致病的细菌、寄生虫卵或幼虫如果没有被杀死，便会随食物进入人体，从而引发各种疾病。因此，煮粥时一定要注意原料的选择，尽量不要选择带有致病细菌或寄生虫的原料，同时也要注意加热的温度与时间。

高汤的使用要适当

高汤是决定一碗粥口感的基础，而不同的高汤所熬出来的粥底，味道也各不相同，用高汤熬出的粥会更香醇！

煮粥忌放碱

有些人在煮粥、烧菜时，有放碱的习惯，以求快速软烂和发黏，口感也较好。但是这样做的结果，往往会导致米和菜里的养分大量损失。因为养分中的维生素 B_1、维生素 B_2 和维生素 C 等都是喜酸怕碱的。

维生素 B_1 在大米和面粉中含量较多。有人曾做过试验，在 400 克米里加 10 克碱熬成的粥，有 56%的维生素 B_1 被破坏。如果经常吃这种加碱煮成的粥，就会因缺乏维生素 B_1 而发生脚气病、消化不良、心跳、无力或浮肿等。

维生素 B_2 在豆子里的含量最为丰富。一个人每天只要吃 150～200 克黄豆，就能满足身体对维生素 B_2 的需要了。豆子不易煮烂，放碱后当然烂得快，但这样会使维生素 B_2 几乎全部被破坏。而人体内缺乏维生素 B_2，就容易引起男性阴囊瘙痒发炎、烂嘴角和舌头发麻等。

维生素 C 在蔬菜和水果中含量最多。维生素 C 本身就是一种酸，能与碱发生中和反应，碱对它会起破坏作用。人体内如果缺乏维生素 C，会使牙龈肿胀出血，容易感冒，甚至得坏血病。

煮粥时加碱会破坏粥中的营养成分。

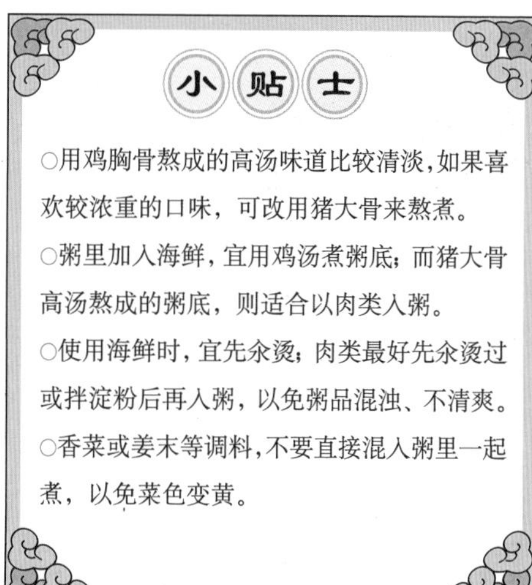

小贴士

○用鸡胸骨熬成的高汤味道比较清淡，如果喜欢较浓重的口味，可改用猪大骨来熬煮。

○粥里加入海鲜，宜用鸡汤煮粥底；而猪大骨高汤熬成的粥底，则适合以肉类入粥。

○使用海鲜时，宜先汆烫；肉类最好先汆烫过或拌淀粉后再入粥，以免粥品混浊、不清爽。

○香菜或姜末等调料，不要直接混入粥里一起煮，以免菜色变黄。

粥膳宜与忌

YI YU JI

粥膳虽是滋补之物，并非多多益善。服用粥膳也要把握好尺度，一定要掌握食用粥膳的宜忌，方可补益身体，达到养生的目的。

食粥宜选对时间

粥膳在一天三餐中均可食用，但最佳的时间却是早晨。因为早晨脾困顿、呆滞，胃津不濡润，常会出现胃口不好、食欲不佳的情况。此时若服食清淡粥膳，能生津利肠、濡润胃气、启动脾运、利于消化。另外，也可选择在晚上喝粥，这样也能调剂胃口。

五谷杂粮粥不宜过量食用

如过量食用五谷杂粮粥膳，会有腹胀的情况发生；糯米类也会引起消化不良；而豆类一次食用过多，也会引起消化不良。

五谷杂粮虽然有较高的营养价值与食疗功效，但也不宜过量食用，以免引起身体不适。

宜用胡椒粉去粥的腥味

在用鱼、虾等水产品制作粥膳时，难免会产生腥味，这时如果在粥中加入胡椒粉，不仅可以去掉腥味，还能使粥更加鲜美。

不宜食用太烫的粥

常喝太烫的粥，会刺激食道，不仅会损伤食道黏膜，还会引起食道发炎，造成黏膜坏死，时间长了，可能还会诱发食道癌。

生鱼粥不宜常食

生鱼粥就是把生鱼肉切成薄片，配以热粥服食，这种吃法常见于南方。生鱼粥多用鲤鱼的鳞片或肉片，这些生鱼肉中可能潜伏着对人体有害的寄生虫，人食用后，寄生虫就会进入人体，由肠内逆流而上至胆管，寄生在肝胆部位，会引发胆囊发炎或导致肝硬化。

孕妇不宜食用薏米粥

孕妇不宜食用薏米粥。因为薏米中的薏仁油有收缩子宫的作用，故孕妇应慎食。

薏米虽然营养丰富，但并不适合孕妇食用。

胃肠病患者忌食稀粥

胃肠病患者胃肠功能较差，不宜经常食用稀粥。因为稀粥中水分较多，进入胃肠后，容易稀释消化液、唾液和胃液，从而影响胃肠的消化功能。另外，稀粥易使人感到腹部膨胀。

第二章

常用食物粥膳养生

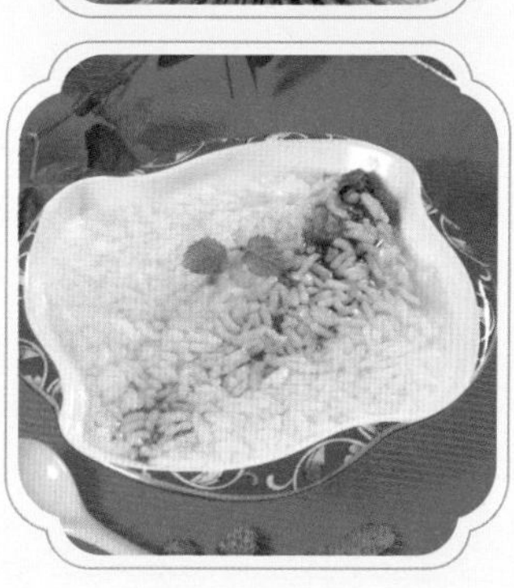

《素问·脏气法时论》曰：『五谷为养，五果为助，五畜为益，五菜为充。』可见，古人便已意识到，最益于健康的食物莫过于生活中最常见的食物，这些常见的食物才是最天然的养生品。时至今日，这个道理仍然十分适用。

五谷杂粮粥膳养生

WUGUZALIANGZHOUSHANYANGSHENG

五谷杂粮养生谈

古人认为：“五谷为养，五果为助，五畜为益，五菜为充。”意思是说饮食要做到粗细、荤素、粮菜的合理搭配才能保证人体健康、精力充沛。可见，五谷杂粮历来就是人们养生的主要食物。五谷杂粮也是制作粥膳的主要原料，其中最常用的是稻米，其次是绿豆、黑豆及小麦等食材。

我国自古以来便有“药食同源”的理论，食补胜于药疗，根据“五谷为养”的说法，五谷杂粮才是滋养身体、养生长寿最好的医药。

营养功效

根据现代营养学的观点，五谷杂粮中所含的营养丰富而全面，含有蛋白质、碳水化合物、脂肪、维生素A、维生素B_1、维生素B_2、维生素C、维生素E、钙、钾、铁、锌以及膳食纤维等营养成分。常吃五谷杂粮对贫血、水肿、感冒、坏血病等疾病有一定的预防作用，此外，还能提高人体免疫力。由于五谷杂粮中含有丰富的淀粉，因此能保护胃黏膜，有很好的养胃作用。

养生食材

五谷杂粮主要包括：稻米、小米、黑米、薏米、玉米、黄米、高粱米、大麦、小麦、燕麦、荞麦、黑豆、黄豆、赤小豆、绿豆、蚕豆等。其中，稻米是最常见的煮粥原料。

专家建议

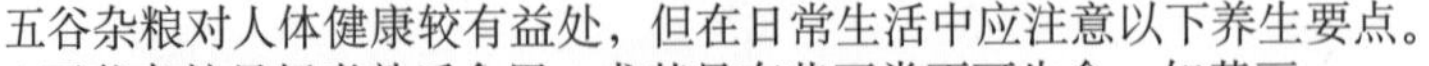

五谷杂粮对人体健康较有益处，但在日常生活中应注意以下养生要点。

◆五谷杂粮最好煮熟后食用。尤其是有些豆类不可生食，如黄豆。

◆对豆类过敏者慎食豆粥。有人对某些豆类有过敏反应，食用豆粥后会出现恶心、昏迷、休克等症状，因此豆粥不能随意食用。

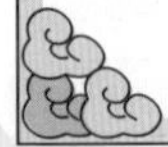

养生粥膳 >>

五谷杂粮粥

【材料】糙米、小米、燕麦、黑糯米、荞麦各3大匙，枸杞子适量

【调料】盐适量

【做法】1.将糙米、小米、燕麦、黑糯米、荞麦分别洗净，糙米、小米、燕麦浸泡30分钟，黑糯米浸泡2小时，荞麦浸泡4小时。

2.将做法1中处理好的材料放入锅中，加适量水，用大火煮开后，改小火煮至松软，加入枸杞子。

3.食用时依个人口味加盐调味。

养生指南

糙米富含碳水化合物、B族维生素及维生素E，能提高人体免疫功能；小米性微寒，可除湿、健胃、和脾、安眠；燕麦富含淀粉、蛋白质，具有补益脾胃、滑肠催产、止虚汗和止血的功效；黑糯米味甘，性温，能温脾暖胃，补益中气；荞麦含有纤维素，能下气利肠、清热解毒。以上五者与枸杞子搭配制成的粥膳具有很好的补益作用。

[贴心提醒] 糯米黏性强、性温，多吃易生痰，所以有发热、咳嗽、痰黄稠现象的人，或者有黄疸、泌尿系统感染以及胸闷、腹胀等症状的人不宜多食。

腊八粥

【材料】高粱米、大黄米、芸豆、赤小豆、红枣、花生、栗子仁、葡萄干各适量

【调料】蜂蜜少许

【做法】1.用清水将高粱米、大黄米、芸豆、赤小豆、红枣、花生、栗子仁、葡萄干洗净。

2.锅内加入清水，将所有材料放入锅中，小火熬煮3～5小时即可。

3.食用时可放少许蜂蜜调味，味道润滑甜美。

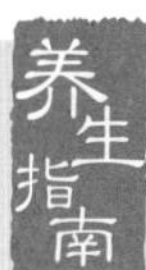

养生指南

高粱米性温，有和胃、健脾、凉血、解毒、止泻之功效；大黄米味甘，有黏性，性平，有和胃、健脾、乌发之功效；芸豆则能温中下气、利肠胃、益肾补元；赤小豆具有律津液、利小便、消胀、除肿、止吐的功效，宜与其他谷类食品混合食用。这道腊八粥既含有谷类的淀粉、纤维素等营养成分，又含有果类的维生素，是一道很好的冬季养生粥膳。

[贴心提醒] 赤小豆、芸豆、高粱米不易煮熟，可先将三者入锅蒸煮，再加入大黄米中合煮，这样更易熟烂。

四色芝香豆粥

【材料】绿豆、赤小豆、麦片、黑芝麻各适量

【调料】白糖或冰糖适量

【做法】1.将绿豆、赤小豆、麦片、黑芝麻与适量水一同放入锅中，煮至黏稠。

2.将熟时，放入白糖或冰糖调味。

养生指南

赤小豆富含膳食纤维，能润肠通便，对心脏病、肾病、水肿均有一定的作用；绿豆具有清热解毒的功效，尤其适合有冠心病、中暑、暑热烦渴、疮毒疖肿、食物中毒等症状的人食用；芝麻能开胃健脾，利小便，有很好的益肝、补肾功用。将赤小豆、绿豆与麦片、黑芝麻一起制成的粥膳具有很好的清热生津、利尿解暑作用。此粥可用于热病伤津或暑热烦渴。夏日常服此粥，有清热止渴、益胃养阳之功效。建议空腹温服此粥。

[贴心提醒] 此粥一般不宜冬季食用。另外，由于赤小豆利尿，因此尿频的人不宜食用此粥。

薏米茯苓双豆粥

【材料】赤小豆、绿豆、薏米、茯苓各适量

【做法】1.赤小豆、绿豆加适量水放入锅中煮10分钟至半熟，关火，捞起赤小豆和绿豆，倒掉汤汁。

2.另取一锅，放入薏米、茯苓及半熟的赤小豆、绿豆及适量水煮约10分钟至熟，盛入碗中即可。

养生指南 薏米是药食皆佳的粮种之一。它能促进人体的新陈代谢，减少胃肠负担，增强肾功能。常食薏米还可以保持肌肤光泽细腻，消除粉刺、色斑，改善肤色。这道薏米茯苓双豆粥是老年人的日常滋补佳品，同时也是爱美人士的理想选择。

养生指南 这道粥膳中包含了五谷杂粮的多种营养成分，含有蛋白质、脂肪、膳食纤维、大豆异黄酮、人体所需的多种氨基酸、维生素及铁、钙、磷等矿物质，不仅能为身体提供养分，还具有清热解暑、散血消肿之功效，可缓解中暑、夏季头痛等不适之症。

三色豆米粥

【材料】赤小豆、黑豆、绿豆各等量，糯米少许

【做法】1.赤小豆、绿豆、黑豆、糯米分别洗净加水浸泡至少2个小时。

2.锅内先放入赤小豆、黑豆和适量水，用小火慢慢煮熟。

3.另起锅，放入绿豆、糯米及适量水，用小火煮至粥稠豆酥。

4.煮熟的赤小豆及黑豆倒入绿豆糯米粥中同煮20分钟即可。

健康八宝粥

【材料】A：大米半碗，薏米、莲子、芡实、桂圆、豌豆、白扁豆各2大匙

B：山药、百合、红枣各2大匙

【调料】白糖适量

【做法】1.所有材料洗净，材料A用清水浸泡2小时。

2.材料A放入锅中，加入清水，以大火煮沸。

3.加入材料B，改小火慢熬30分钟，出锅时加白糖调味即可。

养生指南 这道健康八宝粥富含碳水化合物、蛋白质、脂肪、纤维素、维生素、氨基酸及矿物质等，同时也含有较多的热量，对人体有不错的补益作用。经常食用此粥，能保持身体健康，提高免疫功能。

蔬菜类粥膳养生

SHUCAILEIZHOUSHANYANGSHENG

蔬菜养生谈

蔬菜是养生不可缺少的食物，其味道鲜美，与其他食物一起烹制粥膳，能很好地调养身体。中医研究表明，蔬菜也有各自不同的性味，不同体质的人应选择不同的蔬菜粥膳，以免适得其反。虽然蔬菜养生的效果并非立竿见影，但其日常的调理功效却不容忽视。

营养功效

蔬菜中富含多种维生素和矿物质，蛋白质、脂肪及碳水化合物的含量则不高。不同类的蔬菜其功效也有所不同。

十字花科植物：可诱导多种酶的活性。性多偏凉，清热解毒作用明显。

根茎类蔬菜：含纤维多，中医称有利膈宽肠、降逆理气的功效。

海藻类植物：能提高免疫功能，还能维持甲状腺的正常功能。

食用菌类：能促进细胞免疫和干扰素的生成。有补气、化痰作用。

养生食材

可制作养生粥膳的蔬菜包括：大白菜、小白菜、圆白菜、油菜、胡萝卜、萝卜、竹笋、红薯、海带、紫菜、香菇、草菇、金针菇、木耳、银耳等。

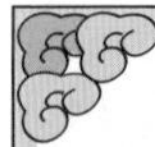

◆患病或身体不适时，食用蔬菜粥膳要谨慎。肠胃炎患者不宜吃辛辣刺激的蔬菜，如生姜、辣椒等；痛风患者不能吃竹笋、香菇、黄花菜、玉米等；糖尿病患者不能吃玉米、红薯、莲藕、豆类等；消化性溃疡患者不能吃芹菜、竹笋、空心菜、洋葱等；肾功能不良及尿毒症患者不能吃苋菜、油菜。

◆忌将相克之物搭配在一起。如：白萝卜不可与柿子同食，以免诱发甲状腺肿病；韭菜不可与菠菜同食，以免引起腹泻；南瓜不可与羊肉同食，以免诱发黄疸现象；芥菜不可与鲫鱼同食，以免导致水肿；芹菜不可与醋同食，以免损伤牙齿；红薯不宜与柿子同食，以免导致腹胀、胃胀等现象。

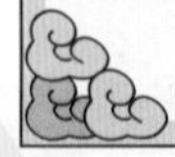

养生粥膳 >>

油菜粳米粥

【材料】鲜油菜100克，粳米半杯

【做法】1.粳米洗净，放入锅中加适量水熬煮成粥。

2.油菜择洗干净，加入锅中，用小火再熬煮片刻即可。

养生指南 油菜的营养成分及食疗价值是蔬菜中的佼佼者，它富含脂肪酸和多种维生素，还含有蛋白质、粗纤维、钙、磷、铁、胡萝卜素、烟酸、抗坏血酸等成分。油菜与粳米搭配煮粥，能调中下气，还能缓解脾胃不和、食滞不下及胃气上逆的嗳气、呃逆等。此粥可经常食用。

[贴心提醒] 食用油菜时，注意不要把新鲜的油菜切好后久放，洗净切好后应立即烹调，这样既可保持鲜脆，又可使其营养成分不被破坏。

蕨菜栗子粥

【材料】蕨菜100克，剥壳熟栗子50克，大米半杯

【做法】1.蕨菜洗净，放沸水中汆烫至半熟，再捞出浸在冷水中，取出切碎，备用。

2.大米淘洗干净，加适量水煮开后转成小火熬至软烂。

3.放入蕨菜、熟栗子再煮3分钟左右即可。

养生指南 蕨菜含有大量的水分、少量的蛋白质和脂肪以及胡萝卜素、纤维素、钙、铁等。中医认为，蕨菜具有清热、利湿、利尿、滑肠、益气、养阴的功效，可缓解高热神昏、筋骨疼痛、肠风热毒、小便不利、湿热带下、便秘等。用蕨菜制成的养生粥膳可清热解毒、安神利尿，具有一定的药理功效。

蔬菜面包粥

【材料】胡萝卜末、圆白菜末、豆腐各适量，吐司面包2片

【调料】高汤、盐各适量

【做法】1.将吐司面包的硬边切掉、切碎。

2.锅中倒入高汤，煮沸，将胡萝卜末及圆白菜末放入高汤中煮软。

3．豆腐研碎，下锅，放少许盐调味。

4.将碎面包下入锅中，加盖，略焖一下即可。

养生指南 圆白菜是淡绿色蔬菜中营养价值最高的蔬菜，含有维生素C、叶酸、植物杀菌素等成分；胡萝卜含有丰富的胡萝卜素。中医认为，常食圆白菜能益心肾、健脾胃。现代医学认为，圆白菜具有抑菌消炎、抗氧化、增强人体免疫力的作用，还能抑制癌症、胃及十二指肠溃疡等；胡萝卜对夜盲症、眼干燥症和小儿软骨病等有较好的辅助治疗作用。用圆白菜及胡萝卜制成的粥膳能满足人体的营养需求，增进食欲，促进消化，预防便秘，还对嗓子疼痛、外伤肿痛、蚊虫叮咬、胃痛、牙痛等有缓解作用。

冬瓜莲子粥

【材料】粳米半杯，冬瓜100克，莲子、红枣、枸杞子各适量

【调料】冰糖少许

【做法】1.粳米洗净，浸泡30分钟；莲子用水浸泡至软；红枣洗净，去核；冬瓜表皮洗净，切成小块。

2.粳米、冬瓜块、莲子一同入锅，加适量水，大火烧开，加入红枣和枸杞子，转小火慢熬，煮为稀粥，用冰糖调味即可。

养生指南 冬瓜又叫白瓜、枕瓜，是一种含水量极多的蔬菜。它含有多种矿物质和维生素，不含脂肪，含热量也极低。

中医认为，冬瓜能利尿消肿，对心脏病及肾脏病所引起的水肿具有辅助食疗作用。

冬瓜与莲子、红枣、枸杞子配制而成的粥膳，具有养心安神作用，还能养胃生津、清降胃火。因此，经常失眠及胃火旺盛者不妨经常食用此粥。

水果类粥膳养生

SHUIGUOLEIZHOUSHANYANGSHENG

水果养生谈

水果有多种保健和食疗效果，人们可以根据自身的体质、健康状态，对症择优食用水果，吸收新鲜水果的营养价值，调和天然药物养生防病的功效，烹制出具有滋补、食疗功效的粥膳，从而有助于疗疾养生、延年益寿。常吃水果，可以有效控制体重，减少患病概率，保持身体健康。

营养功效

水果的营养成分是人体赖以生存的基础，不同水果的营养成分可进入人体不同的脏腑、经脉，从而滋养人的脏腑、经脉、气血乃至四肢、骨骼、皮毛等。水果中含有多种维生素，尤其是维生素C的含量更为丰富，能增强人体抵抗力，促进受到外伤的皮肤愈合，维持各器官的正常功能，增加血管壁的弹性和抵抗力，预防感冒及坏血病等。水果的营养成分还能形成维持机体生命的基本物质。

养生食材

可用于制作养生粥膳的水果包括：苹果、梨、海棠、山楂、木瓜、桃、李子、杏、红枣、梅子、樱桃、葡萄、猕猴桃、草莓、柑橘、橙子、柚子、柠檬、香蕉、菠萝、荔枝、枇杷、杨梅等。

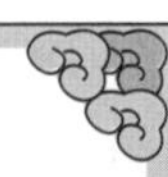

◆尽量食用当季的新鲜水果，健康养生应遵循自然的规律，食用当季水果更有益于身体健康。还应注意水果一定要新鲜的，不能用腐败的水果制作粥膳，因为这样的水果中有大量的细菌，食用后容易引发疾病。

◆不同体质的人应选择适合自已体质的水果粥。

◆糖尿病、肾炎患者不宜吃含糖量高的水果粥膳，以免血糖过高，加重病情。

◆水果不宜过量食用，以免导致人体缺铜，使血液中胆固醇增高，引起相关疾病。

养生粥膳 >>

红枣羊骨粥

【材料】红枣15个，羊骨500克，大米1杯

【做法】1.将羊骨（以腿骨为佳）斩成2段，洗净，放入锅中，加水用小火煮1小时。

2.捞出羊骨，将骨髓剔于羊骨汤中，加入大米煮至八成熟，再放入红枣熬煮成粥。

养生指南 红枣，又叫大枣，为鼠李科植物枣的果实。红枣富含蛋白质、脂肪、糖类、抗坏血酸、钙、铁、维生素等多种人体所需的营养成分。中医认为，红枣具有益心润肺、合脾健胃、益气生津、养血安神、缓解药毒、补血养颜之功效。将红枣与羊骨、大米制成粥膳，其营养价值与药用功效更为显著，对脾胃虚弱、体倦乏力、食少便溏、血虚萎黄、消瘦、精神不安等症均有辅助食疗作用。常食此粥可滋肾、养血、止血，还可缓解并改善肾虚血亏等症状。此粥现多用于改善贫血、血小板减少及过敏性紫癜等症。建议每日分2次服用此粥。

荔枝苹果粳米粥

【材料】荔枝15枚，苹果1个，粳米3大匙

【调料】糖适量

【做法】1.荔枝去壳取肉；苹果洗净，削皮，切丁，备用。

2.粳米洗净，加适量水煮至软烂，放入荔枝肉和苹果丁，小火煮约半小时左右。

3.依个人口味加适量糖调味即可。

养生指南 苹果古称滔婆，是老幼皆宜的水果之一，其营养价值和医疗价值都很高。中医认为，苹果甘凉，具有生津止渴、润肺除烦、健脾益胃、养心益气、润肠止泻、解暑、醒酒之功。荔枝是果中佳品，为无患子科植物荔枝的果实，又名离支。中医认为，荔枝味甘、酸，性温，具有补肝养血、健脾理气之功效，可用于缓解肝血亏虚、眩晕失眠、崩漏、脾气虚弱、大便泄泻、胃脘寒痛、呃逆、产后水肿等症。荔枝、苹果制成的粥膳是养心、益气、止泻之佳品。

[贴心提醒] 在煮水果粥时，水果一定要后放，这样才不会破坏水果中的营养成分。

草莓麦片粥

雪梨糯米粥

【材料】糯米半杯，雪梨1个，黄瓜1根，山楂糕1块，枸杞子少许

【调料】冰糖1大匙

【做法】1.糯米洗净，用清水浸泡6小时；雪梨去皮、核，洗净，切块；黄瓜洗净，切条；山楂糕切条，备用。

2.糯米放入锅中，加水，大火煮开，转小火煮约40分钟，注意搅拌，不要煳底，煮成稀粥。

3.将雪梨块、黄瓜条、山楂糕条加入粥锅中，拌匀，用中火煮沸，再加冰糖、枸杞子调味即可。

养生指南

中医认为，雪梨味甘、微酸，性寒凉，入肺、胃经，常食雪梨能滋阴润燥、清热化痰、解酒毒。山楂糕由山楂制成，具有山楂的营养价值与食疗功效。山楂含有大量维生素C、胡萝卜素和钙等，还含有山楂酸、黄酮类物质、解脂酶等成分。中医认为，山楂能健胃消食，活血化淤，止痢降压。现代医学认为，山楂还具有抗癌作用。以上二者与糯米、黄瓜、枸杞子共煮粥不但能增进食欲，还对干咳、口渴、便秘、烦渴、咳喘、痰黄、食积等病症有不错的食疗作用。

雪梨糯米粥

草莓麦片粥

【材料】麦片3大匙，草莓2颗，大米半杯

【调料】蜂蜜少许

【做法】1.将水倒入锅内烧开，放入大米煮成粥，再放入麦片煮5分钟备用。

2.草莓洗净，备用。

3.用汤匙将草莓研碎，再加入少许蜂蜜混合均匀成草莓酱。

4.将草莓酱下入麦片粥内，边煮边搅拌，稍煮片刻即可。

养生指南

草莓又叫红莓、地莓，常被人们誉为“果中皇后”。草莓营养丰富，含有膳食纤维、果胶、果糖、蛋白质、柠檬酸、苹果酸、氨基酸以及钙、磷、铁、钾、锌等矿物质。此外，草莓还含有多种维生素，尤其是维生素C含量非常丰富，是老少皆宜的健康果品。

用草莓与麦片制成的粥膳具有预防便秘、痔疮、下肢静脉曲张、高血压和高血脂的功效，特别适合于老人、儿童和体弱者食用。

鲜花类粥膳养生

XIANHUALEIZHOUSHANYANGSHENG

鲜花养生谈

鲜花美丽芳香，营养丰富。用鲜花制作的粥膳，其养生作用不仅体现在维持身体的健康方面，还能美容养颜。

可制作粥膳的鲜花品种很多，食用鲜花可以吃的部分包括鳞茎、根部、枝叶、花蕾、花瓣和花蕊，当然并非所有的花都能入粥食用。

营养功效

鲜花含有多种维生素、活性蛋白酶、核酸、黄酮类化合物、氨基酸以及锌、铁、碘、硒等十几种矿物质。

有些花还有一定的药用价值，如白菊花能软化动脉血管、延缓衰老；腊梅花可改善肝气郁结、头晕、脘痛；梅花可散淤开胃、生津、化痰；石榴花能止鼻血，缓解吐血、下消；玫瑰花具有理气解郁、和血散淤、疏肝醒脾的功效；合欢花则有安神、活血、消肿的功效。

养生食材

可制作粥膳的鲜花包括：玫瑰、菊花、茉莉、桂花、荷花、樱花、兰花、油菜花、康乃馨、梅花、洛神花等。

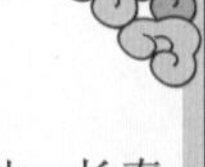

◆忌食有毒的鲜花。有的鲜花含有毒素，如：夹竹桃、虞美人、杜鹃花、水仙、长春花、曼陀罗、金花石蒜、嘉兰百合等，如果误食或在处理不当时食用，极易引起过敏、中毒等不良反应。

◆制作花粥不宜选用残留农药的鲜花。在种花的过程中，为了使花生长得更快速、更艳丽，花农会大量施用化肥、农药，残留的农药会危害人体健康。因此，最好选择在良好的生态环境下生长出的鲜花。

◆对不知名、没见过的鲜花，切莫盲目用于粥膳，以免发生危险。

◆应尽量选择刚刚盛开的鲜花，这样才能充分利用鲜花的营养成分。

◆烹制花粥应以清淡为主，尽量保持鲜花的原汁原味，不宜久煮，更不宜加味过重的调料。

养生粥膳 >>

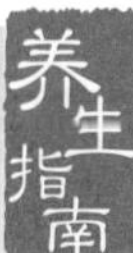

菊花为菊科菊属宿根亚灌木的花卉，又叫甘菊。中医认为，菊花味甘、苦，性微寒，具有散风清热、平肝明目、减压怡神的作用，适用于风热感冒、头痛眩晕、目赤肿痛、咳嗽等症。菊花与富含铁的红枣搭配煮粥，能健脾补血、清肝明目。长期食用此粥可保健防病、驻颜美容。

菊花红枣粥

【材料】菊花4朵，红枣10个，粳米半杯

【调料】红糖少许

【做法】1.红枣、粳米洗净后放入锅内，加适量清水，煮沸。

2.煮沸后，改用小火煲15分钟，放入适量红糖调味。

3.关火前撒入菊花即可。

菊花鱼片粥

【材料】菊花4朵，大米1杯，新鲜鱼片200克

【调料】盐2小匙

【做法】1.大米洗净，加水以大火煮沸，转小火煮至米粒软透。

2.鱼片洗净，加入粥中，转中火再煮沸一次，加入菊花、盐调味即成。

菊花具有一种独特的芳香气味，与鲜美的鱼片搭配在一起，使养生粥品独有一种鲜美滋味。这道菊花鱼片粥含有蛋白质、脂肪酸、挥发油等成分，具有清热解毒、预防中暑和风热感冒的功效。此外，高血压、冠心病及动脉硬化患者也可常食此粥。

[贴心提醒] 最好等粥沸时再将鱼片下锅。因为粥沸时下锅，能使鱼的表面因骤然受到高温而使蛋白质变性收缩凝固，孔隙闭合，这样鱼肉的可溶性营养成分及鲜味物质就不易溢出，较容易保持鲜美的滋味。

玫瑰粥

【材料】玫瑰花4朵，大米1杯

【做法】1.大米淘洗干净，加适量水以大火煮沸，煮沸后转小火煮至米粒熟软。

2.撒上玫瑰花续煮1分钟后熄火，再焖3分钟以上，让花香渗入粥汁内，即可食用。

养生指南 玫瑰花含有维生素C、苹果酸等成分。中医认为，玫瑰花味甘、辛香、微苦，性温，具有排毒养颜、开窍化淤、疏肝醒脾、促进胆汁分泌及血液循环的功效。用玫瑰制成的粥膳，对肝胃气痛、吐血出血、月经失调等症具有不错的辅助治疗作用。另外，常食玫瑰粥还能帮助祛除痤疮和粉刺的痕迹，使面部的皮肤光滑柔嫩。

飘香梅花粥

【材料】白梅花3朵，粳米半杯

【做法】1.粳米洗净放入锅中，加适量水煮粥。

2.待粥将熟时，加入白梅花，煮沸2～3分钟即可。

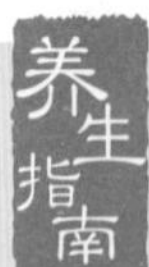

白梅花又叫绿萼梅，是蔷薇科植物梅的花蕾。中医认为，白梅花气香，味淡而涩，入肝、肺二经，具有理气、健脾开胃、化痰的功效。用白梅花制成的粥膳，具有多种食疗功效，适用于肝胃气痛、神经官能痛、胸闷不舒、嗳气、食欲减退等。

畜禽类粥膳养生

CHUQINLEIZHOUSHANYANGSHENG

畜禽养生谈

古人云："五畜为益"。可见，畜禽类的肉也是人们用于养生的食物。用畜禽肉制作粥膳，利用率和营养价值都很高，不妨常食。但需注意的是，由于肉类的胆固醇含量较高，吃太多的肉会给身体带来危害，容易引发高血压、高血脂、心脏病、糖尿病等，因此畜禽类粥膳食用要适度。

营养功效

畜禽肉含有丰富的能量、优良的蛋白质、大量的B族维生素、微量元素及脂类物质等。用畜禽肉制作粥膳，不仅能够饱腹，如能搭配得当，还能起到增强体质、缓解病症的作用。如：猪肉粥能补虚，增力气；猪腰粥能改善肾虚腰痛、遗精、盗汗；牛肉粥能补脾胃，益气血，强筋骨，止消渴；羊肉粥能补气养血，温中暖肾；狗肉粥则能温补脾胃，温肾助阳；乌鸡粥能养阴退热，补益肝肾；鸭肉粥能养胃滋阴，清虚热，利水消肿；鸡蛋粥能促进肝细胞的再生，提高人体血浆蛋白量，增强人体的代谢功能和免疫功能。

养生食材

可制作粥膳的畜禽肉包括：猪肉、猪蹄、猪腰、牛肉、羊肉、兔肉、狗肉、鸡肉、鸭肉、鹅肉、鸡蛋、鹌鹑蛋等。

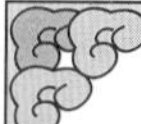

专家建议

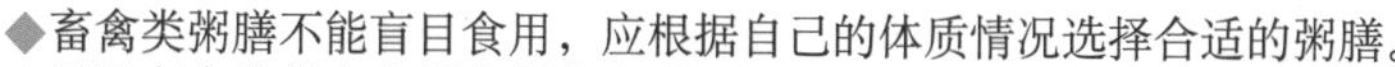

◆畜禽类粥膳不能盲目食用，应根据自己的体质情况选择合适的粥膳。

◆忌用畜禽类的有毒器官制作粥膳。如：猪、牛、羊等动物体上腺、肾上腺、病变淋巴腺是三种"生理性有害器官"，人若误食则可能出现头昏头痛、兴奋狂躁、脉快心悸、抽搐乏力、食欲低下、恶心呕吐、发热多汗等中毒症状；羊的悬筋是羊蹄内发生病变的一种病毒组织，误食后会感染上病毒而生病；禽腔上囊，即鸡、鸭、鹅等禽类屁股上端长尾羽的部位，是淋巴腺集中的地方，它可吞食病菌、病毒甚至致癌物质，却不能分解，所以是个藏污纳垢的"仓库"。人若吃了这块"肉"，则易生病。

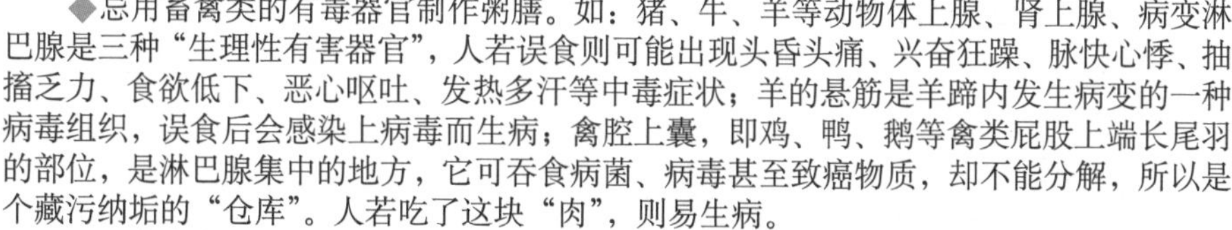

◆用畜禽肉制作粥膳要注意原料搭配，不能选择食性相反的食物。

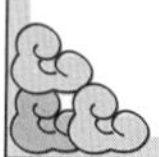

牛肚薏米粥

【材料】牛肚1个，薏米半杯

【做法】1.薏米洗净，备用。

2.牛肚剖洗干净，切细，与薏米一同放入锅中，加适量水，大火烧沸转小火熬煮成粥即可。

养生指南 牛肚，俗称百叶，含有蛋白质、脂肪、钙、磷、铁、维生素B_1、维生素B_2、烟酸等营养成分。中医认为，牛肚味甘，性温，具有补虚、益脾胃的功效；薏米性微寒，有健脾、去湿、利尿的功效。用牛肚与薏米搭配制成的粥膳能健脾利水，适用于脾虚有湿、脘腹胀满、食少纳呆或水肿尿少等症，病后体虚、气血不足、营养不良、脾胃薄弱之人也可经常食用此粥。另外，中医有“以脏补脏”之说，因此，凡胃气不足之人，宜常食此粥，以养胃气。

猪肚白术粥

【材料】粳米1杯，猪肚1个，白术50克，槟榔1颗，葱段适量，生姜1块

【调料】茴香、胡椒粉、盐各1小匙

【做法】1.粳米淘洗干净，除去杂质；猪肚反复用清水洗净，用刀刮净里面的油脂；将白术、槟榔和生姜研为粗末，放入猪肚内，缝口。

2.猪肚加水煮熟。

3.将粳米和猪肚汤汁一起放入锅中，加茴香、胡椒粉、盐、葱段，大火烧沸转小火熬煮成粥即可。

养生指南 猪肚又叫猪胃，含有蛋白质、脂肪、维生素A、维生素E、烟酸、钾、锌、硒等营养成分，能为人体提供多种营养物质。中医认为，猪肚能补虚损、健脾胃，对虚劳消瘦、脾虚腹泻、尿频或遗尿及小儿疳积等症有不错的辅助食疗作用。白术能增强人体的免疫功能，还具有抗菌、升高白细胞的作用。中医认为，白术味甘，性温，入脾、胃经，具有益脾除湿、固表、止泻、利水之功效。猪肚与白术共煮粥，二者的功效更为卓越。这道猪肚白术粥具有补虚劳、健脾胃、除湿、利水、止泻的作用，凡有脾虚湿盛所导致的症状者均可常食此粥。

滑蛋牛肉粥

【材料】大米半杯，嫩牛肉75克，鸡蛋1个

【调料】A：醪糟、酱油各半大匙，淀粉1大匙

B：盐1小匙，胡椒粉少许

C：高汤5碗

【做法】1.大米洗净，若米硬可浸泡半小时；牛肉切薄片，放入碗中加A料腌10分钟；鸡蛋打散，备用。

2.大米放入锅中加入高汤，大火煮沸后改成小火熬成白粥。

3.白粥煮沸后，放入腌好的牛肉片煮烫至六成熟，再加入打散的蛋汁及调料B调匀，稍煮片刻即可盛出。

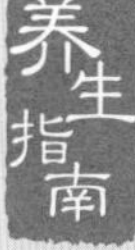

养生指南 牛肉是优良的高蛋白食品，营养成分易被人体吸收。牛肉含有大量的蛋白质、少量的脂肪，还含有钙、铁、磷、维生素B_1、维生素B_2、烟酸等营养成分。中医认为，牛肉具有补中益气、滋养脾胃、强健筋骨、化痰息风、止渴止涎的功效，适用于中气下陷、气短体虚、筋骨酸软、贫血久病及面黄目眩之人食用。鸡蛋含有蛋白质、脂肪、多种维生素、钙、磷、铁等营养成分，常吃鸡蛋可增强机体的代谢功能和免疫功能，还能改善记忆力。这道滑蛋牛肉粥由牛肉、鸡蛋、大米熬制而成，兼具三者的营养与功效，十分适合处于生长发育中的儿童及术后或病后调养之人食用，同时也是寒冬补益之佳品。

[贴心提醒] 患疮疥、湿疹及皮肤瘙痒者慎食此粥。

排骨香粥

排骨香粥

【材料】大米半杯，排骨150克，丝瓜100克，花生3大匙，姜8片

【调料】A：盐半小匙

B：盐1小匙，胡椒粉少许

【做法】1.大米洗净，沥干，拌入调料A及1大匙油腌20分钟；排骨洗净，斩小块，放入沸水内汆烫，取出冲净；丝瓜刨去硬边，切块，备用。

2.锅内加水，放入花生、排骨及4片姜煮滚，改用中火煲30分钟，然后加大米，再煲45分钟成粥。

3.油锅烧热，爆香4片姜，放入丝瓜炒香。然后把丝瓜放入粥内，续煲至丝瓜熟。拌入调料B调匀即可。

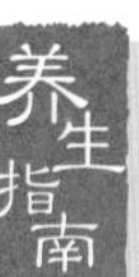

养生指南 排骨含有蛋白质、脂肪、维生素、铁、钙等营养素，常食排骨能及时补充人体必需的骨胶原，以增强骨髓造血功能，延缓衰老。花生可促进人体的新陈代谢，增强记忆力，并有益于神经系统，可益智、抗衰老、延寿。丝瓜对皮肤有很好的作用。三者搭配在一起煮粥，其营养与功效都更为显著。这道粥膳具有很好的抗衰老功效，是一道不可多得的美容佳品。

猪肺双米粥

【材料】猪肺500克，大米半杯，薏米3大匙，葱花、姜末各适量

【调料】料酒适量，盐少许

【做法】1.猪肺洗净，放入锅中，加适量水、料酒，煮至七成熟时捞出，切成肺丁。

2.大米、薏米淘洗干净，与肺丁、适量水一起入锅中，并放入葱花、姜末、盐、料酒，先置大火上煮滚，再用小火熬煮，米熟烂即可。

养生指南 中医认为，猪肺味甘，性平，能补肺虚、止咳嗽，适宜肺虚久咳、肺结核及肺痿咯血者食用。薏米含有维生素B_1、多种氨基酸、碳水化合物等营养成分，能促进人体的新陈代谢、减少胃肠负担，还能用于癌症的辅助食疗。常吃薏米可保持身体健康，减少患病概率。猪肺与薏米搭配煮粥，能更好地发挥二者的营养价值与食疗功效。此粥能补脾肺、止咳，同时也适用于慢性支气管炎等疾病。

肉丝香菇粥

【材料】里脊肉50克，香菇30克，粳米半杯，葱花适量

【调料】盐适量

【做法】1.里脊肉洗净，切成细丝；香菇洗净，切成薄片，备用。

2.粳米洗净后放入锅中，加入适量水，煮至软烂。

3.将切好的里脊肉丝和香菇片加入粥锅中，待肉丝变色后加少许盐、葱花调味即可。

养生指南 里脊肉是猪肉中的上品，富含脂肪、蛋白质、碳水化合物、维生素等营养成分，能为人体提供优质蛋白质、必需的脂肪酸、血红素铁及促进铁吸收的半胱氨酸，能有效改善缺铁性贫血。中医认为，猪肉能补肾液、充胃汁、滋肝阴、润肌肤、利二便、止消渴。因此，此粥的保健养生功效十分显著，常食此粥有利于身体健康。

水产类粥膳养生

SHUICHANLEIZHOUSHANYANGSHENG

水产养生谈

水产品是一种鲜美、营养、健康的食物，逐渐被人们纳入了养生的行列。水产品营养均衡且营养素含量合理，对维持人体健康有益。用水产品制作粥膳，更能满足人们保健养生的需求。

营养功效

水产品的营养不仅丰富，而且均衡，水产品中含有丰富的且易被人体消化吸收的蛋白质与少量脂肪，胆固醇的含量较低。在众多的水产品中，鱼类所含蛋白质的利用率高达90%，而脂肪含量却不足5%，因此可常食鱼肉粥。不同的水产品，其功效也有所不同。如：鲤鱼粥能健脾利湿，除湿热；草鱼粥能暖胃；鲢鱼粥具有温中益气的功效，对久病体虚、食欲不振、头晕、乏力等有辅助食疗作用；鲫鱼能健脾利湿，可改善脾胃虚弱、痢疾、便血、水肿、淋病、痈肿、溃疡等；沙丁鱼粥能补五脏，消肿去淤，预防心肌梗塞，增强记忆力；海参粥能美颜乌发，养血润肤，补气益血，养肾固精；虾粥具有壮阳、益肾强精的功效，还能通乳汁；螃蟹粥具有清热、散血等功效。

养生食材

可制作粥膳的水产品主要有：鲤鱼、鲫鱼、带鱼、沙丁鱼、虾、螃蟹、海参、牡蛎等。

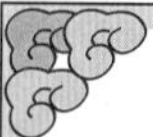

专家建议

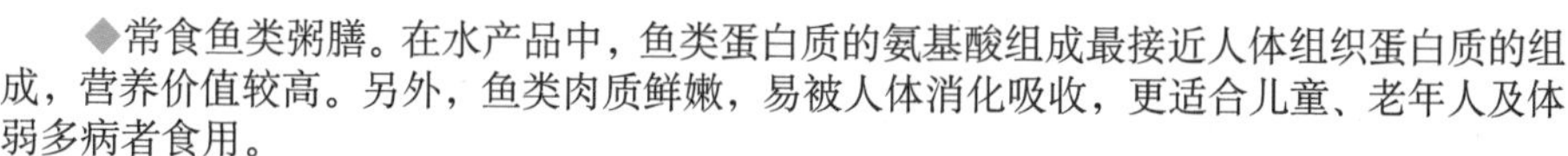

◆常食鱼类粥膳。在水产品中，鱼类蛋白质的氨基酸组成最接近人体组织蛋白质的组成，营养价值较高。另外，鱼类肉质鲜嫩，易被人体消化吸收，更适合儿童、老年人及体弱多病者食用。

◆不宜用水产品的有害部分制作粥膳。如：鱼的“黑衣”，即鱼体腹腔两侧的一层黑色膜衣，是最腥臭、泥土味最浓烈的部位，含有大量的类脂质及溶菌酶，人误食后会抑制食欲，还会引起恶心、呕吐、腹痛等症状；虾的“直肠”，即虾的消化系统中从头部一直延伸至尾部的“泥肠”，它贯穿全身，内含细菌和消化残渣污物，食虾时应剖开头部，挤出其中的残留物，拉掉“泥肠”。

◆某些疾病患者不宜食用水产类粥膳。如痛风患者、结核病患者及出血性疾病患者等。

蟹肉莲藕粥

【材料】大米半杯，螃蟹2只，莲藕100克，鸡蛋2个，葱花、姜片各适量

【调料】盐适量

【做法】1.大米洗净后加水浸泡2小时；莲藕去皮、切丝，浸泡在水中；将鸡蛋的蛋清、蛋黄分开，放在碗内。

2.螃蟹处理干净，并将蟹壳和蟹脚敲断，然后将蟹黄与蛋黄搅拌均匀。

3.锅内倒油加热，放入蟹壳、蟹脚、葱花、姜片炒香，倒入水没过螃蟹，用中火煮40分钟，然后将汤倒入另一口锅内。

4.在煮好的汤内放入大米、莲藕和泡莲藕的水，煮沸，改小火煮90分钟后，放入蟹壳、蟹脚，加盐调味；在粥里放入蛋清、蛋黄及蟹黄搅拌均匀，小火煮片刻即可盛入碗内，蟹壳放粥上面即可。

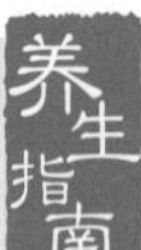

养生指南 中医认为，螃蟹具有清热解毒、补骨添髓、活血化淤、通经络、利湿等功效，对跌打损伤、损筋折骨、血淤肿痛、产后血淤腹痛、难产、湿热黄疸等症有不错的食疗作用。近年发现，螃蟹还有抗结核作用，食后对结核病的康复大有补益。莲藕具有清热润肺、凉血化淤、健脾开胃、止泻固精之功效。螃蟹与莲藕合用煮粥，其清热、化淤功效则更盛，常食可补益身体。

[贴心提醒] 蟹爪易引起流产，所以孕妇不宜食用此粥。

蟹肉莲藕粥

养生指南 从营养学的角度讲，肉类有白肉与红肉之分。其中，白肉是更符合人体健康标准的肉类，鱼肉正是属于白肉。大多数鱼肉都含有蛋白质、人体必需的脂肪酸、卵磷脂、氨基酸等营养成分，对人体健康十分有益。鱼肉与营养、功效同样优异的西兰花合用，更能满足人体的营养需求。此粥具有较好的补益作用，体虚乏力者不妨常食。

[贴心提醒] 为防鱼片破碎，可将鱼片加入放有料酒拌和的蛋清里，再撒上干淀粉，在泛有较多泡沫的油锅中煎一下就行了。

西兰花鱼片粥

【材料】鱼肉适量，大米半杯，西兰花1～2朵，蒜片适量，嫩姜3片

【调料】盐少许

【做法】1.大米淘洗干净，加水浸泡20分钟；鱼肉两面均抹上盐腌渍备用；西兰花洗净。

2.大米放入锅中，加适量水煮成稠粥，加入西兰花煮熟即熄火，装碗。

3.起锅热油，爆香蒜、姜，再放入鱼片煎至金黄色，置于粥上即可。

鲫鱼白术粳米粥

养生指南 鲫鱼又叫鲋鱼，营养丰富而全面，含有蛋白质、脂肪、碳水化合物、钙、磷、铁等营养成分。经常食用可补充营养，增强抗病能力。中医认为，鲫鱼具有健脾开胃、利水消肿的功效，对脾胃虚弱、少食乏力、呕吐或腹泻、脾虚水肿、小便不利、气血虚弱及产后乳汁不足等症均有很好的食疗作用。鲫鱼与白术共煮粥，可益气健脾、和胃降逆，且适用于脾胃虚弱、妊娠、呕恶、倦怠乏力等症。建议此粥每日食用1次，可连服3～5天。

[贴心提醒] 阴虚内热或津液亏耗者慎食此粥。

【材料】鲫鱼400克，粳米半杯，白术10克

【做法】1.白术洗净，煎汁100毫升；粳米淘洗干净。

2.鲫鱼去鳞、鳃及内脏，与粳米加水同煮为粥。

3.将熬好的白术药汁加入粥中，搅拌均匀，调味即可。

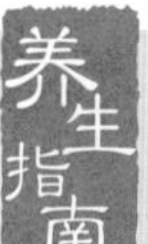

滑嫩鲜虾粥

【材料】大米半杯，鲜虾仁1大匙，芹菜末少许

【调料】高汤适量，盐少许

【做法】1.大米淘洗干净，加入高汤，用小火慢熬成粥状。

2.将虾仁剔除虾线，蒸熟，切成小粒，放入粥内，加入少许盐，熬约5分钟。

3.最后在粥中加入芹菜末拌匀即可。

养生指南 虾的营养丰富，其中含钙量居众食品之首，还含有碳水化合物、矿物质及多种维生素等成分，尤其适合缺钙及肾阳虚者食用。中医认为，虾具有壮阳、益肾，通乳汁的功效，对肾虚阳痿、气血虚弱、乳汁不下或乳汁减少、体虚麻疹、水痘出而不畅等症均有辅助食疗作用。常吃用虾肉制作的粥膳，不仅能补充机体易缺乏的营养，还能提高食欲，增强体质。另外，这道滑嫩鲜虾粥富含钙质，常吃对预防骨质疏松有一定帮助，对老年人较有益处。

鲜美鱼虾粥

【材料】鲜虾半碗，鲜鱼片150克，大米2杯，葱2根，嫩姜1片

【调料】盐2小匙，胡椒粉少许

【做法】1.大米淘洗干净，加水以大火煮沸，煮沸后转小火煮至米粒熟软。

2.虾剪去须脚、头刺，挑去肠泥，洗净，沥干；葱洗净，切段；姜洗净，切丝。

3.姜丝先下入粥中，转中火，再放虾、鱼片煮熟，加盐调味，撒上葱段再煮沸一次即成。可撒少许胡椒粉提味。

养生指南 虾与鱼均为鲜美的水产类食物，大多数海鲜水产类食物都具有清热、利水的功效，且富含蛋白质，因此体质湿热者不妨常食。鱼肉尤其容易被人体吸收利用，经常食用可促进人体细胞增殖，十分适合生长发育中的儿童食用。

银鱼粥

【材料】大米半杯，银鱼4大匙，葱花、枸杞子各少许

【调料】盐适量

【做法】1.大米洗净，加水浸泡1个小时；银鱼冲洗后沥干水分，备用。

2.锅中放入大米、水和银鱼，用大火煮开后，改小火煮至米粒稠烂，再加盐调味。

3.起锅前撒上葱花和枸杞子拌一下即可。

养生指南 银鱼又称面条鱼，属珍贵鱼类。银鱼味道鲜美、肉质软嫩、营养丰富，经常食用能提高人体的消化吸收功能。中医认为，银鱼味甘，性平，归脾、胃经，具有宽中健胃、润肺止咳之功效。这道银鱼粥非常适合脾胃虚弱、食欲不振及慢性腹泻者食用，肺阴不足导致的干咳少痰、形体消瘦者也可常食。

第三章

不同体质的粥膳养生

根据中医理论，每个人都有自己的体质特征。不同的体质应选择不同的养生方法，采用粥膳养生时也应如此，可根据个人的体质特征选择合适的粥膳。无论采用哪种养生方式，总体上都应遵循『热者寒之，寒者热之，虚则补之，实则泻之』的原则。

体质的形成与适合的食材

TIZHIDEXINGCHENGYUSHIHEDESHICAI

什么是体质

所谓“体质”，是指人身体的形态与功能，就是人的机体素质，每个人都有自己的体质特性。中医认为，一个人的体质反应了机体内阴阳运动形式的特殊性，这种特殊性由脏腑盛衰所决定，并以气血为基础。不同的体质应采用不同的养生方法，其原则为：热者寒之，寒者热之，虚则补之，实则泻之。

体质类型

体质可分寒、热、虚、实四种，不过绝大部分人的体质类型是会随其他因素的变化而改变的。在这四种体质中，虚性体质状况最差，其又可细分为气虚、血虚、阳虚、阴虚，且表现出来的症状也各有不同。

影响体质形成的因素

体质特征取决于脏腑经络气血的强弱盛衰，因此，凡能影响脏腑、经络、气血、津液功能活动的因素，均可影响体质。主要包括以下几点。

先天因素的影响

先天因素包括父母生殖之精的质量、父母血缘关系所赋予的遗传性、父母生育的年龄以及在体内孕育过程中母亲是否注意养胎和妊娠期疾病所给予的一切影响。先天禀赋是体质形成的基础，是人体体质强弱的前提条件。

年龄因素的影响

体质是一个随着个体发育的不同阶段而不断演变的生命过程，某个阶段的体质特点与另一个阶段的体质特点是不同的。这是因为人体有生、长、壮、老、死的变化规律，在这一过程中，人体的脏腑、经络及气血、津液的生理功能都会发生相应的变化。

性别因素的影响

男女在体质上存在着性别差异。男性多禀阳刚之气，脏腑功能较强，体魄健壮魁梧；女性多禀阴柔之气，脏腑功能相对偏弱，体形相较男性小巧。男子以肾为先天，以精、气为本；女子以肝为先天，以血为本。男子多用气，故气常不足；女子多用血，故血常不足。

饮食因素的影响

饮食结构和营养状况对体质有明显的影响。长期养成的饮食习惯和固定的膳食品种质量，日久可因体内某些成分的增减等变化而影响体质。

地理因素的影响

不同地区或地域具有不同的地理特征。这些特征影响和制约着不同地域生存的不同人群的形态结构、生理机能和心理行为特征的形成与发展。

疾病及其他因素的影响

一般来说，疾病改变体质多是向不利方向变化，如大病、久病之后，常导致体质虚弱。某些慢性疾病迁延日久，患者的体质易表现出一定的特异性。

了解食物的属性

知道自己是属于何种体质之后，还必须弄清楚粥膳中所搭配的食材属性如何，了解食材是属于寒凉、平性、还是温热，不仅对于养生保健有长足的帮助，对日常饮食的宜忌，也有很好的提示作用。

体质类型与常见食物属性

适用体质	食材属性	五谷杂粮类	畜禽水产类	蔬菜类	水果类	其他类
热性体质、实性体质	寒凉性食物	大麦、小麦、荞麦、大米、小米、绿豆、薏米	鸭肉、蛤蚌、蚬子、田螺、螃蟹	海带、紫菜、荸荠、油菜、菠菜、芹菜、大白菜、金针菇、香菇、苦瓜、黄瓜、丝瓜、冬瓜、茭白、竹笋、西红柿、茄子、白萝卜、莲藕、菱角、莴苣	西瓜、香瓜、香蕉、柿子、葡萄柚、橘子、柠檬、椰子、梨	豆豉、豆腐、绿茶、红茶
实性体质、热性体质、虚性体质、寒性体质	平性食物	玉米、黄豆、黑豆、蚕豆、扁豆、煮花生	猪肉、牛肉、鸡蛋、鸡肉、鹅肉、鲤鱼、鲫鱼、乌鱼、黄鱼、鲳鱼、带鱼、鳗鱼、比目鱼、泥鳅、鱼翅、干贝、孔雀蛤、海蜇、鲍鱼、鳖、海参	空心菜、苋菜、芥菜、茼蒿、圆白菜、红薯、土豆、山药、芋头、胡萝卜、牛蒡、豇豆、豌豆、毛豆、莲子	橙子、杨桃、枇杷、甘蔗、苹果、李子、梅子、葡萄、菠萝	木耳、燕窝、芝麻、菜子油、大豆油、蜂蜜、可可、牛奶、羊奶、豆浆
寒性体质	温热性食物	糯米、高粱、赤小豆、炒花生	羊肉、虾、鳝鱼、鲢鱼、鲈鱼	韭菜、香菜、葱、姜、蒜、辣椒	桂圆、荔枝、榴莲、山楂、石榴、桃、杏、樱桃	醋、芥末、花椒、胡椒、酒、栗子、核桃、巧克力、花生油、香油

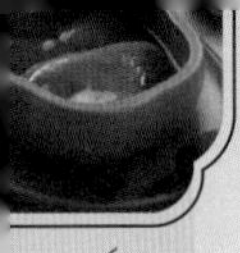

体质自测

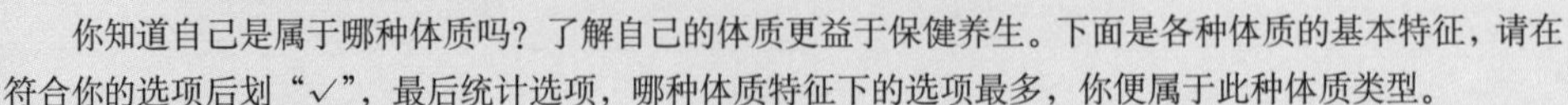

TIZHIZICE

你知道自己是属于哪种体质吗？了解自己的体质更益于保健养生。下面是各种体质的基本特征，请在符合你的选项后划“✓”，最后统计选项，哪种体质特征下的选项最多，你便属于此种体质类型。

寒性体质特征

怕冷，怕风，手脚冰凉（ ）

喜喝热饮，吃热食（ ）

脸色苍白，唇色淡（ ）

常不喝水，仍不觉口渴（ ）

常腹泻，小便色淡且次数多（ ）

精神虚弱，易疲劳（ ）

女性的月经常迟来，多血块（ ）

舌头颜色呈淡红色（ ）

热性体质特征

身体常发热，怕热（ ）

喜吃冰冷的食物或饮料（ ）

常心情急躁，脾气不好（ ）

便秘的现象时有发生（ ）

尿少且色黄（ ）

喜欢喝水，却常口干舌燥（ ）

舌苔偏红而且有厚厚的舌苔（ ）

常满脸通红，面红耳赤（ ）

实性体质特征

身体强壮，肌肉发达（ ）

声宏嗓大，精神饱满（ ）

脾气不好，易暴易怒（ ）

小便色黄而少，有便秘现象（ ）

有时口干口臭（ ）

呼吸气粗，容易腹胀（ ）

对疾病的抵抗力很强，常有闷热的感觉（ ）

烦躁不安，失眠（ ）

虚性体质特征

气虚

无寒象（ ）

头晕目眩（ ）

气短懒言（ ）

食欲不振（ ）

易腹胀（ ）

久病或患有重病（ ）

血虚

无热象（ ）

面色苍白、无血色（ ）

女性经量少且色淡（ ）

失眠，健忘（ ）

手脚易发麻（ ）

指甲及唇色淡白（ ）

脉搏细且无力（ ）

阳虚

有寒象（ ）

四肢冰冷，怕冷（ ）

喜热食热饮（ ）

性欲减退（ ）

少气懒言（ ）

嗜睡无力（ ）

易腹泻且小便次数多（ ）

阴虚

有热象（ ）

常口渴，喜喝冷饮（ ）

形体消瘦（ ）

失眠 （ ）

头晕眼花（ ）

常便秘（ ）

小便黄（ ）

手足心发热冒汗（ ）

寒性体质的粥膳养生

HANXINGTIZHIDEZHOUSHANYANGSHENG

了解寒性体质

寒性体质的人产热量低，血液循环不好，易手脚冰冷，脸色比一般人苍白，易出汗，大便稀，小便清白，肤色淡，口淡无味，喜欢喝热饮，很少口渴。寒性体质的人不爱运动，在饮食上宜选择偏温热的食物。

常见病症与不适

寒性体质属冷性，较怕冷，偏向贫血症。若食用寒凉性食物，则冷症更加严重。由于四肢的冰冷感增加，促使末稍血液循环不良，所以即使在暑天，仍有手足麻痹的感觉。到了冬天，由于受到寒冷环境的影响，其手足疼痛加剧。

常见的寒性病症包括：风寒感冒、恶寒、流涕、头痛、肢冷、畏寒、风湿性关节痛等。

饮食禁忌

寒性体质或寒性病症者都不宜食用寒性食物，如：生冷瓜果、白萝卜、竹笋、莴苣、绿豆芽等蔬菜及清凉饮料。

推荐食材

适合寒性体质的食材包括：羊肉、牛肉、虾、鳝鱼、鲢鱼、鲈鱼、糯米、高粱、赤小豆、炒花生、韭菜、香菜、葱、姜、蒜、辣椒、桂圆（干鲜均可）、红枣、荔枝、榴莲、山楂、石榴、桃、杏、樱桃、苹果、大米、面粉、黄豆、牛奶、醋、芥末、花椒、胡椒、酒、栗子、核桃、饴糖、咖啡、巧克力、花生油、香油等。

食材的属性与体质的属性应相反，凡是寒性体质和病症都可食用热性或平性食物。

寒性体质的人需要多吃温性或偏热性的食物来滋补，以平衡体质。因为温性食物有活化身体机能、增加机体活力的功效，此外还可以有效地改善身体的贫血症状。

赤小豆橙皮糯米粥

【材料】赤小豆、糯米各半杯，橙皮、红枣各适量

【调料】红糖适量

【做法】1.赤小豆、糯米、红枣用清水分开浸泡2小时。

2.赤小豆、糯米、红枣加适量水放入锅中，用大火煮开，然后转小火煮至软透。

3.橙皮刮去内面白瓤，切丝，入粥锅中，待橙香渗入粥汁后，加红糖再煮约5分钟即可。

养生指南 糯米为禾本科草本植物糯稻的种子。中医认为，糯米味甘，性温，入脾、胃、肺经，具有健脾胃、益肺气之功效。赤小豆也属于温热性食物，可利尿、除肿、止吐，适宜寒凉天气或寒性体质者食用。红枣味甘，性平，入脾、胃经，具有补脾益阴、补血安中、润肺止咳、固肠止泻的功效，是寒性体质者的滋补佳品。橙皮味苦、酸，性微凉，可止呕恶、宽胸膈。此粥具有健脾胃、止吐的作用，是寒性体质者的补益佳品。

胡萝卜羊肝粥

【材料】大米1杯，胡萝卜100克，羊肝适量，姜适量，葱半根

【调料】料酒1小匙，盐2小匙，胡椒粉少许

【做法】1.大米洗净，浸泡40分钟；羊肝切薄片，用料酒腌上；胡萝卜去皮，切成粒；生姜切丝；葱切花。

2.锅内注入适量清水，用中火烧开，下入泡好的大米，改用小火煲约35分钟。

3.再加入羊肝、胡萝卜，调入盐、胡椒粉，煲10分钟，再撒入姜丝、葱花即可食用。

养生指南 胡萝卜又称红萝卜、金笋等，营养十分丰富。中医认为，胡萝卜味甘、辛，性平或微温，无毒，有健胃化滞的功能，可用于治疗消化不良、久痢、咳嗽等症，经常食用可预防因维生素A缺乏引起的疾病。按照中医理论，姜是助阳之品，有活血、祛寒、除湿、发汗等功效，还具有利胆、健胃、止呕、辟腥臭、消水肿的作用。葱属于温性食物，能发汗解表，促进消化液分泌，健胃增食。胡萝卜、姜、葱三者搭配制成的粥膳十分适合寒性体质者食用。

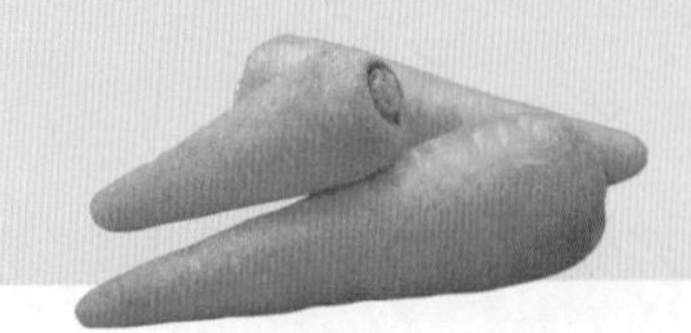

金沙玉米粥

【材料】玉米粒100克，糯米半杯，糖桂花、枸杞子各少许

【调料】红砂糖半杯

【做法】1.玉米粒、糯米分别用清水浸泡2小时。

2.玉米粒、糯米、枸杞子加适量水以大火煮开，然后转小火煮至软透。

3.加入糖桂花，待花香渗入粥汁中后，加入红砂糖再煮约5分钟即可。

养生指南 中医认为，玉米味甘，性平，归胃、膀胱经，有健脾益胃、利水渗湿的作用。从食疗角度分析，玉米具有多种功能，如开胃、利胆、通便、利尿、软化血管、延缓细胞衰老等。糖桂花味辛香，性温，入心、脾、肝、胃经，可行气化痰、止血散淤，对痰饮喘咳、肠风血痢等症有辅助食疗作用。糯米属温性食物，枸杞子性平，二者皆适宜寒性体质者食用。此粥所用材料皆属于温热或平性食物，是适宜寒性体质者的养生粥品。

生姜椒面粥

【材料】面粉半碗，生姜3片，蜀椒1小匙

【做法】1.将蜀椒研为极细粉末。

2.每次取适量与面粉和匀，调入水中煮粥。

3.成粥后，加生姜稍煮即可。

养生指南 蜀椒、生姜都属于温热性食物，皆适合寒性体质者食用。蜀椒富含维生素C、辣椒素等营养成分，具有健胃、助消化的功效，还能促进血液循环，调整和促进人体排水机能。生姜含有矿物质、维生素、姜辣素等物质，具有健胃、发汗、去湿、杀毒等功效。故二者制成的粥膳无疑是寒性体质者健脾胃、助消化的养生良品，可暖胃散寒、温中止痛。脾胃虚寒、心腹冷痛、胃寒呃逆或呕吐，以及遭受寒湿引起肠鸣腹泻者可常食此粥。

[贴心提醒] 患有支气管哮喘、痔疮、眼病、发烧及癌症（湿热型）病人应忌食此粥。

热性体质的粥膳养生

REXINGTIZHIDEZHOUSHANYANGSHENG

了解热性体质

热性体质的人，产热量增加，身体有热感，脸色红赤，容易口渴舌燥，喜欢喝冷饮，小便色黄赤且量少，进入有冷气的房间就倍感舒适。这类体质的人不太适宜服用温热性质的饮食，应吃一些寒凉滋润的食物，方能维持身体平衡，感觉舒服，减少全身性的热感。

常见病症与不适

常见的热性病症与不适有：面红目赤、狂躁妄动、颈项强直、口舌糜烂、牙龈肿痛、口干渴、小便短赤、大便燥结、舌红苔黄等实火病症。

饮食禁忌

热性体质或患热证的人应禁食热性食物，如葱、姜、蒜、辣椒、牛肉、羊肉、鹅肉、油炸食品等。更要忌食煎炒炙爆及辛辣之物，忌用鹿茸、鞭类等辛温燥热的补品。此外，还要禁烟酒。

推荐食材

适合热性体质的食材包括：大麦、荞麦、小麦、小米、薏米、绿豆、鸭肉、蛤蚌、蚬子、田螺、螃蟹、海带、紫菜、荸荠、油菜、菠菜、芹菜、大白菜、金针菇、香菇、苦瓜、黄瓜、丝瓜、冬瓜、茭白、竹笋、西红柿、茄子、白萝卜、莲藕、菱角、莴苣、西瓜、香瓜、香蕉、柿子、葡萄柚、橘子、柠檬、椰子、梨、豆豉、豆腐、绿茶、红茶等。

专家建议

热性体质的人首先要把宿便清除干净，同时多吃属寒性而纤维含量较多的蔬菜，以减轻燥热的症状，用食疗调理达到机体平衡，是长期有效的方法之一。寒性食物有助于清火、解毒，可用来辅助治疗火热病症。可以服用性平缓和的滋补药物，如沙参、麦冬、百合、莲子、冬虫夏草。另外，还可服用蜂蜜决明子，做法是取决明子15克，用开水冲泡去渣，加入适量的蜂蜜后饮用。

养生粥膳 >>

蟹柳白菜粥

【材料】米饭1碗，蟹足棒3根，白菜200克，姜末少许

【调料】高汤适量，盐半小匙，鲜鸡粉1小匙

【做法】1.蟹足棒切段；白菜洗净，亦切段。

2.锅中加入高汤，上火烧沸，下姜末煮片刻，再下入米饭、盐和鲜鸡粉，煮20分钟，下入蟹足棒和白菜煮5分钟，搅拌均匀，出锅装碗即可。

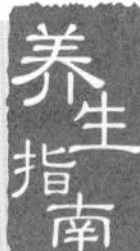

养生指南 中医认为，蟹肉性寒凉，具有清热、散血等功效。白菜有“菜中之王”的美称，营养价值很高，含有丰富的维生素A、B族维生素、纤维素、钙、磷等营养成分。中医则认为，白菜具有清热、除烦、解渴、利尿、通利肠胃的功效。二者搭配制作养生粥膳，可清热、凉血，对于诸多热证均具有辅助食疗作用，同时也适合热性体质者作为养生之品。

[贴心提醒] 未熟透、存放过久的蟹，以及死蟹都容易引起中毒现象，不宜食用，更不宜制作养生粥膳。

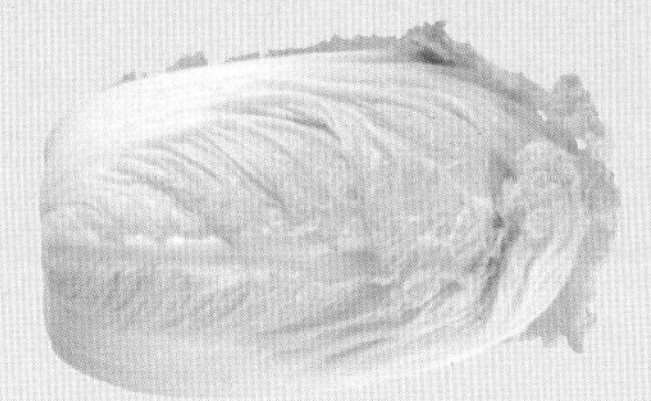

荷花粳米粥

【材料】干燥荷花3小匙，粳米半杯

【做法】1.将干燥荷花研成细致粉末。

2.粳米淘洗干净后与适量水一同放入锅中煮粥。

3.待粥熟时，撒入花末，调匀即可。

养生指南 荷花是睡莲科莲属的多年生草本植物莲的花瓣。荷花含有淀粉、蛋白质、脂肪、B族维生素、维生素C等营养成分，对人体有较好的补益作用。中医认为，荷花具有活血止血、养心安神、除湿祛风、清心凉血、固精、解热毒等功效。荷花还可辅助治疗跌打损伤后呕血、无泡湿疮等症。用荷花制成的养生粥膳，可清心除烦、凉血解毒，同时也适用于热病神昏、烦渴喜饮或小儿惊风、心火亢盛、烦躁不寐等症。

麦冬竹参粥

【材料】西洋参3克，麦冬10克，淡竹叶6克，粳米半杯

【做法】1.将麦冬、淡竹叶煎汤，去渣取汁；西洋参切成薄片。

2.粳米淘洗干净，与药汁一同煮粥。

3.粥将熟时，将切好的西洋参片加入粥中，煮至粥熟。

养生指南 西洋参又名花旗参，为多年生草本植物。中医认为，西洋参具有补肺阴、清火、生津液等功效。麦冬能养阴生津、润肺清心。淡竹叶能清热除烦、利尿，适用于热病烦渴、小便赤涩淋痛、口舌生疮等症。以上三者皆属寒凉性药物，与粳米一同制成的药粥，可益气、养阴、清热，适用于阴气不足而有虚热之烦渴、口干、气短、乏力等症。建议此粥每日食用1次，空腹服用。

[贴心提醒] 凡阳气不足者慎食此粥。

红绿双米粥

【材料】大米半杯，薏米、赤小豆、绿豆各3大匙

【调料】冰糖少许

【做法】1.将大米、薏米、赤小豆、绿豆淘洗干净，用清水浸泡1个小时。

2.将所有材料一同放入锅中，加适量水，先用大火烧滚，再转小火继续熬煮45分钟。

3.粥熟后，加入冰糖调味即可。

养生指南 薏米性微寒，可健脾、除湿。绿豆具有清热、解毒、消肿等功效。二者皆属寒凉性食物，可清热、除烦，对实热病症有着较好的食疗作用。因此这道红绿双米粥特别适合热性体质者食用，对身体有不错的调节功效。

实性体质的粥膳养生

SHIXINGTIZHIDEZHOUSHANYANGSHENG

了解实性体质

“实”是指人体体质壮实，抗病力强，对邪气呈现较亢进的反应，表现属于实证。实性体质大多出现在疾病的初期或中期，多由积食、痰、水湿、淤血等引起。实性体质者，体内实火较大，适合食用具有清凉降火功效的食品，如：菊花、金银花、绿豆、茯苓、决明子、黄连等，大凡能散热解毒的材料都可选用，以便疏散体内实火、清热解毒、利尿通便。

就内伤杂病而言，“实”的病理意义略有不同。内伤杂病方面，“实”指的是邪气盛，即致病因素较强盛而表现出来的实证。

常见病症与不适

实性体质患病常表现为实证。实证分为6种，即寒邪、实热、痰湿、气滞、血淤、燥邪等。常见的病症包括：胸腹部胀满疼痛、便秘、小便不通、咳嗽痰多、身体胀闷、血滞等。

饮食禁忌

实性体质及患实证的人当忌食具有滋补等有碍邪出的食物，如肥腻的肉类、收涩的酸果类、壅滞的瓜、豆、果仁，如肉桂、松子、姜、桂圆等。忌食辛辣性食物，如辣椒、姜、酒等。温阳性食物也尽量不吃，如：牛肉、狗肉、鹿肉等。

推荐食材

实性体质者应多进食苦寒属性的食物。如：小麦、小米、薏米、绿豆、螃蟹、海带、紫菜、苦瓜等。

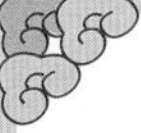

专家建议

实性体质者适宜食用具有行气活血作用的食物。实性体质者排毒功能较差，体内容易积热，所以容易便秘、腹胀，适合多摄取一些寒凉性的食物，以帮助身体排出毒素。

实性体质者，尤其是老年人，要积极参加体育运动，让体内多余的阳气散发出去。

葱白香醋粥

【材料】葱白（连根）5根，大米半杯

【调料】香米醋2~3小匙

【做法】1.连根葱白洗净后，切成小段。

2.大米淘洗干净后放入锅内，加水煮沸。

3.水沸时加入葱段，煮成稀粥。

4.粥将熟时，加入适量香米醋，稍搅拌即可。

养生指南 葱白为百合科葱属植物，味辛，性温，归肺、胃经。用葱白制成的养生粥膳具有发汗解表、通达阳气的功效，适用于寒邪侵体、外感风寒等症，也可用于阴寒内盛、格阳于外、脉微、腹泻者，尤其适用于小儿风寒感冒等病的辅助食疗。建议此粥每日服用1~2次，连服2天。

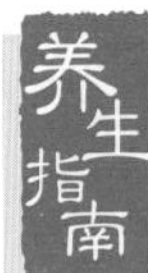

木通地黄粥

【材料】木通15克，生地黄30克，粳米半杯

【做法】1.将木通与生地黄煎成汤药备用；粳米淘洗干净，备用。

2.将粳米放入汤药中煮粥即可。

养生指南 木通、生地黄皆为药物。木通味苦，性凉，入心、小肠、膀胱经，具有泻火行水、通利血脉的功效，可用于辅助治疗小便赤涩、淋浊、水肿、胸中烦热、喉痹咽痛、女性闭经及乳汁不通等症。生地黄味甘、苦，性凉，入心、肝、肾经，具有滋阴、养血之功效，对阴虚发热、消渴、吐血、衄血、血崩、月经不调、胎动不安、阴伤便秘等症具有一定疗效。用二者制成的药粥具有清心、利尿的功效，也适用于小便赤涩疼痛、心火口疮、烦热不寐、口舌干燥等症的食疗。建议此粥空腹服用。

[贴心提醒] 津亏、气弱、精滑、脾虚泄泻、胃虚食少、胸膈多痰且内无湿热者及孕妇慎用此粥。

杏肉粳米粥

【材料】杏2个，粳米半杯

【调料】冰糖适量

【做法】1.杏洗净后放入锅中，加水稍煮至软烂，去核。

2.粳米淘洗干净后与煮好的杏肉一同加水煮成粥。

3.粥熟后，加入适量冰糖，调匀即可。

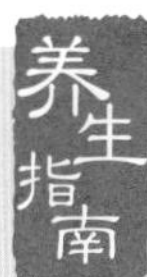

养生指南 杏是一种营养价值较高的水果，其果肉中含有蛋白质、脂肪、碳水化合物、钙、磷、铁、胡萝卜素及多种维生素等营养成分，可为人体提供所需的营养。中医认为，杏肉有小毒，具有祛痰、止咳、润肠等功效，可用于肺病咳血、伤风咳嗽、风虚头痛、偏风不遂、失音不语、喘促浮肿、小便淋漓等疾病的辅助食疗。杏肉与粳米制成的养生粥膳，具有润肺止咳、生津止渴的功效，同时也适用于肺热咳喘、痰稠、口干舌燥、烦渴等症，实性体质者可适量食用此粥。

[贴心提醒] 过食杏肉会伤及筋骨、勾发老病，易激增胃里的酸液伤胃，引起胃病，还易腐蚀牙齿，诱发龋齿。因此，在制作粥膳时，杏肉的用量要适当。

二冬枣仁粳米粥

二冬枣仁粳米粥

【材料】天冬、麦冬（连心）、枣仁各10克，粳米半杯

【调料】白蜜适量

【做法】1.枣仁微炒。

2.将炒好的枣仁与天冬、麦冬一同加水煎汤，去渣取汁。

3.粳米淘洗干净，与做法2中的汁液一同煮粥。

4.粥熟后，调入白蜜，再稍煮即可。

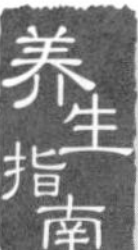

养生指南 天冬又称天门冬，味甘、苦，性寒，具有清心、润肺、养阴、生津液的功效，常用于肺燥干咳、虚劳咳嗽、津伤口渴、心烦失眠、内热消渴、肠燥便秘、白喉等症的辅助治疗。麦冬性微寒，具有滋阴生津、清心润肺等功效。二者与枣仁、粳米一同制成的养生药粥具有滋阴、清热、养心安神的作用，可用于阴虚火旺之心悸不安、头晕目眩、烦热少寐、多梦耳鸣、手足心热等症的食疗。建议此粥分2次服用，1日内服完，可连服数天。

虚性体质的粥膳养生

XUXINGTIZHIDEZHOUSHANYANGSHENG

了解虚性体质

“虚”是指正气虚衰不足，人体内的基础物质气、血、精、津液不足时就易导致正气的虚衰。正气不足，抗邪能力就会下降，身体就容易生病，生病后身体也不易痊愈。

一般情况下，老年人、身体衰弱的人往往为虚性体质，中医认为“久病必虚”，因此久病、慢性病患者也多属于虚性体质。在四种体质中，虚性体质的体质状况最差。

常见病症与不适

虚性体质者易患虚证。虚证包括四种，即阴虚、阳虚、气虚、血虚。

阴虚指阴液不足，包括人体津液、血液亏损。阳虚则是指阳气不足，阳虚者比较容易冷。气虚主要指气的来源不足或消耗过度，使全身脏腑功能衰竭。血虚指体内血液不足，不能滋养脏腑、通经活络，也不能为身体各个部位传送养分。

饮食禁忌

虚性体质者忌食具有攻伐、泻下的食物，如芋头、冬瓜、赤小豆、薏米等。不同类型的虚性体质在饮食方面各有禁忌：阴虚性体质者应少吃葱、姜、蒜、辣椒等辛味之品；阳虚性体质者应禁止食用消阳壮阴类食品；气虚性体质者应忌吃破气耗气之物、生冷性食品及油腻厚味辛辣食物；血虚性体质者应忌食苦寒类食物，如荠菜、山楂、橘子、蚌、槟榔等。

推荐食材

阴虚性体质：芝麻、糯米、豆腐、鱼、蜂蜜、奶制品等；阳虚性体质：羊肉、狗肉、鹿肉、灵芝、芡实等；气虚性体质：人参、莲子、猪肉、牛肉、羊肉、鸡肉、粳米、小米、黄米、大麦、白术、红枣等；血虚性体质：桑葚、荔枝、松子、木耳、甲鱼、羊肝、海参等。

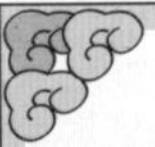

专家建议

虚性体质者应该在日常生活中多食用具有滋补性的食物，这样才能够增加身体能量，使消耗掉的力气能够及时得以恢复。

养生粥膳 >>

鹅肉粳米粥

【材料】鹅肉末100克，粳米各半杯

【调料】淀粉、酱油、料酒、花椒粉各适量，盐少许

【做法】1.鹅肉末放入碗中，用淀粉、酱油、料酒、花椒粉勾芡，备用。

2.粳米淘洗干净，与适量清水一同放入锅中煮粥，待沸后调入鹅肉。

3.粥熟后，加入盐调味，再煮沸1～2次即成。

养生指南 鹅肉营养丰富，含有蛋白质、脂肪、钙、磷、铁、维生素B_1、维生素B_2、维生素E等营养成分，还含有10多种氨基酸，能满足人体生长发育的营养需求。中医认为，鹅肉具有益气滋补、和胃止渴的功效。这道鹅肉粳米粥可益气补虚、生津止渴，也适用于脾胃虚弱所致的消瘦乏力、食少、气阴不足所致的口干思饮、咳嗽气短、消渴等症。建议此粥每日食用1次，3日为1个疗程。

鱼丸松仁青豆粥

【材料】大米半碗，鲢鱼肉100克，松仁、罐头青豆各1大匙

【调料】鸡汤适量，盐、胡椒粉各少许

【做法】1.大米淘洗净后用水浸泡30分钟；松仁洗净备用。

2.鲢鱼肉剔净刺，用刀背捣成鱼茸，加入盐、胡椒粉，用力搅打拌匀，放入开水中煮熟成鱼丸，捞出备用。

3.另置锅于火上，放入鸡汤、大米、鱼丸，大火煮开后转小火再煮30分钟，再将松仁、盐放入粥中，煮10分钟后，加入青豆即可。

养生指南 鲢鱼又称白鲢、鲢子，含有蛋白质、脂肪、碳水化合物、钙、磷、铁、维生素B_1、维生素B_2、烟酸等成分，营养比较丰富。中医认为，鲢鱼具有温中益气的功效，可用于久病体虚、食欲不振、头晕、乏力等的辅助治疗。这道用鲢鱼制作的粥膳十分适合虚性体质者滋补之用。

[贴心提醒] 鲢鱼的胆汁有毒，因此在制作粥膳时要小心去除鱼胆。

鹿肉小米粥

【材料】鹿肉100克，红枣1大匙，小米半杯

【做法】1.小米淘洗干净；鹿肉洗净，切细。

2.将鹿肉、小米、红枣一同放入锅中，加适量水，先用大火煮沸，再转成小火煮至粥熟即可。

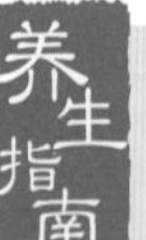

养生指南

鹿肉含有较丰富的蛋白质、脂肪、矿物质及一定量的维生素，易被人体消化吸收。中医认为，经常食用鹿肉可补五脏、调血脉，对虚劳羸瘦、产后无乳等也有一定的食疗作用。小米味甘，性微寒，具有益气、补脾、和胃、安眠的功效，对脾胃虚弱、反胃、呕吐、泄泻或伤食腹胀等有辅助食疗作用，十分适宜体虚低热者食用。鹿肉与小米制成的养生粥膳，具有滋补气血、填精益髓之功效，也适用于精气不足、气血虚亏等，是气血两虚之人的滋补佳品。建议空腹服食此粥。

鳜鱼粳米粥

鳜鱼粳米粥

【材料】鳜鱼2条，粳米半杯，姜末、葱花各适量

【调料】盐、料酒各少许

【做法】1.将鳜鱼剖洗干净，去头、尾及皮备用。

2.粳米洗净，与鳜鱼一同放入砂锅中，加适量水，使鳜鱼浸泡在水中，再放入姜末、葱花、盐、料酒，加热煮粥。

3.等鱼煮烂后，用筷子夹出鱼骨，使鱼肉散落在粥里，调匀后煮至粥熟点缀葱花即可。

养生指南

鳜鱼历来被认为是鱼中上品，肉质细嫩，营养丰富，又易于吸收。中医认为，鳜鱼具有益气、补虚劳、健脾胃的功效。这道鳜鱼粳米粥具有补气血、益脾肾的功效，适用于气血双亏、体虚羸瘦、纳少便溏或肠风下血等症的食疗，同时也是儿童、老人及体虚、脾胃消化功能不佳者的滋补佳品。建议空腹食用此粥。

第四章

增强体质的中医粥膳养生

无论是采用何种养生方式，其主旨皆为调养身心、增强体质、预防疾病。当然，粥膳养生也不例外，其功效更多地体现在利脏腑、通经络、养气血、调阴阳等方面。因此，凡体质欠佳者都可食用相应的粥膳来进补。

养心安神粥膳养生

YANGXINANSHENZHOUSHANYANGSHENG

何谓养心安神

中医认为，心为神之居、血之主、脉之宗。心包括实质有血肉的心脏，也指脑，可以接受外界事物的刺激，产生思维，具有意识，并做出反应。

中医对神的解释分为广义与狭义两种，广义的神是指人体生命活力的外在表现，中医理论有这样的说法："得神者昌，失神者亡"，以及通常所说的"神气"、"神色"、"神志"都属于广义的神。而狭义的神，则是指人的精神和思想活动，主要包括精神、意识和思维活动。狭义的神，在一定条件下能影响人体各个方面生理功能的协调与平衡。精神振奋、神志清楚，思考才能敏捷，工作效率、生活质量才能提高。

养心安神是指安定神志、蓄养精神，是中医学上用以治疗神志不安的一种方法。

常见病症

神志不安的病症主要与心、肝有密切关系，不同原因所致的心神不安，治法也因之而异。

养心安神适用于治疗心肝血虚或心阴不足所致的心悸、怔忡、失眠、多梦、神经恍惚等病症。对于精神疲惫、失眠多梦、心神不宁、头晕、心慌、烦躁、惊狂等症状，可服用具有养心安神的粥膳来调养。

推荐食材

莲子、酸枣仁、柏子仁、远志、小麦、首乌藤、珍珠、天麻、冰片、菊花、人参、西洋参、黄芪、桂圆、石菖蒲等食物与药材具有养心安神的作用，不妨用来制作粥膳。

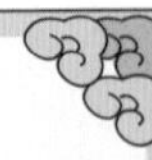

养心安神重在突出未病先防。一方面，应积极改善生活方式，加强对身体的爱护与养护。另一方面，应当在中医辨证施治理论的指导下，选用相关中药方，或与食疗相结合，组方配膳，调养身体，以达到增强体质、补虚治病、健身防病、促进康复、益寿延年的目的。

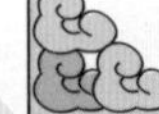

养生粥膳 >>

红枣桂圆小米粥

【材料】小米半杯，红枣100克，桂圆肉50克

【调料】红糖少许

【做法】1.将小米淘洗干净；红枣与桂圆肉分别洗净。

2.砂锅置火上，放入适量清水，水煮沸后下小米。

3.锅中小米煮滚后放入红枣、桂圆肉，再次煮滚后，改用小火煮。

4.当小米快熟烂时，加入红糖，继续煮至粥稠时即可。

养生指南

红枣营养丰富，具有养心安神、健脾胃、益气养血、润肺生津、解毒等功效。桂圆果肉含蛋白质、脂肪、碳水化合物、膳食纤维、钙、磷、烟酸、维生素C、维生素K等营养成分，具有开胃健脾、补血益气、养心安神的功效，对贫血、神经衰弱、产后血亏有较好的食疗作用。红枣、桂圆都是养心安神之佳品，与小米合用，其功效更佳。注意多吃后容易生内热。

[贴心提醒] 桂圆易生内热，故实热体质者不宜多食。

瘦肉大米粥

【材料】大米1杯，牛肉末、猪肉末各1大匙，鸡蛋1个，百合适量

【调料】盐1小匙

【做法】1.大米、百合分别洗净，分别用清水浸泡30分钟。

2.大米、百合与适量水一起放入锅中熬粥。

3.当粥半熟时，加入牛肉末与猪肉末，以小火炖煮至材料全部熟透，再加盐调味，装碗。

4.油锅烧热，敲入鸡蛋改用小火煎，煎好后将荷包蛋放在粥上即可。

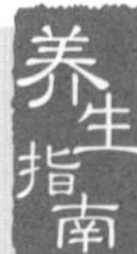

养生指南

百合含有淀粉、蛋白质、脂肪、钙、磷、铁及多种维生素等营养成分。中医认为，百合具有养阴润肺、清心安神等功效，常用于阴虚久咳、痰中带血、虚烦惊悸、失眠多梦、精神恍惚等症的食疗。百合与能补中益气、强健筋骨的肉类合用，其功效更为显著。失眠多梦及精神疲乏者可常食此粥。

[贴心提醒] 风寒咳嗽、脾胃虚弱、寒湿久滞及肾阳衰退者慎食此粥。

飘香莲子粥

【材料】莲子2大匙，粳米半杯

【做法】1.莲子用水泡发后，在水中用小刷子擦去表层，抽去莲心，冲洗干净后放入锅内，加适量清水煮至熟烂，取出备用。

2.将粳米淘洗干净，放入锅中加清水煮成稀粥，粥熟后掺入莲子，稍煮搅匀即可食用。

养生指南 莲子为睡莲科植物莲的干燥成熟种子，中医将其归为脾、肾、心经。故莲子具有较好的养心安神作用。这道飘香莲子粥由莲子与粳米熬煮而成，兼具二者的营养与功效，具有养心、安神、益气、健脾胃的作用，对心神不安、失眠多梦有较好的食疗作用。

刺参大米粥

【材料】大米1杯，刺参200克，葱1根，姜适量

【调料】A：醪糟1大匙，高汤适量

B：盐1小匙，胡椒粉半小匙

【做法】1.大米洗净，用清水浸泡30分钟；刺参去内脏，洗净；葱洗净，一半切段，另一半切末；姜洗净，切片，备用。

2.锅中加半锅水，放入刺参、姜片、葱段及醪糟煮开，捞出刺参，浸入冷开水中泡凉，捞出，切小段备用。

3.大米放入锅中，加入高汤，大火煮滚后再改小火熬成粥，放入刺参煮至软烂，加调料B调匀，最后撒入葱花即可。

养生指南 刺参是一种食用海参，中医认为，其味甘，性温，无毒，入心、肺、脾、肾经，可调节人体内的阴阳平衡，具有补肾阴、生脉血、养心血的辅助食疗功效，可用于下痢、溃疡、肺结核、再生障碍性贫血等疾病的辅助食疗。这道刺参大米粥主要由刺参、大米煮制而成，能补养心血，从而改善头晕、心慌、失眠、神经恍惚等病症。此粥不仅能养心安神，还具有防衰老作用，因此也有较好的美容作用。

桂圆糯米粥

【材料】桂圆肉100克，糯米1杯

【调料】红糖适量

【做法】1.糯米淘洗干净，加入清水浸泡2小时。

2.将泡好的糯米连同浸泡糯米的水一起放入锅中，以大火煮沸，滚后转小火慢煮约20分钟，至米粒裂开。

3.将桂圆肉剥散，加入粥中煮5分钟，加红糖调匀即成。

养生指南

这道粥的养心安神效果极佳，并能促进身体的血液循环，保持心血畅通，使面色红润。经常食用此粥，可维持心脏的正常功能，还能使气血俱佳，尤其适合现代都市上班族食用，可减轻压力，缓解亚健康状态。由于桂圆具有抗焦虑、减轻忧郁的作用，因此，此粥是一道不可多得的抗抑郁粥膳。

[贴心提醒] 桂圆性热，热性体质的人不宜多食此粥。

鸡丝养心粥

【材料】大米适量，熟鸡丝100克，枸杞子1小匙

【调料】盐少许

【做法】1.大米洗净，用清水浸泡30分钟，枸杞子用凉开水泡洗。

2.将大米放入锅中，加适量水熬煮成粥，然后加入鸡丝。

3.待粥再滚即加入枸杞子，稍后放盐，煮一下即可熄火。

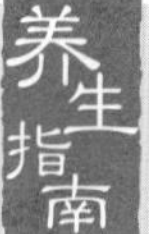

养生指南

中医认为，枸杞子可以养肝补肾，安神明目。鸡肉可补血益气、强健筋骨、健脾养胃。这道鸡丝养心粥具有调理脾胃、促进食欲、安神祛火的功效。内热心烦、食欲不振者不妨常食此粥。

[贴心提醒] 熬煮此粥时，为防米屑汤汁外溢，可在锅内滴入几滴植物油或动物油。

小麦糯米粥

【材料】糯米1杯，小麦1碗

【调料】白糖适量

【做法】1.糯米、小麦分别洗净。

2.将糯米、小麦与适量水一同放入锅中煮粥，粥熟后关火。

3.食用时,可根据个人口味调入白糖。

养生指南 小麦性微寒，有养心、除热的功效。糯米可温暖脾胃，补益中气。二者搭配煮粥，具有养心安神、健脾暖胃、补虚益气的作用，对于小儿脾胃虚弱、自汗神疲有较好的食疗作用，女性如有心神不定、神经衰弱等症也可常食此粥。建议每日早晚服用此粥。

[贴心提醒] 煮粥所用小麦以浮水者为好，煮粥时也一定要等到米烂麦熟才能发挥作用。

养生指南 薏米解热，莲子清热、安神，百合清心、安神，枸杞子安神、明目，冬瓜仁清热解毒、活血利湿，以上诸品合用煮粥，可养心血、清心热。这道薏米莲子百合粥集合了所有材料的营养与功效，具有极佳的养心安神作用。

薏米莲子百合粥

【材料】大米半杯，薏米、莲子、百合各3大匙，枸杞子、冬瓜仁、甜杏仁粉各2大匙

【做法】1.大米淘洗干净，用清水浸泡30分钟；百合、枸杞子洗净，备用。

2.薏米、莲子放在碗内，加水置于蒸锅内蒸熟。

3.将做法1与做法2中的材料加水同煮成粥，粥熟后，调入冬瓜仁、甜杏仁粉再煮片刻即可。

益气类粥膳养生

YIQILEIZHOUSHANYANGSHENG

何谓益气

中医所谈的气涵盖范围很广，它是一种具有活动力的精微物。中医藏象学说认为，人体的气由先天从父母双方得到的精微物质与后天从自然的食物和空气中得到的水谷精微和清气融合而成。根据先天和后天两种来源得到的只能算是“原料”，必须要由脏腑作用，才能变成有生命力的气。人体的气可分为元气、宗气、营气、卫气，这些气都是由先天的肾精、饮食、水谷通过肾、脾胃、肺转化得到的。先天的精气储存在肾脏中，而后不断地循环于全身，维持全身脏腑经络的正常功能。而当有外邪入侵或是情志、饮食、劳倦等致病因素导致人体气的来源不足或是气的运行发生障碍，就会产生疾病。气的病变很多，一般可分为：气郁、气滞、气逆、气虚、气陷。

益气是指补益气的一种治法，适用于内伤劳倦或病久虚羸而见气短懒言、面色苍白、神疲无力、肌肉消瘦等症。

常见病症

气的病变包括以下症状：心情不佳、两肋胀痛、胸部满闷、胃下垂、腹部胀痛或有坠胀感、脱肛、肌肉关节胀痛、痛经、子宫下垂、咳嗽、头痛、眩晕、呼吸喘促、恶心反胃、头晕目眩、容易冒汗、困倦无力、倦怠、懒言、易感外邪而生病。

推荐食材

当身体出现气的病变时，可用人参、太子参、麦冬、玫瑰花、菊花、党参、黄芪、白术、甘草、山药等来制作粥膳加以调理。

专家建议

任何一种气的病变都可通过粥膳进行调理，但每种病症在调理时各有侧重。气郁的调理方法重在理气行气；气滞重在理气行气，饮食调养与气郁相同；气逆也重在理气；气虚的调理方法为补气；气陷侧重气的提升，饮食调养则与气虚相同。

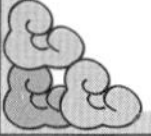

黄芪人参益气粥

【材料】黄芪30克，人参10克，白茯苓15克，桑白皮15克，生姜6克，红枣5个，小米半杯

【做法】1.将黄芪、人参、白茯苓、桑白皮、生姜加适量水煎汤，煎好后去渣取汁备用。

2.将做法1制成药汁与小米、红枣一同放入锅中煮成粥即可。

养生指南 人参可益气生津，益智安神；黄芪具有补中益气、固表止汗、利水消肿之功效，适用于劳倦内伤、脾虚泄泻、中气下陷、体虚自汗及气衰血虚等。白茯苓具有利水渗湿、健脾安神的功效。桑白皮可泻肺平喘、利水消肿，可辅助治疗肺热喘咳、痰多。此粥可健脾补肺，适用于脾肺气虚、气短乏力或肢体浮肿、尿少等症。肺气虚而咳嗽痰多者可常食此粥。建议此粥空腹服用。

养生指南 玉米有清热解渴、健胃除湿、和胃安眠等功效。经常食用粟米，可防治肾气或脾胃虚弱、腰膝酸软、消化不良等病症。人参为补气良药，有强壮身体、兴奋精神的作用，对于体虚欲脱、肢冷脉微、脾虚食少、气虚气短、神经衰弱等病症具有较好的辅助治疗作用，还能增强血液循环、消化、造血等各个系统的功能，提高人体的适应能力，增强抗病能力。这道人参玉米粥具有极好的益气功效，能调理气血，滋补身体，对老年人很有好处。另外，这道粥不宜天天食用，以每周1~2次为佳。

人参玉米粥

【材料】玉米半杯，人参末少许

【调料】姜汁适量

【做法】1.玉米淘洗干净后，加适量水放入锅中煮滚，然后转小火熬煮至粟米软烂。

2.粥将熟时放入人参末和姜汁，即可食用。

白玉豌豆粳米粥

【材料】粳米半杯，豆腐200克，豌豆3大匙，胡萝卜半根

【调料】盐1小匙

【做法】1.粳米洗净，用清水浸泡1小时；豆腐切小块；豌豆洗净。

2.胡萝卜洗净，入锅煮熟，捞出，切丁。

3.锅内加入清水烧开，将粳米、豌豆、胡萝卜丁、豆腐块一起下锅，待再沸后，转小火煮成粥，加盐调味即可。

养生指南 豆腐具有益气、补虚的功效，豌豆有和中益气等功效。二者合用，则益气功能更盛。常食此粥可补益中气，祛病延寿。按照营养学的观点，此粥含有蛋白质、异黄酮、脂肪、碳水化合物、膳食纤维、胡萝卜素、维生素B_1、维生素B_2、烟酸、维生素C、钙、磷、铁等营养成分，可保护肝脏，降低血铅浓度，抗菌消炎，增强人体的新陈代谢功能。

人参粥

【材料】人参片少许，大米1杯

【做法】1.大米淘洗干净，加水入锅中，以大火煮沸。

2.粥煮沸后再加入人参片，再转小火煮至米粒熟软，待粥汁浓稠时即可熄火。

养生指南 人参是补气佳品，与大米合用煮粥，可提高机体活力，改善神经衰弱，并保护心血管，调降血压，增强造血机能，预防动脉硬化、心绞痛等。

[贴心提醒] 人参不可过量服用。

山药柿饼粥

【材料】山药45克，薏米半杯，柿霜饼20克

【做法】1.山药、薏米处理干净后捣成粗茬；柿霜饼切碎，备用。

2.将捣碎的山药、薏米与适量水一同放入锅中煮至熟烂，将柿霜饼加入粥中煮软即可。

养生指南 山药兼具食物与药材两种功能，是益气之良品，与具有润肺、止血功效的柿霜饼合用煮粥，可补益脾肺之气，对于久咳、虚热等能起到较好的食疗作用。这道山药柿饼粥可益气、滋阴清热，适用于脾肺气阴亏损、饮食懒进、虚热劳嗽等。

[贴心提醒] 脾胃虚寒、痰湿内盛者不宜多食此粥。

山药莲子粥

【材料】山药60克，小米半杯，莲子3大匙

【调料】冰糖适量

【做法】1.山药刨成细丝；莲子用水泡发后去心，备用。

2.将小米和山药加适量清水煮约半小时。

3.放入莲子和冰糖，待煮成熟粥时，即可食用。

养生指南 山药又叫淮山，味甘，性平，归脾、肺、肾经，具有补肺止咳、补脾止泻、补肾固精、益气养阴的功效，可用于肺气不足、久咳虚喘或肺肾两虚、纳气无力的虚喘等方面的食疗。此粥由山药熬制而成，具备了山药的营养价值与药用功效，因此，消渴、气阴两虚者可常服。

补血类粥膳养生

BUXUELEIZHOUSHANYANGSHENG

何谓补血

中医认为，人是由气、血、津液等基本物质构成的，气在人体中不断运动，能够为人体提供活力和能量；血在人体中担任着运输养分的重要作用。气是促进血液生成的重要因素，气足，则生血功能强；气虚，则生血功能弱。血需要依靠气的推动才能向前运行，才能将养分传遍身体的每个部位。而且脏腑组织还可以生气血，如果气血不足，势必会影响脏腑组织的正常工作，从而导致疾病的发生。血对人体健康起着决定性作用，只有将血调理顺畅，才能达到养生保健的目的。

补血主要是针对血虚体质或病症。血虚可服补血粥膳，补血粥膳具有补血养肝、补心益脾的功效，适用于血虚及肝血不足、心脾两虚。

常见病症

血液不足表现出来的症状包括：面色苍白萎黄、唇舌色淡、健忘失眠、手脚麻木、贫血、便秘、女性月经量少等。一旦有这样的状况出现，必须给予高度重视。

推荐食材

动物内脏、蛋黄、木耳、紫菜、海带、蘑菇、银耳、杏、山楂、桃、红枣、桂圆、乌鸡、当归、熟地黄、阿胶、何首乌、白芍、枸杞子、鸡血藤等食物与中药都可用于制作补血粥膳，血虚体质的人不妨常食。

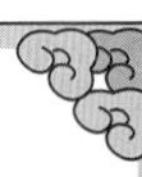

专家建议

在服用补血类粥膳时，如遇血虚兼气虚的情况，可搭配食用补气粥，或二者交替食用，如血虚兼阴虚，也可与补阴粥同用或交替食用。而阴虚的病人有时也可选用补血粥，血虚的病人也可服用养阴粥。但补血粥性质偏于黏腻，平时体肥多痰、胸闷腹胀或食少便溏者要慎用。

另外，血虚体质的人平时可多吃富含铁的食物。不宜食用有刺激性的食物，如咖啡、白酒、浓茶等，而油腻、辛辣的食物更不宜食用。

花生山药粳米粥

【材料】花生（不去红衣）3大匙，山药30克，粳米半杯

【调料】冰糖适量

【做法】1.粳米淘洗干净，备用。

2.分别将花生及山药捣碎，再与粳米混和均匀。

3.将混合好的花生、山药、粳米加适量水一同放入锅中同煮为粥，粥熟时，加入冰糖调和即可。

养生指南 花生能补血止血。中医认为，“脾统血”，气虚的人易出血，花生红衣正是通过补脾胃之气来达到养血止血作用的，这就是中医所谓的“补气止血”。现代医学认为，花生红衣能抑制纤维蛋白的溶解，增加血小板的含量，改善凝血因子的缺陷，加强毛细血管的收缩机能，促进骨髓造血机能。这道花生山药粳米粥具有益气养血、健脾润肺、通乳的功效，尤适宜处于经期、孕期、产后和哺乳期的女性食用，常食此粥可养血、补血，还能使头发更加乌黑亮丽。

桂圆红枣糯米粥

【材料】糯米1杯，桂圆干、红枣各3大匙，枸杞子半大匙

【调料】白糖适量

【做法】1.糯米淘洗干净后，用清水浸泡2小时。

2.锅内加适量水，放入桂圆干，煮至水沸。

3.将泡好的糯米放入锅内，加入红枣、枸杞子，用小火慢煮45分钟，出锅前加入白糖即可。

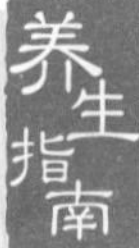

红枣是较好的补血类食物，对于贫血有很好的缓解作用。桂圆也是血虚的理想补品。红枣与桂圆搭配食用，其补血功效更为显著。这道桂圆红枣糯米粥对女性月经不调、月经过多引起的贫血、产后血亏均有极好的调理作用。经常食用此粥可补益气血、加速机体康复，还能使面色红润，起到美容养颜的作用。

红枣生姜粥

【材料】红枣5个，老姜1块，大米半杯

【调料】红糖适量

【做法】1.老姜切片，加水煮出味；大米淘洗干净，用清水浸泡1小时。

2.锅内加入姜汁、红枣、大米和水，用小火慢慢炖煮至粥稠，再加入红糖煮10分钟即可。

养生指南

红枣有很高的营养价值和食疗功效，含有多种维生素、微量元素，具有极好的补血养颜作用。中医将红枣归于补气血药类，它有润心肺、止咳、补五脏、治虚损的功效。《本草纲目》认为枣有健脾养胃、养血壮神的功效。红枣与生姜一起煮粥，口感独特，既可补血，又可宣肺止咳、减肥瘦身。

百合莲子红枣粥

【材料】新鲜百合2瓣，莲子50克，红枣8个，大米2杯

【调料】冰糖适量

【做法】1.大米淘洗干净，加适量水及红枣、莲子，以大火煮沸，煮沸后转小火煮至米粒熟软。

2.百合剥瓣，剔去老边，挑去杂质，洗净，加入粥锅中，转中火再煮沸一次，加冰糖续煮3分钟即成。

养生指南

红枣具有补气、养血、安神的功效。日常膳食中加入红枣，可补养身体，滋润气血，提升身体的元气，增强免疫力。红枣与具有清心、润肺功效的莲子、百合搭配食用，对心神不宁等有不错的食疗作用。这道百合莲子红枣粥不仅能补养气血，还能滋润肌肤，延缓皮肤衰老。因此，这道粥膳可谓一款不可多得的美人养生粥。

香浓鸡汤大米粥

【材料】老母鸡1只，大米半杯，葱、姜各适量

【调料】盐少许

【做法】1.鸡去毛及内脏，切碎，煮烂取汁；大米淘洗干净，备用。

2.取适量鸡汤汁与大米一同放入鸡汤锅中，再加入葱、姜、盐煮成粥。

养生指南 鸡肉对营养不良、畏寒怕冷、乏力疲劳、月经不调、贫血、虚弱等症有很好的食疗作用。中医认为，鸡肉有温中益气、补虚填精、健脾胃、活血脉、强筋骨的功效，尤其是老母鸡功效显著。这道香浓鸡汤大米粥具有大补气血、温中填精的功效，适用于虚劳羸瘦、气血双亏、乏力萎黄、食少泻泄、小便频数、崩漏带下、产后乳少、病后体虚等。

十全补血粥

【材料】A：紫糯米、糙米、薏米、绿豆、赤小豆、黑豆各3大匙

B：红枣10个，枸杞子1大匙，莲子10粒，银耳1朵，红薯丁、南瓜、桂圆干各50克

【调料】糖或盐适量

【做法】1.材料A分别洗净，放在一起用清水浸泡2小时以上；材料B清洗后备用。

2.锅内放入浸泡过的材料A和适量清水，用大火煮开后，改用小火煮至豆类酥软。

3.加入材料B再煮1小时，加糖或盐调味即可。

养生指南 从营养学的角度讲，此粥的营养全面而丰富，含有碳水化合物、膳食纤维、维生素、矿物质等多种营养成分，能强壮身体、提高身体免疫力，尤其是对贫血有较好的调节作用。从中医的角度讲，这道十全补血粥可益心脾、补气血，具有良好的滋养补益作用，对于气血双亏等引起的诸多病症均具有较好的食疗功效。

滋阴类粥膳养生

ZIYINLEIZHOUSHANYANGSHENG

何谓滋阴

所谓阴阳，最初是中国古代的哲学思想，阳是指具有积极、进取、刚强的事物和现象，阴是指具有消极、退缩、柔弱的事物和现象。古人认为，阴阳是相对的食物，彼此相互依存、相互为用，两者总是处在“阳消阴长”或“阴消阳长”这样一个动态的变化中，而且阴阳消长必须在一个限度内保持“动态的平衡”，如果一方太过或不及，就会破坏两个正常的运动关系。这个理论同样适用于人体，人体的部位、脏腑、经络等都可用阴阳割分属性。

当人体内的阳多于阴时，就会发生阳证的病理变化，中医把表证、热证、实证都归为阳证。这时候就需要滋阴，以调节体内的阴阳平衡。

滋阴是指滋养阴液的一种治法，适用于阴虚潮热、盗汗或热盛伤津而见舌红、口燥等。

常见病症

滋阴主要是针对阴虚或阴不足进行的调理。阴不足引起的病变主要分为三种：阴津不足、真阴不足和亡阴。

阴津不足：症状为精神兴奋、烦躁、语音粗壮、身热面赤、去衣喜凉、便秘、气粗等。

真阴不足：症状为虚火时见上炎、口燥舌焦、内热便秘。

亡阴：身热多汗、烦躁不安、口渴而喜冷饮、呼吸气粗、四肢温暖。

推荐食材

滋阴粥膳常用的食材包括：百合、麻仁、莲子、燕窝、女贞子、冬虫夏草、沙参、玉竹、天冬、麦冬、地骨皮、石斛、枸杞子等。

专家建议

阴虚体质的人应及时运用具有滋阴功效的粥膳调理，以达到滋阴补阴的目的。滋阴粥膳具有滋养五脏、润肺补阴的作用，适用于阴虚、液亏、津乏的病症。但由于滋阴粥膳较滋腻，因此，胸闷、食少、便泻、舌苔厚腻的人不宜食用。

冬虫夏草小米粥

【材料】冬虫夏草10克，瘦猪肉50克，小米半杯

【做法】1.将冬虫夏草用布包好；猪肉切成细片。

2.将药包与小米、猪肉一同放入锅中，加适量水煮粥。

3.待粥熟时，取出药包，喝粥吃肉。

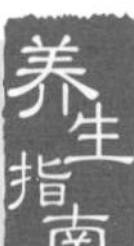

养生指南 冬虫夏草又叫虫草。中医认为，其味甘，性温，具有养肺阴、补肾阳、止咳化痰、抗癌防老的功效。冬虫夏草为平补阴阳之品，使用上没有禁忌，是适合人群最广的补品。这道冬虫夏草小米粥具有养阴润肺、补肾益精、补虚损的功效，可用于肺肾阳虚或阴虚、虚喘、痨嗽、咯血、阳痿、遗精、自汗、盗汗、病后久虚不复等的食疗。建议空腹服用此粥。

冬菇木耳瘦肉粥

【材料】大米半杯，瘦猪肉50克，冬菇30克，木耳、银耳各15克，香菜少许

【调料】盐适量

【做法】1.冬菇择洗干净，用清水浸泡至软；大米、木耳、银耳分别洗净，用清水泡软；猪肉洗净，剁成末，入沸水中汆烫一下；香菜洗净，切碎。

2.大米入锅，加适量水，用大火煮沸，再放入冬菇、木耳、银耳、猪肉末，加盐，用小火煮至米、肉熟烂，出锅后撒上香菜即可。

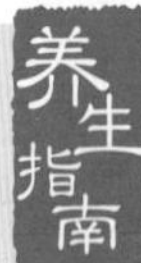

养生指南 这道冬菇木耳瘦肉粥所用的冬菇、木耳、银耳均具有较好的滋阴功效，对于肺热阴虚及虚劳烦热等具有较好的食疗作用。另外，此粥还能清理肺部“垃圾”，能较好地滋润肺部。

[贴心提醒]脾胃虚寒者不宜食用此粥。

补肾壮阳粥膳养生

BUSHENZHUANGYANGZHOUSHANYANGSHENG

何谓补肾壮阳

肾是人体所有脏腑阴与阳的根源，所有的组织器官都需要肾的滋养，因此肾是生命的源泉，故称其为“先天之本”。当肾的功能失常时，往往会出现肾虚、肾阳不振等病症，这时就需要补肾、补阳气。

阳相对于阴而存在，当人体内的阴多于阳时，就会发生阴证的病理变化，阴证包括里证、寒证和虚证。当人体出现阳虚时，就需要通过饮食调节或治疗来壮阳，以实现体内的阴阳调和。所谓阳虚就是阳气不足，“阳虚而生寒”，因此往往会出现诸多寒证症状。

补肾往往与壮阳密切相关，当肾虚、阳虚时可通过粥膳进行调理。

常见病症

补肾壮阳主要是针对肾阳不振及阳虚的治法。阳虚包括：阳气不足、真阳不足和亡阳。

肾阳不振：症状为面色苍白、腰酸腿软、头昏耳鸣、舌淡白、脉沉弱。治法为补肾温阳。

阳气不足：症状为精神萎颓、语音低沉、气短少言、面色暗淡、动作迟缓、身冷畏寒、近衣喜温、小便清长、便溏。

真阳不足：症状为四肢倦怠、唇白、便软或水泻、饮食不化。

亡阳：症状为手足逆冷、大汗淋漓、汗出如珠、呼吸微弱、喜热饮。

推荐食材

可补肾壮阳的食材包括：羊腰、羊骨、狗肉、核桃、虾、韭菜、海参、鹿茸、杜仲、菟丝子等。

专家建议

肾虚、阳虚的人适合食用补肾壮阳的粥膳，这类粥膳大多具有温肾壮阳、补精髓、强筋骨的功效。但由于补阳粥膳大多较温燥，凡阴虚火旺及发热者应禁食。

另外，阳虚者要禁食过于寒凉的食物，少饮酒，少吃辛辣刺激及黏腻的食物。

补肾羊腰粳米粥

【材料】羊腰（去油脂块）1对，草果6克，陈皮6克，砂仁6克，粳米半杯，姜末、葱花各适量

【调料】盐少许

【做法】1.草果、陈皮、砂仁用纱布包好；粳米淘洗干净，备用；羊腰处理干净备用。

2.将羊腰与做法1中的药包加适量水一同放入锅中煮。

3.煮至汤成时取出纱布，放入粳米、姜末、葱花、盐继续熬煮，煮至粥熟即可。

养生指南 中医认为，羊腰味甘，性温，具有补肾气、益精髓的功效，可改善肾虚劳损、腰脊疼痛、足膝萎弱、耳聋、消渴、阳痿、尿频、遗溺等。这道粥膳主要由羊腰制成，具有补肾益精、壮阳益胃的功效。凡有脾肾阳虚而致的腰疼、酸楚等症者，均可食此粥。建议此粥当早餐食用。

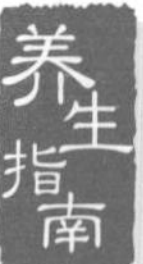

核桃猪腰粥

【材料】核桃仁10个，猪腰1个，大米半杯，葱末、姜末、辣椒末各适量

【调料】盐少许

【做法】1.猪腰去臭线，洗净，切细；大米淘洗干净。

2.将大米与适量水一同放入锅中煮粥，待沸后调入猪腰、核桃仁及葱末、姜末、辣椒末、盐，煮至粥熟即可服用。

养生指南 猪腰学名为猪肾，是理想的补肾壮阳食品。中医认为，猪腰味咸，性寒凉，入肾经，无毒，具有理肾气、通膀胱、消积滞、止消渴等功效，对肾虚阳痿、肾虚腰痛、肾虚遗精、耳聋、水肿、发热、肢体疼痛等具有不错的食疗作用。核桃仁性温，味甘，归肾、肺、大肠经，具有补肾、温肺、定喘、润肠之功效，常用于腰膝酸软、阳痿遗精、虚寒喘嗽、大便秘结等的食疗。猪腰与核桃仁搭配煮粥，其补肾功效更佳。这道核桃猪腰粥对肾虚腰痛、遗精、盗汗有较好的食疗作用，肾虚者可常食此粥。

[贴心提醒] 猪腰内有臭线，煮粥时要去除干净，以免影响粥的味道。

火腿海参粥

【材料】水发海参200克，熟火腿末20克，粳米半杯，葱末适量

【调料】盐适量

【做法】1.将发好的海参漂洗干净，切成细丁；粳米淘洗干净。

2.锅内放入清水、海参、粳米，先用大火煮沸后，再改用小火煮至粥成。

3.将熟时加入葱末、盐拌匀，最后撒上火腿末即可。

养生指南 中医认为，海参性温，具有补肾生精、益气补血、通肠润燥、止血消炎等作用，还能美颜乌发、养血润肤。现代营养学认为，海参的精氨酸含量很高，而精氨酸是构成男性精细胞的主要成分，具有改善脑、性腺神经功能传导的作用，减缓性腺衰老。经常食用这道火腿海参粥，可起到固本培元、补肾益精的效果。

荔枝大米粥

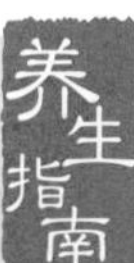

荔枝大米粥

【材料】荔枝干2大匙，大米半杯

【做法】1.大米淘洗干净。

2.将荔枝干与大米加适量水一同放入锅中煮成粥即可。

养生指南 荔枝含有多种营养成分。中医认为，荔枝味甘，性温，有补益气血、添精生髓、生津和胃、丰肌泽肤等功效，可缓解病后津液不足及肾亏梦遗、脾虚泄泻、健忘失眠等。现代医学研究发现，荔枝可改善性功能，对遗精、阳痿、早泄、阴冷等有辅助食疗作用，还可改善机体的贫血状况，以及肾阳虚导致的腰膝酸痛、失眠健忘等。体温不足及贫血虚弱者，不妨常食荔枝，以滋养身体。这道荔枝大米粥可壮阳益气，适用于脾虚泄泻、产后水肿等。建议每天分2次空腹服食此粥。

[贴心提醒] 内热及肝火旺者慎食此粥。

韭菜粥

【材料】虾皮、韭菜各适量，糙米半杯

【调料】盐、胡椒粉各少许

【做法】1.糙米淘洗干净，用清水浸泡3小时；虾皮用水冲洗数次并沥干水分；韭菜洗净，切末。

2.将泡好的糙米加水放入锅内，煮至米粒裂开。

3.待糙米粥煮好时，加入虾皮再煮5分钟，起锅前加入韭菜末及盐、胡椒粉调味即可。

养生指南 虾是男性食补中不可缺少的壮阳食物。现代营养学认为，虾的营养丰富，含有脂肪、磷、锌、钙、铁等及氨基酸等营养成分，具有补肾壮阳的功效。中医认为，韭菜具有温中下气、补肾益阳等功效。这道韭菜粥可以说是一道名副其实的“男人粥”，尤其适合于肾阳虚患者食用。

栗子粥

【材料】新鲜栗子1碗，发芽米1杯

【调料】砂糖少许

【做法】1.发芽米淘洗干净，与水一同放入锅中，用大火煮滚，再转小火慢煮。

2.另起锅烧水，将栗子置入沸水中煮5分钟，捞起，剥去皮膜，切块。

3.将处理好的栗子加入粥中，以大火煮沸，再转小火煮约25分钟，至米粒熟软、栗子熟。

4.待粥汁浓稠时，加糖调味即可。

养生指南 栗子果肉中富含淀粉和糖分，具有明显的健胃补肾功能，是老年人及肾虚者的理想补品。中医认为，栗子能养胃健脾、壮腰补肾、活血止血，是做药膳的上等原料。这道栗子粥能强化腰肾，舒缓精神和肌肉疲劳，并能增强生殖功能，是一道货真价实的“性福粥”。肾虚及性功能衰退的男性可食用此粥。

养肝护肝粥膳养生

YANGGANHUGANZHOUSHANYANGSHENG

何谓养肝护肝

肝是人体重要脏器之一。中医认为，肝是藏“魂”之处，可储藏“血”，主管全身之“筋”。肝在五行属“木”，主导“动”及“升”的气机功能，与胆、筋、手、目等组织器官构成“肝系统”。肝的位置在人体的腹部隔膜下方，在右肋区下方，分为左右两大叶，为紫红色。

肝的生理功能：肝的疏泄功能能调节人的精神情志，促进消化吸收，维持气血运行，协助水液代谢，还能调理任、冲二脉以保证月经应时而下，带下分泌正常，妊娠、分娩顺利。另外，肝脏还是贮藏血液的主要器官，能调节人体内的血量。

肝脏一旦出现问题，会导致身体多项功能失常。因此，平时应加强肝脏的养护，所谓“养肝护肝”就是指使用保养肝脏的方法以滋补肝脏之不足或预防肝脏功能下降。

常见病症

肝脏功能失常时，常易引起以下病症：精神抑郁、胸部胀闷、烦躁易怒、失眠多梦、头痛、胸部肋骨两侧及两乳或腹部胀痛不适、痛经、闭经、痰饮、水肿、白带异常、月经不调、难产、不孕、两眼昏花、干涩、肢体麻木、吐血、流鼻血、月经量过少或过多等。

推荐食材

可制作养护肝脏粥膳的食材包括动物肝脏、鸭血、菠菜、醋、糯米、黑米、高粱、红枣、桂圆、核桃、栗子、牛肉、鲫鱼、枸杞子等。

专家建议

《素问·脏气法时论》说：“肝主春……肝苦急，急食甘以缓之……”因此，根据四季养生的原则，养护肝脏宜在春季进行。养护肝脏应以食为先，要注意全面营养，宜多吃富含蛋白质、维生素的食物，少食动物脂肪性食物，按时就餐，消化功能差时采取少食多餐的方法，保证营养的摄入。新鲜熟透的水果，有益于健康，不妨常食；传统饮食养生学主张“以脏补脏”，因此可多吃一些动物的肝脏以保养肝脏；以味补肝首选食醋，醋味酸而入肝，具有平肝散淤的作用。

鲜滑猪肝粥

【材料】大米半杯，猪肝150克，葱花、姜末各少许

【调料】盐、料酒、淀粉各适量

【做法】1.大米拣去杂物，淘洗干净；猪肝洗净，切成约0.3厘米厚的长方薄片，装入碗内，加淀粉、葱花、姜末、料酒和少许盐，抓拌均匀，腌上浆。

2.锅置火上，放油烧至五六成热，分散投入猪肝片，用筷子划开，约1分钟，至猪肝半熟，捞出控油。

3.另起一锅，置火上，加水烧开，倒入大米，再开后改用小火熬煮约30分钟，至米涨开时，放入猪肝片，继续用小火煮10～20分钟，至米粒全部开花、肝片烂熟。

4.待汤汁变稠时，加入盐，调好口味即可。

养生指南 中医认为，猪肝味甘、苦，性温，归肝经，具有补肝明目、养血的功效，常用于血虚萎黄、夜盲、目赤、浮肿、脚气等的食疗。中医素来有“以脏养脏”的理论主张，因此常食猪肝制成的粥膳对于滋养肝脏具有不错的食疗功效。此粥还可改善肝脏虚弱、夜盲症等的症状，适宜气血虚弱、肝血不足所致的视物模糊不清、面色萎黄及缺铁性贫血者食用。

猪肝竹笋粥

【材料】大米半碗，猪肝100克，鲜竹笋尖100克，葱花、姜丝、枸杞子各少许

【调料】A：料酒1小匙，盐、淀粉各少许
B：高汤1碗，盐1小匙

【做法】1.猪肝洗净，切片，放入碗中加调料A腌渍5分钟；笋尖洗净，斜刀切片。

2.将腌猪肝片及笋片分别汆烫至透，捞出，沥干。

3.大米加适量水放入锅中，用大火烧开后转小火煮40分钟成稠粥，加入笋尖、猪肝及调料B，拌匀，撒上葱花、姜丝、枸杞子即可。

养生指南 中医认为，竹笋具有养肝明目、滋阴凉血、清热化痰、解渴除烦、利尿通便的功效。竹笋与同样具有养护肝脏的猪肝一起搭配制成粥膳，其养生与保健功效更是令人称赞。常食这道猪肝竹笋粥可养肝、明目。

冬瓜枸杞粥

【材料】冬瓜1块，枸杞子1大匙，糙米半杯

【做法】1.冬瓜连皮洗净后切成小块；糙米淘洗干净，用清水浸泡1小时，备用。

2.锅内加入冬瓜块、糙米及水，用大火煮开后，改小火慢煮至粥黏稠、冬瓜皮酥软，最后加入枸杞子再煮5分钟即成。

养生指南 《本草纲目》记载："枸杞，补肾生精，养肝，明目，坚筋骨，去疲劳，易颜色，变白，明目安神，令人长寿。"由此可见，自古以来，枸杞子一直是养肝的保健良品。冬瓜性微寒，具有利水、消痰、清热、解毒的功效，对水肿性肥胖有很好的疗效。这道冬瓜枸杞粥不仅可以滋补肝肾、益精明目，还能美容瘦身。

银耳猪肝粥

【材料】大米1杯，银耳50克，猪肝150克，鸡蛋1个

【调料】盐、淀粉各1小匙

【做法】1.大米淘洗干净，用清水浸泡30分钟，备用；银耳放入温水中泡发，撕成瓣状；猪肝洗净，切片。

2.把猪肝放在碗内，加入淀粉、盐，打入鸡蛋拌匀挂浆，备用。

3.大米加适量水放入锅中煮成粥，加入银耳，再倒入猪肝鸡蛋液，煮10分钟即成。

养生指南 银耳又叫白木耳，既是名贵的营养滋补佳品，又是扶正强壮之良药，滋润而不腻滞。银耳含有丰富的胶质、多种维生素、矿物质及氨基酸等成分，具有养肝护肝、补脾开胃、益气清肠、安眠健胃、补脑、养阴、清热、润燥之功效，是阴虚火旺者的一种良好补品。银耳与猪肝一样，能保护肝脏功能，还能提高肝脏解毒能力。另外，银耳对肺热咳嗽、久咳喉痒、咳痰带血、女性月经不调、大便秘结、小便出血等有辅助疗效。常食这道银耳猪肝粥可养护肝脏。

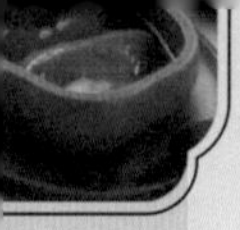

养肺护肺粥膳养生

YANGFEIHUFEIZHOUSHANYANGSHENG

何谓养肺护肺

肺主管体内“气”的生成和散布的脏腑。当肺出现病变时，体内的“气”与各脏腑就会出现病症。因此，为了保证肺功能正常运行，平时应注意养肺护肺。肺的主要功能如下。

呼吸。肺是身体内外气息的交换场所，通过呼吸将新鲜空气吸入肺中，然后呼出肺中的浊气，完成一次气体交换。肺通过不断地吐垢纳新，促进气的生成，调节气的升降出入，促使新陈代谢正常运行。

散发气息、清洁呼吸道。通过肺气的散发、气化，排除体内浊气，并将脾传递来的津液和水谷精微散布到全身各个部位，内达身体各个器官，外至皮肤毛孔。肺还能温养皮肤肌肉、排出津液的代谢产物。肺的功能正常，则气道通畅、呼吸均匀，反之则不然。

肺对机体水液的输送、运行、排泄起着疏通和调节作用。机体从外部摄取的水分经胃传递给脾，脾将其散布到身体的各个部位。

促进血液运行。全身的血液要通过脉络聚集到肺部，经过肺的呼吸进行交换，然后传遍全身。肺部一旦受损，就会影响血液的运行，甚至影响其他器官的生理机能。

常见病症

当肺的呼吸功能失常、病邪犯肺时，会出现胸闷、咳嗽、气喘等呼吸不利的症状；若肺的调水功能失调，就会导致水液停聚而生痰、水肿；当肺气不足，不能助心行血时，易导致血液循环障碍，出现心悸、胸闷、嘴唇与舌头青紫等症状。为了防止以上病症的发生，平时可常食具有养护肺部的粥膳进行调理。

推荐食材

人参、冬虫夏草、鸡血藤、枸杞子、莲子、百合等是制作养护肺部粥膳的良好原料。

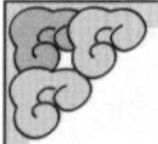

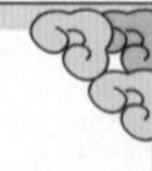

专家建议

当肺部发生损伤时，应采取静养的疗法。等病情趋于好转时，可让患者适当活动。另外，也要注意饮食调养，食物应以清淡为主。

养生粥膳 >>

百合杏仁粥

【材料】百合1大匙，杏仁2小匙，赤小豆半杯

【调料】白糖少许

【做法】1.赤小豆洗净，加水，放入锅中，用大火煮沸，再转成小火煮至半熟。
2.将百合、杏仁、白糖加入锅中，煮至粥熟即可。

养生指南 百合具有很好的润肺止咳功效，常用于肺燥或阴虚引起的咳嗽、咯血等的食疗。杏仁同样也具有良好的润肺作用，能降气、止咳、平喘，对咳嗽气喘、胸满痰多、血虚津枯等有不错的疗效。百合、杏仁与具有清热利湿作用的赤小豆搭配煮粥，可润肺止咳、除痰利湿。此粥对肺燥咳嗽、喘促、小便不利等也有食疗功效。建议早晚服用此粥。

滋润双耳粥

【材料】银耳、木耳各适量，大米1杯

【调料】冰糖适量

【做法】1.银耳和木耳用温水泡发，除杂质并洗净后放入碗内，备用；大米淘洗干净。
2.将银耳、木耳与冰糖、大米、水一同放入锅中煮成粥即可。

养生指南 中医认为，银耳可滋阴润肺、养胃生津、止咳，可以改善肺热咳嗽、肺燥干咳、久咳喉痒、咳痰带血等。木耳具有很好的润肺和清涤胃肠作用，尤其适合纺织工人和矿山工人食用。银耳与木耳都具有优良的清肺润肺功效，患有肺部疾病者不妨常食此粥。

健脾胃粥膳养生

JIANPIWEIZHOUSHANYANGSHENG

何谓健脾胃

脾是人体消化系统的主要脏器之一。机体的消化运动，主要依靠脾的生理功能，机体生命的持续和气血、津液的生化，都离不开脾。因此，中医将脾称为气血生化之源、后天之本。胃是对人体每天摄入的食物进行收纳、消化和吸收的器官。中医将胃称为“水谷之海”。

胃与脾是人体的重要器官，二者相互配合，共同为人体其他器官服务，但这并不是说胃和脾具有同等的功能，二者之间虽然具有一定的联系，但也存在着很大的差异。脾的主要功能为：将饮食水物化成精微，并将其传送到全身；吸收水谷精微，并将其运输到心、肺、头等器官，通过心、肺、头的作用产生气血滋养全身各个器官，确保其他器官的正常运行；统摄、控制血液在血管中正常运行。胃的主要功能则是消化食物和传输养分。

所谓健脾胃就是通过各种方式来健脾益胃，防止脾胃患各方面的疾病。

常见病症

当脾胃功能失常时可能引发多种病症，如：口臭、食欲不振、消化不良、疲倦、消瘦、腹部坠胀、久泄脱肛、子宫下垂、肾下垂、胃下垂等。

推荐食材

可制作健脾胃养生粥膳的食材包括：粳米、玉米、小米、高粱、糯米、小麦、大麦、荞麦、红薯、黄豆、蚕豆、豆浆、薏米、莲子、白果、山药、银耳、山楂、枸杞子、陈皮、桂圆、甘草、猪肚、牛肉、牛肚、狗肉、鸭肉、兔肉、鹌鹑蛋、鹅肉、草鱼、鲫鱼等。

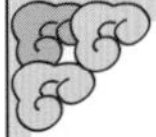

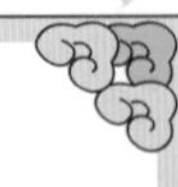

专家建议

胃是人体主要器官之一，必须注意保养，平时多吃具有健胃消食功效的粥膳，一定能达到维护胃功能的作用。脾在人体中占据着重要地位，平日里应对其精心保养，以免病时乱投医。

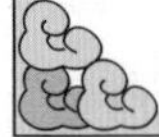

养生粥膳 >>

红柿山药粥

【材料】大米半杯，西红柿100克，山药50克，山楂1大匙

【调料】盐少许

【做法】1.大米淘洗干净；山药润透，洗净，切片；西红柿洗净，切成牙状；山楂洗净，去核，切片，备用。

2.把大米、山药、山楂一同放入锅内，加适量水和盐，置大火上烧沸。

3.调小火再煮30分钟后，加入西红柿，续煮10分钟即成。

西红柿具有生津止渴、健胃消食、治口渴、食欲不振等功效。山药是补益类的良药，具有健脾胃的功效，可辅助治疗脾虚食少等病症。山楂又叫山里红，含有多种营养成分，能增加胃内的酶素，促进脂肪类食物的消化，具有消食健胃的功效，可缓解食积，并能增进食欲。西红柿、山药、山楂制成的粥膳是补益脾胃的良品。

豆粳米粥

【材料】炒白扁豆60克（或鲜扁豆120克），粳米半杯

【调料】红糖适量

【做法】1.将白扁豆用温水浸泡1夜。

2.粳米淘洗干净。

3.将泡好的白扁豆与粳米一同放入锅中煮成粥，放红糖调匀即可。

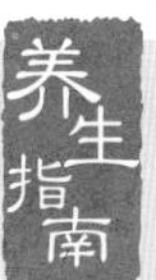

白扁豆，是餐桌上的常见蔬菜之一。现代营养学认为，扁豆含有多种维生素和矿物质，经常食用能健脾胃，增进食欲。夏天多吃一些扁豆可起到消暑、清口的作用。中医认为，扁豆有调和脏腑、养心安神、健脾和中、益气、消暑、消肿、利水化湿的功效。此粥能健脾养胃、消暑止泻，还适用于脾胃虚弱、食少呕逆、慢性腹泻、暑湿泻痢、夏季烦渴、妇女带下等。此粥可供夏秋季早晚餐食用。

山药粥

【材料】小米半杯，薏米、山药各30克，红枣10个

【调料】白糖适量

【做法】1. 小米洗净；薏米洗净，泡软；山药研磨成泥状；红枣洗净，去核。

2. 将做法1中的材料加适量清水置于锅中，以大火煮成粥后，调小火再加入白糖调味即可。

养生指南 小米、薏米、山药、红枣都是健脾胃的理想食物，但其功效各有侧重。小米可以除湿、健胃、和脾；薏米能健脾、去湿、利尿；山药具有优异的健脾胃功效；红枣则能和脾健胃。四者合用，其健脾养胃的功效更佳。脾胃虚弱者不妨常食此粥。

莲藕粥

【材料】燕麦半杯，蜜莲藕250克，红枣5个，甘草适量

【调料】冰糖适量

【做法】1. 燕麦洗净，用清水浸泡1小时；蜜莲藕洗净，切片；红枣洗净，泡软后去核；甘草洗净，切片，备用。

2. 燕麦和甘草一同入锅，加适量水以大火烧沸，加入蜜莲藕、红枣和冰糖，转小火煮熟即可。

养生指南 燕麦是补益脾胃的优良食物，与莲藕、红枣、甘草等健脾胃食物搭配煮制的粥膳，可健脾开胃、补脾益气。因此这道莲藕燕麦粥有调理脾胃的功能，经常食用此粥能增强胃动力，对脾胃很有好处。

西红柿红枣粥

西红柿红枣粥

【材料】粳米半杯，西红柿250克，红枣半杯

【调料】冰糖适量

【做法】1.粳米淘洗干净，用水浸泡30分钟；西红柿洗净，切成丁；红枣洗净，去核，备用。

2.粳米、红枣一起下锅，加适量水以大火烧沸，转小火煮至米软枣烂。

3.粳米、红枣熟时，加入西红柿丁和冰糖，再次煮沸即可。

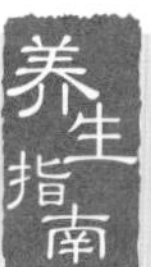
养生指南

粳米具有补脾胃、养五脏、壮气力等功效，是健脾胃佳品。西红柿、红枣均具有优异的健脾养胃功效，与粳米搭配煮粥，可养脾胃之气，对于脾胃虚弱引起的诸多病症也具有良好的食疗作用。

红枣山药粥

【材料】红枣12个，山药少许，糯米半杯

【调料】糖或盐适量

【做法】1.糯米淘洗干净，用清水浸泡；红枣洗净；山药去皮，切丁。

2.锅内放入糯米、红枣及水，用大火煮开。

3.改小火熬煮，加入山药丁煮至稀稠，依个人口味加入糖或盐调味即可。

养生指南

红枣、山药、糯米都是很好的健脾养胃食物。红枣、山药对脾胃健康有益；糯米可温脾暖胃、益气收涩，并能缓解或改善脾胃虚寒、食欲不振、腹胀、腹泻等。此粥由三者合制而成，常食对脾胃健康大有裨益。

红枣山药粥

润肠类粥膳养生

RUNCHANGLEIZHOUSHANYANGSHENG

何谓润肠

肠有小肠和大肠之分。小肠在人的腹部，上端与胃相通，下端和大肠相通；大肠也在人的腹部，上端与小肠相通，下端出口为肛门。

小肠的功能包括：作为容器接受胃初步消化的食物，并进一步消化吸收食物，吸收食物中的营养物质以供机体利用；将食物的残渣传送到大肠，形成粪便，以排出体外，将多余的水分送至肾脏，再经由膀胱、尿道排出体外。

大肠的功能包括：接受由小肠下移的食物残渣，排泄大便；重新吸收食物残渣中多余的水分，有利于体内津液代谢的正常。

当肠的功能失常时，会严重影响消化系统正常功能的运作，因此平时应加强对肠的养护。所谓润肠类粥膳是指用润肠类药物和食物制成的粥膳。

常见病症

当肠功能失调时，往往会出现以下病症：肠鸣、腹部疼痛、腹胀、腹泻、便秘、小便短少等。其中，由肠道失润导致的大便秘结不通是人体健康的大敌，润肠类粥膳的主要作用就是润肠通便，维持肠功能的正常运转。

推荐食材

常用的润肠类食物与药材有：玉米、燕麦、空心菜、菠菜、芹菜、萝卜、胡萝卜、香蕉、草莓、苹果、蜂蜜、柏子仁、松子、麻仁、郁李仁、番泻叶等。

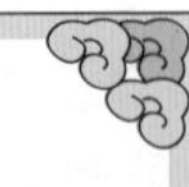

润肠类粥膳主要适用于肠燥便秘等病症的辅助治疗，能润燥清肠，促使大便排出。

导致肠燥的因素较多，主要有：热邪伤津、肠胃干燥、肾阳不足或病后肾虚等。可用润肠类食物或药物配合清热食物或药物制成养生粥膳加以调理，也可将润肠类的食物或药物配合温补肾阳的食物或药物制成粥膳进行调理。另外，平时可吃些具有润肠作用的蔬菜、水果及蜂蜜。

养生粥膳 >>

五仁粳米粥

【材料】芝麻、松子仁、核桃仁、桃仁（去皮尖，炒一下）、甜杏仁各10克，粳米1杯

【做法】1.将芝麻、松子仁、核桃仁、桃仁、甜杏仁一同碾碎，混合均匀。

2.粳米淘洗干净。

3.将五仁碎末与粳米加适量水一同放入锅中，煮成稀粥即可。

养生指南 芝麻、松子仁、核桃仁、桃仁、甜杏仁均含有对人体有益的油脂，具有很好的润肠通便作用，能改善便秘等症。这道五仁粳米粥就具有滋养肝肾、润燥润肠的功效，适用于中老年人气血亏虚引起的习惯性便秘等。

牛蒡燕麦粥

养生指南 燕麦、牛蒡均富含膳食纤维，膳食纤维可以刺激并润泽肠道。因此，燕麦及牛蒡都是很好的清肠通便的食物。这道牛蒡燕麦粥就具有润肠功效，对便秘具有较好的食疗作用。另外，此粥还能有效降低人体内的胆固醇含量，从而减低了患心脏病的概率。

【材料】燕麦3大匙，牛蒡、胡萝卜各1根，芹菜少许

【调料】鸡汤、盐各适量，香油少许

【做法】1.燕麦洗净，用清水浸泡一夜，备用。

2.牛蒡、胡萝卜均洗净、削皮、切成丁状；芹菜洗净，切成末状，备用。

3.将已泡软的燕麦与鸡汤一同放入锅中煮成燕麦粥，再将牛蒡、胡萝卜放入粥锅中煮熟，随后加入少许盐调味。

4.待粥熟时，滴入少许香油，撒上芹菜末即可起锅。

清热类粥膳养生

QINGRELEIZHOUSHANYANGSHENG

何谓清热

清热是指清解里热，即《内经》所说的“热者寒之”。清热主要包括以下几个方面。

清热泻火：能清气分热，有泻火祛热的作用。

清肝明目：能清肝火而明目，常用于肝火亢盛、目赤肿痛等。

清热凉血：能清血分热，有凉血清热作用。

清热解毒：常用于治疗各种热毒病症。

清热燥湿：有清热化湿的作用，可用于湿热病症。

清虚热：能清虚热，常用于午后潮热、低热不退等症。

清热类粥膳是指由性味寒凉、以清解里热和治疗里热的药物和食物制成的粥膳。

常见病症

热证可分为表热证和里热证两种。表热证的特点是发热，但时有恶寒；里热证是由外邪内传入里化热或因内郁热所致的一类症候群，临床主要表现为发热、恶热、口渴、心烦口苦、呼吸急促、小便短赤、大便干结或兼有便秘、腹胀、舌苔发黄等。

推荐食材

常用于制作清热类粥膳的药材及食物有：栀子、芦根、天花粉、决明子、生地、牡丹皮、犀角、玄参、连翘、紫花地丁、蒲公英、鱼腥草、黄连、黄芩、黄柏、苦参、龙胆草、地骨皮、青蒿、金银花、绿豆、莲子、荷叶、苦瓜等。

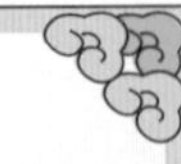

专家建议

清热药粥多属寒凉，多服久服能损伤阳气，故对于阳气不足或脾胃虚弱者须慎用，如遇真寒假热的症候，当忌用。体质虚弱的患者食用本类药粥时，当考虑照顾正气，必要时可与扶正药物配伍应用。

清热药粥必须根据热证类型及邪热所在部位服用。

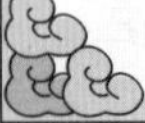

养生粥膳 >>

绿豆玉米粥

【材料】大米半杯，绿豆、玉米粒各3大匙

【调料】白糖或冰糖适量

【做法】1.大米、绿豆洗净，加适量水放入高压锅中煮15分钟，关火，待高压锅气自然放完后，小心揭开锅盖。

2.玉米粒捣碎后用清水调成稀糊状，倒入绿豆粥中，搅拌均匀继续煮。

3.煮开后改用小火再煮约8分钟，盛出，放入白糖或冰糖即可食用。

养生指南 绿豆具有清热解毒、清暑利水、止渴、消肿的功效。常食绿豆食品可预防中暑、暑热烦渴、疮毒疖肿、食物中毒等。这道绿豆玉米粥具有很好的清热功效，非常适合热证患者食用。

金银花粥

【材料】金银花30克，大米半杯

【调料】蜂蜜适量

【做法】1.金银花用水煎煮，取其浓汁。

2.将金银花汁与大米加适量水一同放入锅中，煮成稀粥即可，可放蜂蜜调味。

养生指南 金银花为忍冬科植物忍冬的花蕾，性寒，味甘，入肺、胃二经，具有清热凉血的功效，适用于发热头痛、热痢泄泻等，也用于上呼吸道感染、急性扁桃体炎、急性咽喉炎等的辅助治疗。这道金银花粥是民间在热暑时用来清热解毒的粥品，可用来预防中暑以及各种热毒疮疡、咽喉肿痛、风热感冒等。

[贴心提醒] 由于金银花性寒，所以此粥不宜常食。体弱之人慎用。

生地粳米粥

【材料】新鲜生地150克，粳米半杯

【调料】冰糖适量

【做法】1.新鲜生地洗净，捣烂，用纱布挤汁备用；粳米浸泡半个小时后淘洗干净。

2.将粳米、冰糖放入砂锅内，加清水煮成稀粥，再加入生地汁，改用小火，再煮沸一次即可。

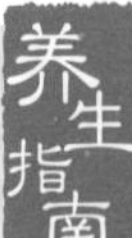

新鲜生地即黄玄参科多年生草本植物地黄的新鲜块根，药用价值较高。中医认为，新鲜生地具有清热凉血的功效，常用于温热病热入营血、壮热神昏、口干舌绛等。新鲜生地的功效与干地黄相似，但清热生津、凉血止血的功效更强。此粥适用于热病伤津、烦躁口渴、舌红口干、虚劳骨蒸、血热所致的吐血、鼻出血、崩漏及津亏便秘等。建议此粥温热服食，每日2~3次。

[贴心提醒] 此粥不宜久服，脾胃虚寒、便溏阴虚者应忌服。

荷叶莲子粥

【材料】干荷叶100克，莲子80克，大米半杯，枸杞子2大匙

【调料】冰糖适量

【做法】1.将莲子、枸杞子用水泡发好，备用；大米淘洗干净。

2.锅内加适量水，放入干荷叶，用大火煮30分钟左右。

3.将荷叶捞出，放入大米，煮至半熟时放入莲子，煮至米烂莲子熟，再加入枸杞子，煮开。

4.最后放冰糖搅拌均匀即可。

荷叶气味清香，具有消肿减肥、清暑凉血的功效；莲了具有升清降浊、消淤止血、清暑降热、宽中理气、健脾止泻、养心益胃的功效。荷叶与莲了都具有清热解暑的作用，二者搭配煮制而成的粥，可清热降火。建议此粥在夏季食用。

绿豆西米粥

【材料】西米2大匙，大米、绿豆各半杯，枸杞子少许

【调料】白糖适量

【做法】1.将绿豆、大米用清水洗净；西米用清水泡透。

2.锅中加入适量清水，烧开，加入绿豆、大米，用小火煲至大米开花。

3.再加入西米，调入白糖，继续用小火煲约10分钟，最后加入枸杞子熬煮片刻即可。

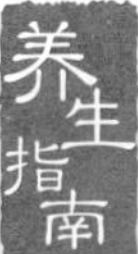

这道绿豆西米粥的营养丰富，含有淀粉、纤维素、蛋白质、脂肪、多种氨基酸、维生素及多种矿物质，能很好地满足人体的营养需求，维持人体脏器的正常功能。另外，这道粥膳具有很好的清热功效，适用于内热引起的咽喉肿痛、面部痤疮及肝阳上亢等。

三鲜粥

【材料】鲜藕100克，车前草50克，蒲公英50克，粳米4大匙

【调料】冰糖适量

【做法】1.先将鲜藕洗净、捣烂，用纱布包裹绞汁，备用。

2.将车前草、蒲公英冲洗干净放入砂锅中，加适量水煎熬30分钟，滤去药渣，加入淘洗干净的粳米，以小火煮粥。

3.粥将熟时，放入藕汁、冰糖继续煮至粥熟即可。

车前草具有利水、清热、明目、祛痰的功效，对尿血、小便不通、水肿、热痢、泄泻、目赤肿痛、喉痛等病症有辅助疗效。蒲公英又叫婆婆丁，有很好的药用价值，具有清热解毒、消肿散结的功效，可改善上呼吸道感染、眼结膜炎、流行性腮腺炎、乳腺炎、乳痈肿痛、胃炎、痢疾、肝炎，胆囊炎、急性阑尾炎、泌尿系统感染、痈疖疔疮、咽炎、急性扁桃体炎等。车前草、蒲公英与具有清热凉血功效的莲藕搭配制成药粥，对于各种热证均有不错的疗效。

散寒类粥膳养生

SANHANLEIZHOUSHANYANGSHENG

何谓散寒

散寒也称温里，散寒是指治疗里寒证，即《内经》所说的“寒者温之”。温里散寒法是运用温热性质的方药，以达到祛除寒邪和温养阳气目的的治疗方法。

现代医学在临床上根据寒邪所在部位的不同以及人体正气盛衰程度的差异，温里散寒法在应用上又可分为温中祛寒、温化痰饮等治法。

凡以温热药物或食物为主组成的具有温中散寒、温经散寒作用且能祛除脏腑经络寒邪、治疗脾胃虚寒、经脉寒凝及等里寒证的一类粥膳，统称为温里散寒类粥膳。

常见病症

里寒包括两个方面：一为寒邪内侵，阳气受困，表现为呕逆泻痢、胸腹冷痛、食欲不佳等，必须温中祛寒；一为心肾虚，阴寒内生，表现为汗出、恶寒、口鼻气冷等亡阳症，必须益火扶阳。

推荐食材

散寒类粥膳常用的食材有：糯米、栗子、花椒、肉桂、川乌、丁香、小茴香、吴茱萸等。

◆外寒内侵，如有表证未解的，应适当配合解表药粥同用。
◆夏季天气炎热，此类药粥宜酌量服用。
◆散寒药粥适应病症不同，须辨证选择相适应的药粥进行食疗。
◆散寒类药粥可用于真寒假热之症，对真热假寒病症不可应用。若是真寒假热，服祛寒药粥后出现呕吐现象，可采用冷服之法。
◆散寒药粥性温燥烈，容易耗损阴液，助邪火，故阴虚火旺、阴液亏少者应慎用，个别药粥孕妇要忌用。
◆用于制作散寒药粥中的某些药物，如附子、肉桂等，应用时须注意用量、用法及注意事项。

养生粥膳 >>

干姜附子粥

【材料】制附子3～5克，干姜1～3克，粳米半杯，葱白2根

【调料】红糖少许

【做法】1.将制附子、干姜研为极细粉末；粳米淘洗干净；葱白洗净切段。

2.粳米加适量水放入锅中熬煮成粥，待粥沸后，加入药末、葱白段、红糖同煮为稀粥即可。

养生指南 干姜是良好的散寒类中药，具有温中散寒、温肺化饮及回阳的功效，可辅助治疗中焦虚寒、脘腹冷痛、呕吐泄泻、外寒内侵、寒饮伏肺、痰多咳嗽、形寒背冷等。制附子味辛、甘，性大热，入心、肾，脾经，具有回阳救逆、补火助阳、逐风寒湿邪等功效。这道干姜附子粥具有温中、补阳、散寒、止痛的作用，适用于肾阳不足、命门衰微、胃寒肢冷、阳痿尿频、脾阳不振、脘腹冷痛、大便溏泄、冷痢等。

防风葱白粳米粥

【材料】防风10～15克，葱白2根，粳米半杯

【做法】1.将防风、葱白加适量水共同煎汤，去渣，取药汁；粳米淘洗干净。

2.粳米与适量水一同放入锅中煮成粥。

3.待粥将熟时加入药汁煮约10分钟即可。

养生指南 防风、葱白皆具有温里散寒的作用。防风为伞形科植物防风的根，味辛、甘，性温，入膀胱、肺、脾经，具有解表、祛风、利湿、止痛之功效，对于外感风寒、头痛、目眩、项强、风寒湿痹、骨节酸痛、四肢挛急、破伤风等均具有较好的辅助治疗作用。葱白辛散温通，外能发汗解表，内可通达阳气，但因药力稍弱，多用于风寒外感及阴盛格阳症的辅助治疗。此粥可祛风散寒、解表止痛，适用于风寒感冒、发热、胃冷、恶风、自汗、头痛、身痛、风寒湿痹、骨节酸楚、肠鸣泄泻等。此粥每日1～2次，建议空腹温热服食。

花椒粳米粥

【材料】粳米半杯，葱末、姜末各适量

【调料】花椒粉1小匙，盐少许

【做法】1.粳米淘洗干净，与适量水一同放入锅中熬煮成粥。

2.将葱末姜末、盐加入粥中，调匀后稍煮一会儿，趁热撒入花椒粉即可食用。

养生指南

花椒为芸香科灌木或小乔木植物青椒或花椒的果皮，具有较好的温里散寒作用。中医认为，花椒味辛，性热，归脾、胃经，具有除湿散寒、温中止痛等功效，主要用于中焦虚寒、吐逆腹泻、寒湿泄泻等的辅助治疗。这道花椒粳米粥具有温中散寒、除湿止痛及杀虫功效，也可用于脘腹冷痛、呕吐、泄泻或蛔虫引起的腹痛、呕吐等的食疗。

茴香粳米粥

【材料】粳米半杯，小茴香1大匙

【调料】盐少许

【做法】1.将小茴香放入砂锅内，加适量清水煮，去渣，留取汤汁。

2.将粳米淘洗干净，与茴香汤汁、盐一同放入锅中煮粥，煮至粳米熟烂即可。

小茴香又叫茴香，是伞形科植物茴香的成熟果实，是一种很好的散寒类药物。中医认为，小茴香味辛，性温，归肾、膀胱、胃经，具有温肾散寒、和胃理气、清热解毒等功效，能改善脘腹肝满、寒疝腹痛等。这道茴香粳米粥具有健胃、助消化的作用，可以帮助长期食用肉食或者饮食不正常的人群恢复胃动力。

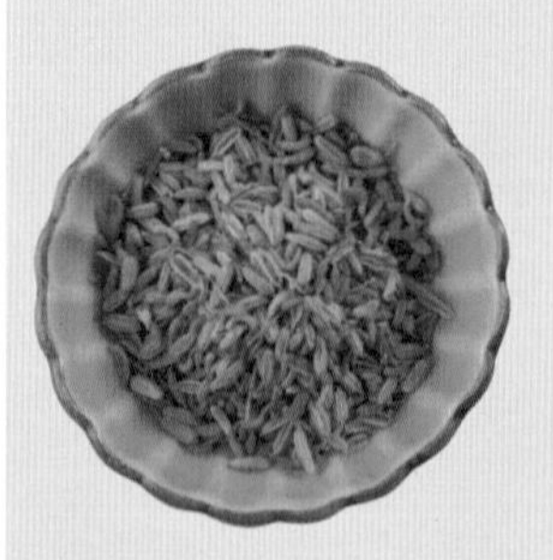

解表类粥膳养生

JIEBIAOLEIZHOUSHANYANGSHENG

何谓解表

解表即“汗法”，能解除在表之邪，即服用有发汗作用的药物或食物，通过发汗来解除表邪，解表以解除表证为目的。凡以解除表证为主要作用的药物和食物制成的药粥，统称为解表类养生粥膳。

中医所说的表证，相当于现代医学所说的上呼吸道感染，中医称为风寒感冒和风热感冒。解表粥膳根据其所用原料的性能和临床功效的不同，可分为发散风寒和发散风热两种类型。发散风寒适用于风寒表证（即风寒感冒），发散风热适用于风热表证（即风热感冒）。

常见病症

所谓表证是指病在浅表。表证的症状包括：恶寒、发热头痛、无汗或有汗、鼻塞、咳嗽、舌苔薄白、脉浮等。表证与现代医学所列的上呼吸道感染及传染病初期症状基本相同。

推荐食材

制作解表类粥膳常用的食物与药材包括：葱、香菜、豆豉、胡椒、麻黄、白芷、桂枝、防风、金银花、荆芥、辛夷、薄荷、菊花、柴胡、葛根等。

专家建议

◆由于患有表证者往往食欲不振、恶心呕吐，所以解表类粥膳宜清淡、易消化，切忌油腻、燥热。

◆食用解表类粥膳一定要对症，选用时应根据适用范围选择适合自己症状的药粥，以免“粥”不对症。

◆患有表证时，应避免食用作用相反的药粥，以免不能及时解除病邪，缠绵难愈，甚至变生他病，如用杏、柠檬、乌梅等酸涩食品制作的药粥。

◆解表类药粥还要注意不可过量或长期食用，中病即止，以免汗出太多损伤津液和阳气，影响健康。

◆解表类药粥一般在解热、消炎方面均有一定的作用，因此当体温过高及感染扩散时可用解表类药粥加以控制。

薄荷粳米粥

【材料】薄荷5克，粳米半杯

【做法】1.粳米淘洗干净，与适量水一同放入锅中煮成粥。

2.将熟时，放入薄荷，再煮几沸，有香气散出即可。

养生指南 薄荷是一种常见的解表类药物，中医认为，其具有辛凉疏散、质轻上浮的特点，可解表透疹、清利头目、疏肝解郁，对于风热感冒、麻疹初起、风热上攻引起的咽喉痛、头痛、目赤及肝郁气滞等均有较好的辅助治疗作用。这道薄荷粳米粥具有疏散风寒的功效，可解缓风热感冒引起的发热恶风、头目不清、咽痛口渴等。建议空腹服用此粥。

清热发汗粥

【材料】豆豉、荆芥、麻黄、栀子各10克，葛根、生石膏各15克，葱白7根，生姜10克，粳米半杯

【做法】1.将豆豉、荆芥、麻黄、栀子、葛根、生石膏、葱白、生姜加适量水共同煎汁，去渣，取汁备用。

2.粳米淘洗干净，与做法1中的汁液一同放入锅中煮粥即可。

养生指南 荆芥、麻黄、葛根、葱白、生姜均是功效优异的解表类药物，能有效解除表证。荆芥具有解表散寒、透疹的功效，对感冒、头痛、麻疹、风疹、疮疡初起均有辅助治疗作用；麻黄可发汗散寒、宣肺平喘、利水消肿；葛根具有解表退热的功效；葱白、生姜皆具有解除表证的作用；栀子为清热类药物，能改善身体因外感风寒而发热的症状。解表类药物与清热类药物合用，其药力功效更强。这道清热发汗粥可祛风清热，可改善外感寒邪、内有蕴热而引起的恶寒、发热、头痛、身痛、无汗、口渴、喜饮、舌红苔黄等。建议空腹食用此粥，服后盖被卧床，待略微出汗即可。

利湿类粥膳养生

LISHILEIZHOUSHANYANGSHENG

何谓利湿

“湿”有两层含义：一是指有形的水分潴留在体内，形成水肿，尤其是下肢水肿较明显，应该多服利水渗湿药粥，以消除水肿；“湿”也指痰饮，黏稠的液体为痰，如慢性支气管炎就会有大量痰液积留，另外，胃炎也会引起水分或分泌物在胃内积留，而体腔内的异常液体如胸水、腹水等都属于痰饮，应适当配合具有利水渗湿功效的粥膳加以调理。

利湿类粥膳就是指用具有利水渗湿作用的药物制成的粥品，它可使湿邪从小便排出。适用于水湿壅盛所致的淋浊、水肿等症。利湿有淡渗利湿、温阳利湿、滋阴利湿、清湿利湿、清热利湿、温肾利水等法。

所谓利湿类养生粥是指以利湿药物和食物制成的粥膳。

常见病症

湿邪可致病，其可分为外湿和内湿两种类型。外湿是指湿邪侵入肌表所致，症状为恶寒发热、头胀脑重、肢体浮肿、身重疼痛等，多属肌表经络之病；内湿是指湿从内生，症状为胸痞腹满、呕恶黄疸、泄痢淋浊、足跗浮肿等，多属于脏腑气血之病。

推荐食材

制作利湿类粥膳常用的食材有：赤小豆、薏米、萝卜、豆芽、木耳、紫菜、海带、洋葱、香蕉、西红柿、黄瓜、泽泻、茯苓、藿香、苍术、茵陈、车前子等。

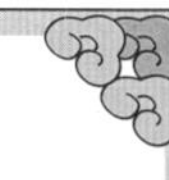

专家建议

◆患湿邪的病人，饮食应以清淡为主，不宜进食高脂肪食物，不宜食用高嘌呤食物，不宜过多服用刺激性强的食物，不宜过多食用过酸、过咸的食物。

◆由阴亏液少引起的病症不宜服用利湿类粥膳。

◆水湿壅盛病症的人宜选用高蛋白、高维生素及容易消化的食物制作粥膳。

◆患脾虚水肿时，不能只强调利湿，而应以健脾为主。

利水消肿粥

【材料】薏米、赤小豆、莲子各适量，银耳50克

【调料】白糖少许

【做法】1.全部材料均用清水泡发涨开，洗净，备用。

2.锅中先放入薏米、赤小豆、莲子煮至熟烂，再加入银耳一起烹煮至熟，加入白糖略拌调味，即可盛出。

养生指南 薏米、赤小豆都具有良好的利水、除湿、消肿作用，与具有清热安神作用的莲子及具有美容瘦身功效的银耳搭配制成养生粥膳，有利水消肿的作用。这道利水消肿粥不仅可以帮助减轻人体水肿症状，同时还具有补养气血的功效。

蚕豆粥

养生指南 现代营养学认为，蚕豆含有蛋白质、脂肪、碳水化合物、B族维生素、烟酸及钙、磷、铁、钾等多种矿物质，还含有丰富的膳食纤维。常吃蚕豆对减肥、消水肿有一定作用。中医认为，蚕豆具有益脾、健胃和中、利湿的功效。这道蚕豆粥可利湿、消肿、减肥，是减肥人士的理想食物。

【材料】蚕豆、粳米各1杯

【调料】红糖适量

【做法】1.粳米淘洗干净，用适量清水浸泡半小时，捞出，沥干；蚕豆用开水浸泡，泡软后剥去外皮，冲洗干净。

2.蚕豆放入锅中，加适量水熬煮。

3.蚕豆锅中水煮开后加入粳米，待再次煮开后改用小火续煮约45分钟。

4.米烂豆熟时加红糖，搅拌均匀，再稍焖片刻，即可。

第五章

不同人群的粥膳养生

不同年龄者、不同职业者，对养生的需求是不尽相同的。因此，不同的人群应选择不同的养生方式。就粥膳养生而言，每个人群都应根据各自的特点选用不同的粥膳。如果盲目食用，不加以科学选择，不但不利于养生，反而可能对健康不利。

儿童粥膳养生

ERTONGZHOUSHANYANGSHENG

儿童的体质特征

儿童阶段，广义的说法是指从出生到12岁这段时期。这个阶段又可分为新生儿期、婴儿期、幼儿期、学龄前儿童期、儿童期这五个时期。每个阶段，儿童的生理特点都有所不同，因此应根据儿童发育的不同阶段选择适当的养生方法。

新生儿期：身体增长迅速，患病时反应较差，因此在饮食、保暖等方面要做好日常护理。

婴儿期：发育迅速，但脏腑娇嫩，抗病能力较差，易患病。在饮食上要多加注意。

幼儿期：应注意断母乳时的合理喂养，防止各种小儿急性传染病的发生。

学龄前儿童期：体格的迅速生长转到神经、精神的迅速发育，抗病能力逐渐增强，与外界接触也较多，对新鲜事物越来越感兴趣。这时要做好精神上的调护。

儿童期：体重增长加快，肺功能逐渐稳定，对各种传染病抵抗力也渐渐增强。此时儿童所患的疾病基本接近成人，肾炎、哮喘等病较多见，应注意防护。

易患病症与不适

儿童的病机往往具有易虚、易实、易寒、易热的特点。易感染时行病、疫毒，也易患呼吸道及胃肠道疾病，如不及时医治，会出现壮热、惊搐、神昏等症状。

推荐食材

适合制作儿童养生粥膳的食材有：西红柿、菠菜、西兰花、胡萝卜、牛奶、鸡蛋、鸡肉、畜肉、燕麦、薏米、核桃、红枣、苹果、山楂等。

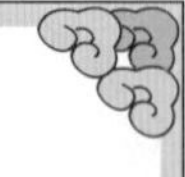

儿童正处于发育阶段，应注意各种营养的均衡摄取，蛋白质、维生素、碳水化合物、脂肪酸等营养成分都应适量摄入。但由于儿童的消化系统器官较稚嫩，因此，必须保证食物容易消化吸收。蔬果营养丰富又易于吸收，要鼓励孩子多吃一些。不过，应避免让孩子习惯摄取过甜、过咸、过辣及油炸的食物。另外，用补品制成的粥膳儿童要慎用。

养生粥膳 >>

菠菜肉末粥

【材料】瘦肉100克，菠菜1棵，米饭1碗

【调料】高汤适量

【做法】1.瘦肉切碎，备用。

2.菠菜洗净，切成末，备用。

3.米饭用高汤煮成粥，再放入肉末同煮。

4.最后放入菠菜末，煮熟即可。

养生指南 一般的动物瘦肉都含有优质的蛋白质和人体必需的脂肪酸，能较好地满足儿童生长发育的需求。经常食用瘦肉可促进人体对铁的吸收，改善缺铁性贫血。菠菜含有叶酸、铁等营养物质，与瘦肉搭配煮粥，其补铁功效更为显著。患有缺铁性贫血的儿童可常食此粥，以达到补铁的目的。半岁以上的宝宝适量吃些肉粥，对于均衡营养、生长发育也非常必要。

[贴心提醒] 多食猪肉易助热生痰、动风作湿。因此，外感风寒及疾病初愈的儿童忌食此粥。

鸡蛋牛奶粥

【材料】大米适量，燕麦1大匙，鸡蛋1个，牛奶3小匙，丹参1小匙

【做法】1.大米淘洗干净，加适量水浸泡30分钟；鸡蛋磕开，取蛋黄；丹参用纱布袋包起来。

2.锅中加水烧开，将大米、燕麦及丹参放入锅中，熬煮成粥。

3.在粥中加入牛奶拌匀，再放入蛋黄稍煮片刻即可。

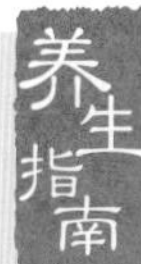

养生指南 这道鸡蛋牛奶粥营养十分丰富，含有大量的蛋白质、碳水化合物、纤维素、卵磷脂、维生素及多种矿物质等，十分适合成长发育中的儿童食用，能满足其对营养的需求。此粥有恢复视力及促进腰部和下半身健康发育的功效，适合处于发育中的儿童食用。

青菜大米粥

【材料】大米1碗，青菜（菠菜、油菜或小白菜的叶子）适量

【做法】1.将青菜洗净，放入开水锅内煮软，切碎，备用。

2.将大米洗净，用清水浸泡1～2小时，放入锅内，煮30～40分钟，在停火之前加入切碎的青菜，再煮10分钟即成。

养生指南

青菜营养丰富，富含多种维生素及矿物质，不仅能满足人体的营养需求，而且其中所含的维生素A对儿童的视力有益。此粥黏稠适口，含有蛋白质、碳水化合物、钙、磷、铁、维生素C及维生素E等多种营养素，更适宜处于快速成长中的婴幼儿食用。

[贴心提醒] 婴幼儿食用的粥膳在制作中一定要煮烂，菜要切碎、煮软。

碎米肉松粥

【材料】猪肉松、大米各适量

【做法】1.将大米放入磨臼内，用擀面杖捣碎，淘洗干净，煮成粥。

2.把粥盛入碗内，放入肉松，拌匀即可。

养生指南

大米营养丰富，主要成分是碳水化合物、蛋白质、脂肪、纤维素，还富含多种人体所需的其他微量元素。中医认为，大米具有健脾和胃、理气和中、补中益气的功效，还能养血生津、止消渴、健脾胃。大米搭配肉松，能很好地补充人体对营养的需求，尤其适合儿童病后恢复体力之用，病后体弱、食量少、肢体乏力的儿童可常食此粥。

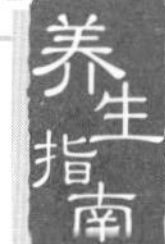

牛奶玉米粥

【材料】牛奶1杯，玉米粉3大匙，鲜奶油1大匙

【调料】黄油、盐、碎肉豆蔻各少许

【做法】1.将牛奶倒入锅内，加入盐和碎肉豆蔻，用小火煮开。

2.撒入玉米粉，用小火再煮3～5分钟，并用汤匙不停搅拌，直至变稠。

3.将玉米粥倒入碗内，加入黄油和鲜奶油，搅匀，晾凉。

养生指南 根据现代营养学的观点，这道牛奶玉米粥含有丰富的优质蛋白质、脂肪、碳水化合物、钙、磷、铁及多种维生素等营养成分，其营养丰富而全面，是一道理想的儿童粥膳。

金针菇糯米粥

【材料】金针菇50克，糯米半杯

【调料】盐适量

【做法】1.金针菇洗净；糯米淘洗干净。

2.金针菇放入开水锅中汆烫至熟。

3.另起一锅，将糯米与适量水放入锅中煮粥，将熟时放入葱花、盐搅拌均匀，最后放入金针菇，再焖一会儿即可。

养生指南 现代营养学认为，金针菇中含锌量比较高，有促进儿童智力发育和健脑的作用，并能有效增强机体的生物活性，促进体内新陈代谢，有利于食物中各种营养素的吸收和利用，对生长发育也大有益处。此粥尤其适合气血不足、营养不良的老人和儿童食用，能提高儿童智力，促进儿童生长发育，适用于儿童发育迟缓、智力低下等症。建议空腹服用此粥，每日2次。

[贴心提醒] 脾胃虚寒者不宜食用此粥。

孕产妇粥膳养生

YUNCHANFUZHOUSHANYANGSHENG

孕产妇的体质特征

女性怀孕后，其生理机能便发生重大变化，胎儿的生长使母体血容量增加，乳房和子宫开始增大，营养的摄取量也大大增加。若营养不足，会影响胎儿的生长发育。

产褥期女性，由于产后失血，元气大亏，加之哺乳，应补充大量营养，促进产妇身体早日恢复健康，同时也有利于婴儿的生长发育，正如民间素有的“产后宜补”的说法。由于每个人体质不同，粥膳进补的方式、分量也会不同。因此，要依照个人体质调配膳食，搭配营养价值高的食材，提供坐月子女性所需之营养，帮助迅速恢复元气。

易患病症与不适

女性怀孕期间，如果饮食营养不合理，不注意孕期养生，会影响胎儿发育，严重者还可导致流产、早产、难产、死产、胎死腹中等危险。

产后的女性身体需要一个复原的阶段。在此阶段里，身体常会出现以下不适：胃口不开、产后出血、虚弱、乳汁不足、恶露不净或不下、水肿、腹痛、便秘、痛风等。

推荐食材

孕早期：香蕉、无花果、菠菜、草莓、青辣椒等；妊娠中后期：鱼、肉、蛋、豆制品、海产品（螃蟹除外）、肉骨汤及各种新鲜蔬菜等；产后：赤小豆、黄花菜、土豆、香菇、红枣、胡萝卜、白萝卜、菠菜、油菜等。

专家建议

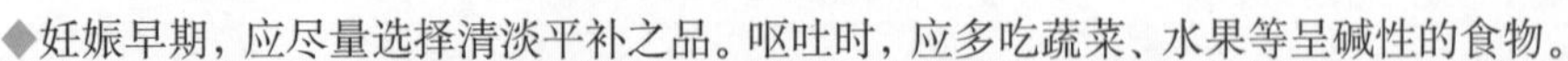

◆妊娠早期，应尽量选择清淡平补之品。呕吐时，应多吃蔬菜、水果等呈碱性的食物。

◆妊娠中后期，应选择富含蛋白质、钙及维生素的食物，要避免偏食，如果糖和脂肪过多，易使胎儿巨大，导致难产或产后出血；饮食不宜过咸，以免引起水肿。

◆产后调补宜清淡且易消化，不宜过度肥腻辛香，以免腻胃滞脾，同时忌生冷。若乳汁分泌不足，可增加催乳膳食，若气血不足致使乳汁分泌减少，则应调补气血，气血充沛，乳汁自然旺盛。

养生粥膳 >>

鲢鱼小米粥

【材料】活鲢鱼1条，丝瓜仁10克，小米半杯

【做法】1. 小米淘洗干净，与适量水一同放入锅中煮成粥。

2. 鲢鱼整条处理干净备用。

3. 待锅中水沸时，将整条鱼及丝瓜仁放入锅中再煮，约15分钟即可。

养生指南 鲢鱼具有温中益气、暖胃补气、利水止咳、滋润肌肤的功效，适用于脾胃虚弱、水肿、咳嗽、气喘等症，尤其适合胃痛、腹水、产后缺乳的女性及咳嗽患者食用。丝瓜仁则能通经络、行血、下乳汁、改善大小便下血和月经过多等。小米能补益中气，是产妇的理想食物。三者搭配煮制的粥膳具有通经下乳的功效，可改善产后少乳。

竹菇粥

【材料】竹菇15克，大米半杯，生姜适量

【做法】1. 将竹菇洗净，放入砂锅内，加水煎汁，去渣。

2. 生姜去外皮，用清水洗净，切成细丝。

3. 大米淘洗干净，直接放入洗净的锅内，加适量清水，置于火上，大火煮沸。

4. 将生姜丝加入粥锅中，粥将熟时，加入竹菇汁，再次煮沸即成。

养生指南 竹菇，味甘、咸，性寒，无毒，可行血、化淤。中医认为，生姜能改善伤寒、头痛、鼻塞、咳嗽气逆等，止呕吐，祛痰降气。二者与大米搭配煮粥，可行血、化淤、止呕，特别适合怀孕初期的女性食用，同时也适用于肺热咳嗽等症。此粥黏稠清香，是孕期的理想食物。

阿胶鸡蛋粥

【材料】鸡蛋2个，阿胶30克，糯米半杯

【调料】熟猪油、盐各适量

【做法】1.将鸡蛋打入碗内，打散；糯米淘洗干净，用清水浸泡1小时；阿胶用黄酒浸泡24小时，充分发开。

2.锅内放入清水，烧开后加入糯米和阿胶，待水再沸，改用小火熬煮至粥成，淋入鸡蛋，待两三沸后再加入几滴猪油、盐，搅匀即成。

养生指南 中医认为，阿胶具有很好的滋肾补血功能，可辅助治疗虚劳消瘦、痰中带血及女性月经不调、产后血虚、崩漏带下等，特别适合女性食用，尤其是怀孕期间的女性。阿胶与鸡蛋、糯米合用煮制的粥膳具有养血安胎的功效，适用于妊娠胎动不安、小腹坠痛、胎漏下血、先兆流产等，是孕妇安胎保健佳品。

[贴心提醒] 此粥应间断服用，连续服用易致胸满气闷，脾胃虚弱及阳气不足者不宜食用。

花生猪蹄小米粥

【材料】猪蹄2个，花生、小米各半杯，香菇15克

【做法】1.猪蹄处理干净后与适量水一同放入锅中，煮至软烂，去蹄取汁。

2.小米淘洗干净，与花生、猪蹄汁一同放入锅中，粥成后放入香菇稍约5分钟即可。

养生指南 猪蹄含有蛋白质、脂肪、碳水化合物、钙、磷、铁、维生素A、B族维生素、维生素C和丰富的胶原蛋白等营养成分，具有补血、养颜、通乳的功效。猪蹄与花生、小米等搭配制作的粥膳，其营养价值与药用功效更佳。这道花生猪蹄小米粥可助养血下乳，能改善产后缺乳。

莲子紫米粥

【材料】莲子1杯，紫米2杯，米豆1杯

【调料】红糖半杯

【做法】1.紫米淘洗干净，与适量水一同放入锅中，以大火煮开。

2.莲子、米豆洗净，沥干后加入粥中，待水沸后转小火煮至米粒软透，加红糖续煮2分钟，边煮边搅拌，熄火后再焖5分钟即成。

养生指南 莲子能提供热量和多种营养素，滋补效果佳，能帮助快速恢复气力，增益体能，可作为分娩之后的初产妇坐月子调理的滋补品。紫米营养价值高，能改善便秘、强壮骨骼。二者与米豆一起煮粥，可强健身体，补益中气。

[贴心提醒] 紫米不易消化，肠胃虚弱、消化功能差的人不可多吃此粥。

乌鸡糯米粥

【材料】乌鸡腿1个，糯米3大匙，葱丝适量

【调料】盐适量

【做法】1.乌鸡腿洗净、切块，放入沸水锅中汆烫，捞出，洗净，沥水。

2.将乌鸡腿放入汤锅中，加适量水，以大火煮熟后，转小火炖煮20分钟，放入糯米同煮，再次煮沸后，转小火煮至糯米软烂。

3.加入葱丝、盐，盖上锅盖焖一下即可。

养生指南 现代营养学认为，乌鸡肉质鲜美，皮薄肉嫩，含有多种营养成分，蛋白质含量高，氨基酸种类齐全，还富含维生素与微量元素，胆固醇含量特别低，是孕妇理想的营养补品。糯米含有蛋白质、脂肪、碳水化合物、钙、磷、铁及B族维生素等物质，有补虚、补血、暖脾胃的功效，对脾胃虚寒引起的恶心、食欲不振及气虚引起的气短无力、妊娠腹部坠胀等症均有辅助疗效。这道乌鸡糯米粥有补气养血、安胎止痛的功效，可改善气血虚弱所致的胎动。

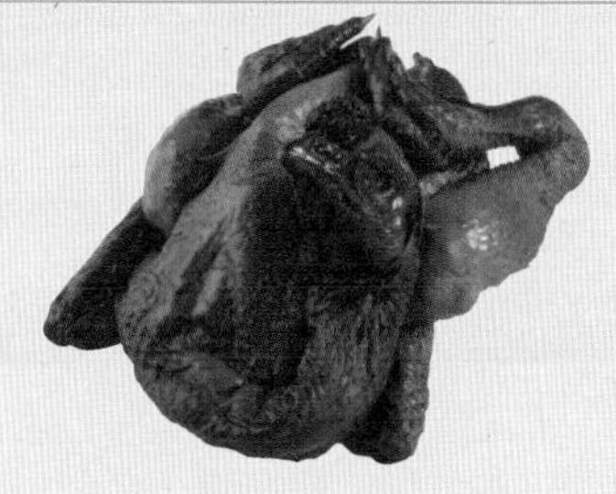

中老年人粥膳养生

ZHONGLAONIANRENZHOUSHANYANGSHENG

中老年人的体质特征

中老年人的体质渐衰，脏腑功能、气血生化等均有不同程度的变化。按照传统中医的观点，肾为人体先天之本，主骨生髓，主发育与生殖，因此补益肾精有助于延缓衰老，从而达到健康、长寿的目的。

中老年人可以根据自己的身体状况，选择合适的养生粥膳，以增强对疾病的抵抗能力，延缓衰老，延年益寿。

易患病症与不适

中老年人由于肝血和肾精亏损，阴阳失衡，其病理特点为：肝肾亏损、脑髓失养、气血失调、经脉淤阻。因此，中老年人常易患以下病症：冠心病、高血压、动脉硬化、肥胖症、糖尿病、慢性支气管炎、肩关节炎、慢性腰腿痛、中老年性关节炎、便秘、白内障、骨质疏松、脑血管疾病等。

推荐食材

制作中老年人粥膳常用的食物与药材包括：茯苓、玉竹、黄芪、菠菜、韭菜、豆制品、芦笋、芝麻、畜肉、禽类、鱼、虾、牛奶、水果、稻米、小麦、玉米、小米、高粱、荞麦、绿豆等。

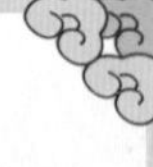

中老年人养生，关键在于预防。中医认为，中老年人养生应保持阴阳气血充盛不衰，并互相协调才能益于健康长寿，一旦阴阳气血的平衡关系出现偏盛或偏衰，就会对身体有害。无论是治病还是养生，都以求得阴阳的相对平衡协调为目标，增强免疫功能是保持阴阳平衡的根本。下面的一些习惯有益于中老年人的养生。

◆少吃肥肉、多吃鱼和含植物蛋白质和多种维生素的食物。

◆多吃绿色食物，多吃粗粮，适量食用大蒜，注意饮食的合理搭配。

◆少吃盐，少喝咖啡，控制酒量，戒烟。

◆养成规律的生活起居习惯，坚持少食多餐的原则。

养生粥膳 >>

麦薏米白果粥

【材料】燕麦半杯，薏米半杯，白果1大匙，豆浆适量

【做法】1.燕麦、薏米分别洗净，用清水浸泡约1小时，备用。

2.锅内放入豆浆、燕麦和薏米，用大火煮开。

3.再改用小火，加入白果慢慢炖煮至粥稠、白果熟软即可。

养生指南 白果又名银杏，生吃会中毒，熟食可改善尿频及气喘，增强元气。豆浆所含的异黄酮为抗氧化物，能清除人体内的自由基，有效预防动脉硬化。薏米有健脾、去湿、利尿的功效，可增强肾上腺皮脂功能，提升白细胞和血小板量。这道燕麦薏米白果粥十分适合中老年人食用，对中老年人的身体健康很有益处。

枝桂圆双米粥

【材料】糙米半杯，糯米3大匙，荔枝肉、桂圆肉各适量

【调料】白糖适量

【做法】1.糯米淘洗干净，用清水浸泡1小时；糙米淘洗干净，用清水浸泡2小时；荔枝肉、桂圆肉洗净备用。

2.糙米、糯米放入锅中加适量水煮开，加荔枝、桂圆、少许白糖，再煮开，改小火煮40分钟即成。

养生指南 荔枝具有补脑健身、强心健肺等功效，十分适合心脏及肺衰弱的中老年人食用。桂圆有壮阳益气、补益心脾、养血安神、润肤美容等多种功效，可改善贫血、心悸、失眠、健忘、神经衰弱及病后身体虚弱等。糙米能平衡血糖，促进肠胃蠕动，对中老年人的健康较有益。常吃这道荔枝桂圆双米粥，有助于中老年人的身体健康，还能润泽皮肤、延缓衰老。

奶蜜枣粥

【材料】粳米半杯，牛奶2杯，蜜枣15个

【调料】蜂蜜2大匙，淀粉1大匙

【做法】1.粳米淘洗干净，用清水浸泡30分钟；蜜枣洗净，去核，备用；淀粉用清水调成糊。

2.牛奶倒入砂锅，大火煮沸。

3.牛奶中放入粳米、蜜枣和淀粉糊，边煮边拌，煮成粥后加入蜂蜜拌匀即可。

养生指南 蜜枣是红枣制成的果脯，包含了红枣的营养与功效。红枣所含的芦丁，可软化血管、降低血压，还能在一定程度上预防高血压病。红枣则能促进白细胞的生成，降低血清胆固醇的含量，提高血清白蛋白，保护肝脏。红枣还能提高人体免疫力。牛奶富含钙质，能补充人体钙质。这道牛奶蜜枣粥对中老年人的身体健康很有好处，对中老年人骨质疏松及贫血等有一定的食疗作用。

豉油条粥

【材料】A：大米半杯，姜末少许

B：油条1根，小西红柿、胡萝卜、花生、豆豉各适量

【调料】高汤2碗，盐1小匙

【做法】1.油条切丝；小西红柿洗净，一切两半；胡萝卜洗净切条，放入沸水锅中汆烫，备用。

2.大米淘洗干净，加水熬成稠粥。

3.另起锅，放入高汤，下入姜末，上大火煮沸，再下入稠粥、材料B及盐，搅拌均匀，见粥煮滚，出锅装碗即可。

豆豉油条粥

养生指南 豆豉有解毒、除烦、宣郁的功效，对骨质疏松症、高血压、糖尿病等老年人多发病有较好的食疗作用。胡萝卜所含的营养成分能抵抗心脏病、中风、高血压及动脉粥样硬化等老年人常患病症。西红柿有减血压、保护心血管、延缓衰老等功效。这道豆豉油条粥可在一定程度上预防高血压、糖尿病、骨质疏松等老年人多发病，还能有效清除人体内的自由基，在一定程度上起到延缓机体衰老的作用。

体力劳动者粥膳养生

TILILAODONGZHEZHOUSHANYANGSHENG

体力劳动者的体质特征

体力劳动者身体的活动较多，肌肉、骨骼活动频繁，身体代谢旺盛，能量的消耗也较多。有些体力劳动者工作的环境较恶劣，如处在高温、高湿、粉尘的环境中，对身体危害均较大，有时还会接触有毒物质，严重威胁健康。不同工种的劳动者在进行生产劳动时，身体需保持一定体位，采取某个固定姿势或重复单一的动作，局部筋骨肌肉长时间处于紧张状态，负担沉重，久而久之可引起劳损。通过适当的饮食调理，可以改善这些因素对身体的损害。

易患病症与不适

体力劳动者由于具体工作内容及劳动强度各有差异，因此，易患的病症也有所不同。如：弯腰多可能造成腰肌劳损；站多了会下肢静脉曲张；久坐可能引起消化不良。另外，重体力劳动者易患骨质增生，主要表现为：受累关节疼痛、肿胀、积液、僵硬及活动障碍。

推荐食材

适合体力劳动者养生的食材有：各种水果和蔬菜、母鸡、兔肉、当归、黄芪、牛肉、紫菜、人参、狗肉等。

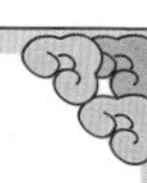

专家建议

体力劳动者的保健养生应注意不断改善工作条件和环境，注意劳逸结合。对于某些职业损害，应根据不同工种，因人因地制宜，采用相应的方法进行积极防护，设法将危害降到最低，防止患职业病。在饮食调理上，可多食用具有益气补血、生津止渴、强健筋骨、消除疲劳功效的粥膳。平时还应注意以下几点。

◆注意饮食的搭配及营养的均衡。饮食忌单一，要多样化，以免造成营养失调。

◆饮食中要注意热量和水分的补充。

◆在有毒环境中工作的人应注意增加蛋白质的摄入，因为蛋白质不但能满足人的身体需要，还能增强人体对各种毒物的抵抗力，如工作中接触汞等有害物质。同时，还要注意维生素的补充，尤其是水溶性维生素。由于体力劳动者出汗较多，水溶性维生素会随汗液流失，如果不及时补充就会出现维生素缺乏症状，引发疾病。

什锦滋味粥

【材料】大米1碗，腰果、栗子肉、去心白果各1大匙，圆白菜粒、冬菇粒、胡萝卜粒各少许，姜丝适量

【调料】盐适量

【做法】1.大米淘洗干净，用水浸透，沥干，以少许油、盐拌匀。

2.煮滚水后，放入大米、腰果、栗子、白果，煮滚后再煲10分钟，之后改小火再煲1小时。

3.粥煲至软烂时，放入圆白菜粒、冬菇粒、胡萝卜粒和姜丝调味，再煲5分钟即可。

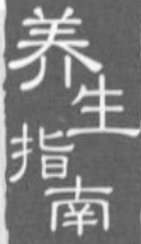

养生指南 腰果具有强身健体、提高机体抗病能力的作用，常食可恢复体力。栗子能增进食欲，具有补肾、强壮筋骨的功效，非常适合体力劳动者食用。白果具有益脾气、定喘咳、缩小便的功效。这道什锦滋味粥由多种材料制成，营养丰富而全面，是体力劳动后恢复体力、强健筋骨的理想粥膳。

排骨糙米粥

【材料】虾皮1大匙，排骨300克，糙米2杯，葱1根

【调料】盐适量

【做法】1.糙米用清水浸透2小时后淘洗干净，加适量水熬煮成粥。

2.排骨入沸水中汆烫，捞起，备用；虾皮择净杂质，冲净；葱洗净，切葱花。

3.将排骨放入锅中，再加入虾皮，粥锅以大火煮沸，再转小火煮至米粒软透、排骨熟烂，加盐调味，最后撒入葱花即可。

养生指南 排骨富含蛋白质、脂肪、维生素、铁、钙等营养素，能增强骨髓造血功能，从而起到强身健体、延缓衰老的作用。虾皮的营养丰富，常食可提高食欲。糙米富含碳水化合物、B族维生素、维生素E等营养成分，可为身体提供能量，还可提高人体免疫力，促进血液循环。这道排骨糙米粥，可强健身体，为人体提供充足的热量。

瘦肉玉米粥

【材料】玉米粒1杯，猪瘦肉100克，鸡蛋1个，葱花少许

【调料】A：淀粉1小匙，料酒少许
B：盐1小匙

【做法】1.玉米粒淘洗干净，用清水浸泡6小时；猪肉洗净，切片，加入调料A腌渍15分钟；鸡蛋打入碗中，搅拌均匀，备用。

2.玉米粒捞出，沥干水分，下入锅中，加适量清水，大火烧沸，转小火，盖2/3锅盖，慢煮约1小时。

3.将腌渍好的肉片下入玉米粥内，煮5分钟，再淋入蛋液，加入调料B，调好口味，撒上葱花即可。

养生指南 玉米含有多种营养成分，如亚油酸、卵磷脂、维生素E、维生素B_1、维生素B_2、维生素B_6等，是对人体十分有益的健康食品，常食玉米可增强人的体力和耐力。猪肉富含脂肪、蛋白质、碳水化合物、维生素等营养成分，能很好地满足人体所需的营养与能量。因此，这道瘦肉玉米粥能较好地补充体力。

火腿双米粥

【材料】大米半杯，火腿小块（50克），罐装玉米半杯，鸡蛋1个，葱半根

【做法】1.大米淘洗干净，用清水浸泡30分钟；火腿切成粒状；鸡蛋打入碗中搅匀成蛋汁；葱洗净，切末。

2.大米加水，用大火烧开后改小火慢熬成粥。

3.粥内淋入蛋汁，加入玉米粒和火腿粒拌匀，最后撒上葱末即可。

养生指南 火腿、玉米、鸡蛋均是补充营养的理想食物，含有较多热量，是体力劳动者的首选之品。这道火腿双米粥含有蛋白质、脂肪、碳水化合物、多种维生素、矿物质及多种氨基酸等成分，能保证人体的营养均衡，维持人体器官功能的正常运转，还能提供人体所需的能量，适合体力劳动后恢复体力之用。

脑力劳动者粥膳养生

NAOLILAODONGZHEZHOUSHANYANGSHENG

脑力劳动者的体质特征

脑力劳动者用脑频繁、精神思维活跃。大脑长期处于紧张状态，就会增加脑血管的紧张度，常出现脑供血不足，从而产生头晕头痛的症状。由于脑力劳动者经常昼夜伏案，久而久之，还易产生神经衰弱症候群。另外，由于脑力劳动者长期承受单一姿势的静力性劳动，因此常使肌肉处于持续紧张的状态，易致气血凝滞，可诱发多种疾病。

我国古代著名医学家孙思邈认为：不宜多思、多念。因为多思则神殆，多念则志散。因此，做事要讲求适可而止，避免过度用脑。科学用脑有益于身心健康，如果无节制地增加大脑的负担，超出了大脑的承受能力，大脑就会不适，甚至引发病症。

易患病症与不适

脑力劳动者如果用脑过度，往往会引起下列病症：神经衰弱、头晕耳鸣、心烦不适、睡眠不实、呼吸不畅、尿频、尿急、遗精、阳痿、高血压、冠心病等。

推荐食材

脑力劳动者的养生粥膳常用的食物和药材包括：核桃、芝麻、桂圆、荔枝、桃仁、松子、木耳、黄花菜、香菇、猪脑、猪心、蜂蜜、黄豆、水产鱼类、黄鳝、天麻、川芎等。

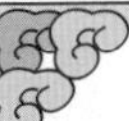

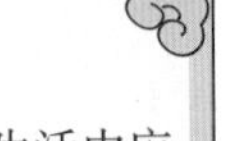

专家建议

◆脑力劳动者的保健应遵循健脑强骨、动静结合、协调身心的原则，在日常生活中应加强体育锻炼，以改善血液循环状况、维持内脏的正常功能。

◆注意合理膳食，保证营养的均衡，多吃蔬菜和水果，少吃含糖和脂肪的食物，以免导致身体肥胖，引发其他疾病。

◆长期过度用脑的人们，一定要注意给大脑补充营养，平时多吃健脑的食物，也可适当服用健脑的保健药物。

◆注意对肾脏的养护。中医认为，肾主骨生髓，肾脑相通。肾的功能正常，脑才能正常思考问题，反之则脑衰健忘。因此，平时应注意养护肾脏，养精蓄锐才能精气十足，才更有助于脑的健康。

养生粥膳 >>

核桃紫米粥

【材料】紫糯米半杯，核桃100克，葡萄干50粒

【调料】冰糖、蜂蜜各适量

【做法】1.紫糯米洗净，用清水浸泡3小时；核桃去壳，把核桃肉碾碎，去掉碎皮；葡萄干洗净。

2.锅置火上，加水与紫糯米以大火煮开，改小火熬煮至黏稠，加入葡萄干、冰糖续煮15分钟。

3.把熬好的粥晾一晾，撒入核桃肉碎，滴入蜂蜜拌匀即可。

养生指南

核桃的营养价值和药用功效都很高，含有蛋白质、磷脂、多种维生素及锌、铁、钙、磷等矿物质，有健胃、补血、润肺、养神、延年益寿的功效，对脑神经还有良好的保健作用，常吃核桃可以健脑。中医认为，葡萄干能滋肝肾、生津液，有补益气血、通利小便的作用。所谓“肾脑相通”，因此食用葡萄干也可起到健脑作用。这道核桃紫米粥可健脑、益气血，适合脑力消耗者食用。

桂圆金米栗子粥

【材料】小米半杯，玉米、桂圆各3大匙，栗子适量

【调料】红糖适量

【做法】1.小米、玉米淘洗干净，用清水浸泡30分钟。

2.桂圆、栗子去壳，取肉。

3.做法1中的材料与做法2中的材料一同入锅，加适量水，大火烧开后转用小火熬煮成粥，调入红糖即成。

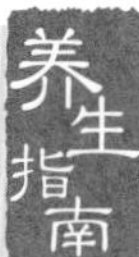

养生指南

我国民间有句俗话：“腰酸腿软缺肾气，栗子稀饭赛补剂。”可见，栗子是壮腰补肾的理想食物。中医认为，肾脑相通。只有肾功能正常，脑的功能才能正常运转。因此，脑力劳动者平时应多吃些栗子，以护肾养脑。桂圆也是常用的补脑食品，与栗子、小米、玉米一同煮粥，其补脑效果更加显著。

鱼丝紫菜粥

【材料】大米半杯，鱼肉丝5大匙，紫菜1片，葱花适量

【调料】A：高汤2碗

B：胡椒粉、盐各适量，香油少许

【做法】1.大米淘洗干净，用清水浸泡30分钟；紫菜剪成细条；鱼肉丝放入炒锅中，不另加任何油料，用小火在锅中干炒至生香。

2.锅置火上，大米放入锅中，加入清水，以大火煮沸后，加入高汤，转中火熬煮30分钟。

3.粥中加入紫菜、葱花和调料B，搅拌均匀，再将鱼肉丝放在粥上面即可。

养生指南 鱼肉含有多种有益于大脑健康的营养物质，如蛋白质、卵磷脂、DHA、ARA等，常食鱼肉可增强记忆力。紫菜含有较丰富的胆碱成分，常食紫菜对记忆力衰退有一定的改善作用。鱼肉、紫菜与大米一同煮粥，具有较好的健脑作用，神经衰弱、记忆力减退及脑力劳动者可经常食用此粥。

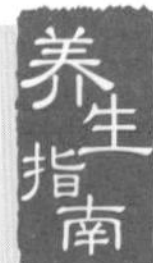

核桃松子糯米粥

【材料】紫糯米半碗，松子3大匙，核桃2大匙，天麻10克

【做法】1.紫糯米淘洗干净，用清水浸泡1小时；松子、核桃洗净。

2.锅内放入紫糯米及水，大火煮开后改小火，煮至米粒黏稠。

3.粥中加入松子、核桃及天麻，再煮约15分钟即可。

养生指南 松子、核桃都是很好的健脑食品。松子富含磷、锰等营养物质，对大脑和神经有较好的补益作用，是学生和脑力劳动者的健脑佳品，对老年痴呆症也有一定的预防作用。这道核桃松子糯米粥有健脑、补脑、改善记忆力的良好功效。

第六章

常见疾病与身体保健的粥膳养生

粥膳养生更多地具有保健层面的意义，而在疾病调养方面的作用往往是辅助的，是带有预防性的。对于患者而言，更重要的是养成一种科学的饮食习惯，选择一种有益于健康的养生方式。

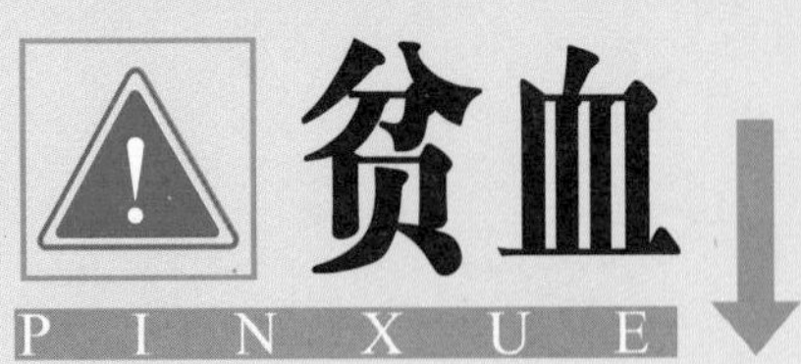

致病机理

贫血是指血液中红血球的数量或红血球中血红蛋白的含量不足。造成贫血的原因很多，根据致病原因不同，贫血可分为缺铁性贫血、再生障碍性贫血、失血性贫血、溶血性贫血等。

在人体中，骨髓是负责制造红血球的组织，红血球的生命周期只有120天，无论是制造量减少、失血量多或是存活不足120天就被破坏，均会引起贫血。

在我国，女性、儿童比较容易贫血，而孕妇则是缺铁性贫血的高发人群。造血营养素摄取不足，如铁、叶酸或维生素B_{12}等缺乏，会引起缺铁性贫血或巨幼细胞性贫血，常见于素食或肉类消化力不强者、胃部切除者、中老年人及减肥不当者。血液流失多或红血球的破坏增加者，也易产生缺铁性贫血，常见于经常献血、肠胃道出血、创伤或大手术后出血、长期流鼻血、生理期流血过多或生产出血过多。

为了避免贫血，必须在饮食上多加留意，可经常食用具有补血类的粥膳加以调养。

轻度贫血基本没有任何明显症状，中度以上贫血则会出现不同程度的脸色苍白或萎黄、头晕无力、眼冒金星、眼睑及嘴唇淡白、指甲变形或易断、皮肤干燥、食欲不佳及烦躁不安等症状。

推荐食材

贫血者可用下列食材制作粥膳：红枣、菠菜、白果、黄芪、人参、当归、枸杞子、鲫鱼、橘子、猕猴桃、杏、桃、木耳等。

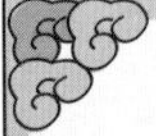

有贫血症状者要注意以下养生要点。

◆中医认为，肾是藏血的器官，慢性肾脏疾病易引起造血障碍，导致贫血，因此平时要注意养护肾脏。

◆补充维生素C、叶绿素等物质，有利于人体对铁质的吸收，应多吃有色的新鲜蔬菜和水果。

◆肉类是铁最丰富的来源，也是血红素铁的主要来源。

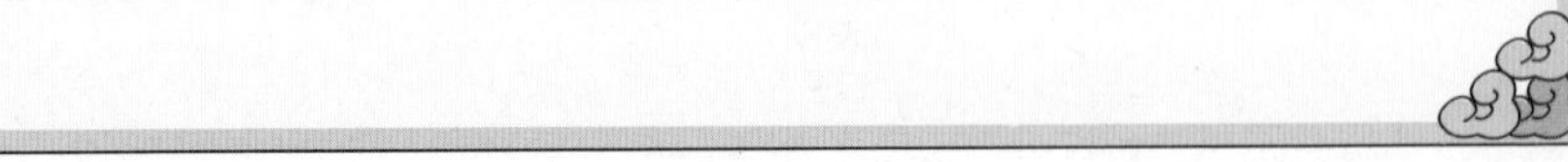

养生粥膳 >>

红枣莲子粥

【材料】糯米1杯，薏米3大匙，赤小豆2大匙，红枣20个，莲子1大匙，去皮山药适量，白扁豆、花生各1大匙

【调料】白糖适量

【做法】1.先将薏米、赤小豆、白扁豆加入适量水入锅内煮烂。

2.再入糯米、红枣、莲子、花生同煮。

3.最后将去皮的生山药切成小块，加入上述材料中煮，熟烂后，加白糖调味即可。

养生指南 这道红枣莲子粥含有蛋白质、碳水化合物、铁、多种维生素及矿物质等营养成分，对于各种贫血均有很好的食疗作用。现代医学研究表明，维生素C能帮助消化植物食品中的非血红素铁，而红枣中含有较丰富的维生素C，对缺铁性贫血有一定的食疗作用。这道红枣莲子粥是养血佳品，贫血患者不妨常吃，贫血孕妇食用效果更佳。建议每日早晚食用此粥。

[贴心提醒] 可以根据自己的口味加盐来代替白糖调味，但白糖和盐都应少量食用。

猪肝菠菜粥

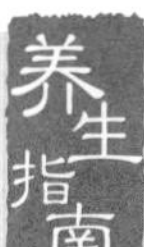

【材料】猪肝200克，波菜1棵，大米2杯

【调料】盐2小匙

【做法】1.大米淘洗干净，加适量水以大火煮沸，煮沸后转小火煮至米粒熟软。

2.猪肝洗净，切成薄片；菠菜去根和茎，留叶，洗净，切成小段。

3.将猪肝片加入粥中煮熟，下菠菜煮沸，加盐调味即成。

养生指南 猪肝含有丰富的铁、磷，是造血不可缺少的原料。中医认为，猪肝具有补肝明目、养血的功效。猪肝适宜气血虚弱、面色萎黄及缺铁性贫血者食用，同时也适宜肝血不足所致的视物模糊不清、夜盲、眼干燥症等眼病患者食用。菠菜具有补血止血、利五脏、通血脉、止渴润肠、滋阴平肝、助消化等功效，也是预防贫血的理想食物。这道猪肝菠菜粥具有较好的养血功效，还可减轻头晕目眩、改善月经失调等症状。

[贴心提醒] 猪肝是猪体内最大的毒物转接站与解毒器官，在烹调前，应将猪肝以盐水反复浸泡，以除去存留的有毒物质。

羊骨红枣糯米粥

【材料】羊胫骨1根，糯米半杯，红枣10个

【调料】红糖少许

【做法】1.将羊胫骨砸碎，以水煮，去渣取汤。

2.糯米、红枣均洗净，二者与羊骨汤一同放入锅中煮粥。

3.待熟后，加少许红糖调服即可。

养生指南 中医认为，羊胫骨具有补肾、强筋骨的作用，可用于血小板减少引发的疾病、再生不良性贫血、筋骨疼痛、腰软乏力、久泻、久痢等病症的食疗。红枣、糯米均是补血养血的理想食物，能补虚、补血。这道羊骨红枣糯米粥能养肾、益气、养血，同时也适用于气血不足、面色萎黄、乏力倦怠等症。建议空腹服用此粥。

阿胶糯米粥

【材料】糯米半杯，阿胶50克

【调料】红糖适量

【做法】1.糯米淘洗干净，用清水浸泡约2小时；阿胶擦洗干净，捣碎。

2.锅内放入适量清水、糯米，先用大火煮沸后，再改用小火熬煮成粥。

3.下阿胶拌匀煮沸，再用红糖调味即可。

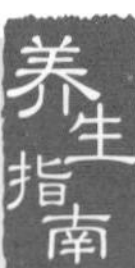

阿胶由驴皮熬制而成，是上好的补血材料。中医认为，阿胶具有滋阴养血、补肺润燥、止血安胎的功效，对于阴虚心烦、失眠、虚劳咳嗽、肺痈吐脓、吐血、鼻出血、便血、崩漏带下、胎动不安等症均有较好的疗效。红糖是温补佳品，具有益气养血、健脾暖胃、驱风散寒、活血化淤的功效，尤其适宜经期的女性服用，可使身体温暖，增加能量，活络气血，加快血液循环。用阿胶、糯米、红糖一起煮制的粥膳，其养血功效极佳，十分适合贫血患者食用，经期的女性也可常食。

[贴心提醒]脾胃虚寒、呕吐及泄泻者慎食此粥。

高血压

GAOXUEYA

致病机理

高血压是以动脉血压升高为主要表现的疾病，多见于中老年人。高血压多因精神刺激、情绪波动，使高级神经机能活动紊乱，各器官缺血，尤其是肾脏缺血引起机体内一系列变化而致。它具有患病率高、致残率高、死亡率高和自我知晓率低、合理用药率低、有效控制率低的特点。

高血压通常有两种类型：一类是原发性高血压，又叫高血压病，致病原因不明，占90%以上，目前尚难根治，但基本能被控制；另一类是继发性高血压，血压升高有明确的病因，这种类型占5%～10%，可能是由肾脏疾病、内分泌疾病、血管的疾病和其他原因所致。

症状表现

早期：●头痛、头晕。●耳鸣。●健忘。●失眠。●乏力。●心悸。

中晚期：●心悸。●气短。●乏力。●多尿、夜尿增多。●头痛、头晕。●眼花。●肢体麻木。●暂时性失语。●瘫痪。

推荐食材

适合高血压病人食用的粥膳在制作时可使用以下食材：草鱼、冬瓜、苦瓜、萝卜、白菜、芹菜、山药、燕麦、枸杞子、山楂、花生、核桃、苹果、西瓜、梨、葡萄、海带、脱脂牛奶等。

专家建议

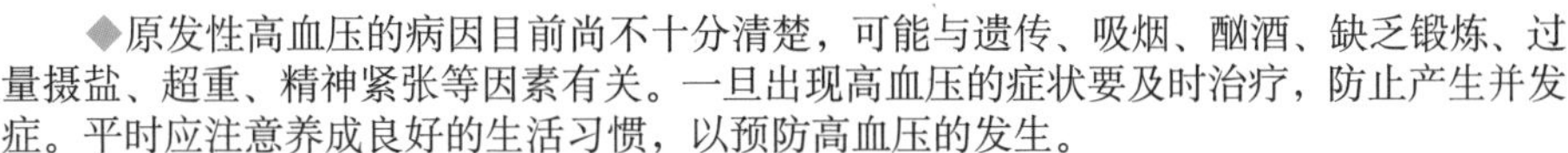

◆原发性高血压的病因目前尚不十分清楚，可能与遗传、吸烟、酗酒、缺乏锻炼、过量摄盐、超重、精神紧张等因素有关。一旦出现高血压的症状要及时治疗，防止产生并发症。平时应注意养成良好的生活习惯，以预防高血压的发生。

◆中医认为，高血压包括肝阳上亢型、肾虚肝亢型、痰浊内阻型三种类型。肝阳上亢型高血压平时火气偏大、急躁易怒，中医认为，肝主怒，怒则伤肝，饮食调养应以清热除烦为主；肾虚肝亢型高血压多为肾阴虚肝阳上亢所致，中医认为，肝肾同源，肝阳需要肾阴的制约，才不会过亢，饮食调养应以滋阴平肝为主；痰浊内阻型高血压与平时过食肥甘厚味食物有关，饮食调养应以平肝息风、燥湿化痰为主。

养生粥膳 >>

桂圆甜荞粥

【材料】荞麦半杯，桂圆肉4大匙

【调料】红糖适量

【做法】1.荞麦淘洗干净，放入清水中浸泡3小时。

2.将泡好的荞麦与适量水一同放入锅中煮开，再改小火煮20分钟。

3.桂圆肉、红糖加入粥中，煮约5分钟，搅匀，离火后再闷盖10分钟即可。

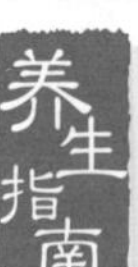

养生指南 荞麦含有多种人体所需的营养成分，还含有其他谷类粮食所不具有的维生素P（又叫芦丁）和维生素C，营养价值较高。此外，还具有较好的降血压、降血糖、降血脂作用。这道桂圆甜荞粥可在一定程度上预防高血压及心血管疾病，高血压患者经常食用也可取得降压的效果。

[贴心提醒] 桂圆有补血作用，因此，贫血、体虚的人也可常食此粥。荞麦易造成消化不良，因此，不宜过量食用。此外，肿瘤患者应忌吃荞麦，以免加重病情。

海带瘦肉粥

【材料】干海带适量，猪瘦肉150克，大米半杯，葱花适量

【调料】盐适量

【做法】1.干海带用温水泡发开，择洗干净，切丝；猪肉洗净，切细丝；备用。

2.大米淘洗干净，放入锅中，加适量清水，浸泡5～10分钟后，用小火煮粥，待粥沸后，放入海带丝、猪肉丝，煮至粥熟。

3.根据个人口味，放入盐及葱花调味即可。

海带瘦肉粥

养生指南 海带能改善血栓和因血液黏性增大而引起的血压上升，对高血压病人十分有益。经常食用海带对预防心血管疾病有一定作用。此外，海带还有消炎退热、降压的功效，因此气管炎病人也可常食海带。

皮蛋紫菜粥

【材料】紫菜适量，皮蛋1个，粳米半杯，葱花适量

【调料】盐适量

【做法】1.紫菜洗净，撕成小块；皮蛋剥好，备用。

2.粳米淘洗干净，放入锅中，加清水，用大火煮开后转小火。

3.待粥熬煮软烂时，将皮蛋用手掰成同紫菜大小的块，和盐、葱花、紫菜一起放入锅中，稍煮片刻，即可食用。

养生指南 紫菜有“营养宝库”的美称，它营养丰富，其蛋白质含量超过海带，并含有较多的胡萝卜素和维生素B2。中医认为，紫菜具有化痰软坚、清热利水、补肾养心的功效。现代医学认为，紫菜对改善甲状腺肿、水肿、慢性支气管炎、咳嗽、脚气、高血压等病症具有一定作用。这道皮蛋紫菜粥不但能降低血压，还能为身体补充营养，高血压病人可常食。

芹菜山楂粥

养生指南 芹菜是上好的降压食品，中医认为芹，菜具有清热除烦、平肝、利水消肿、凉血止血等功效。芹菜对于高血压、头痛、头晕、暴热烦渴等病症有较好的食疗作用。现代医学认为，芹菜是缓解高血压病及其并发症的首选之品，对于血管硬化、神经衰弱等症亦有辅助食疗作用。芹菜含酸性的降压成分，有明显的降压作用。山楂中含有黄酮类物质等药物成分，具有显著降压作用，可调节血脂及降低胆固醇含量。这道芹菜山楂粥有很好的降压功效，高血压患者可常食。

【材料】芹菜100克，山楂1大匙，大米半杯

【做法】1.芹菜去叶，洗净，切成小丁；山楂洗净，切片，备用。

2.大米淘洗干净，与适量水一同放入锅中，煮开后转成小火熬至软烂。

3.放入芹菜丁、山楂，再略煮10分钟左右即可。

莲子百合荞麦粥

【材料】荞麦半杯，百合3大匙，鸡蛋1个，草菇5朵，香菇3朵，莲子1大匙，枸杞子、芹菜末各适量

【调料】高汤、醪糟、酱油、盐各适量

【做法】1.莲子洗净，去心，用清水浸泡2小时；香菇洗净，切丝；枸杞子洗净备用。

2.荞麦洗净，开水煮20分钟，沥干；百合、草菇洗净，放入开水锅中略煮。

3.将做法2中的材料与开水、莲子、香菇一同入锅，煮开后放盐、酱油，再煮开，打入鸡蛋，加高汤、醪糟，放枸杞子，稍煮拌匀即可。食用时可撒少许芹菜末。

养生指南 荞麦、香菇等均是很好的降压食物。荞麦富含蛋白质、氨基酸、脂肪、维生素B_1、维生素B_2、维生素E及芦丁等营养成分，具有很好的降血压功效。香菇的营养价值很高，具有降压、降胆固醇、降血脂的作用，同时还能预防动脉硬化、肝硬化等疾病。这道莲子百合荞麦粥是理想的降压食品，十分适合高血压病人食用。

决明子菊花粥

【材料】炒决明子12克，白菊花9克，粳米半杯

【调料】冰糖少许

【做法】1.决明子、白菊花共煎汤，去渣取汁。

2.粳米淘洗干净，与做法1中的药汁一同煮粥，将熟时加少许冰糖即可。

养生指南 决明子有降低血清胆固醇与降血压的功效，同时可缓解血管硬化及高血压。白菊花也有较好的降压作用。这道决明子菊花粥具有清肝降火、平肝潜阳的功效，适用于肝火上炎、目赤肿痛、头晕、头痛、高血压病、高脂血症及便秘等症的食疗。

决明子菊花粥

致病机理

低血压是指血压经常在90/60毫米汞柱以下，同时伴有头晕、乏力、眼前发黑等自觉症状。血压的正常变化范围较大，会随年龄、性别、体质及环境因素等不同而异，偶然的低血压症状无需过于紧张。

低血压分生理性和病理性两种。生理性低血压随条件改善可完全恢复正常；病理性低血压常见于一些慢性消耗性疾病及营养不良等。

低血压常见于女性、贫血或失血过多者、中老年人、缺乏运动者、长期卧床者及部分脊髓疾病患者等。

症状表现

●头部眩晕。●全身无力。●神智异常。●视力不佳。

推荐食材

能改善低血压的养生粥膳可选择以下材料来制作：桂圆、红枣、核桃、鱼、虾、贝类、黄豆、豆腐、红糖、新鲜蔬菜（具有降压作用的除外）、葡萄、动物脑、蛋类、奶油、牛奶、猪骨、猪肝、瘦肉等。

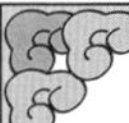

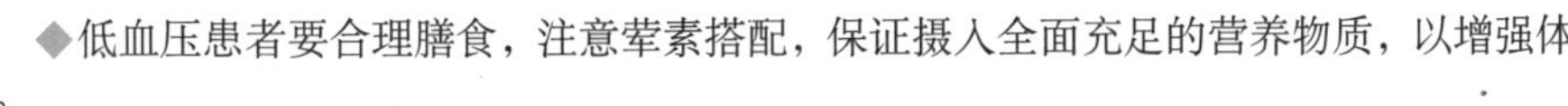

◆低血压患者要合理膳食，注意荤素搭配，保证摄入全面充足的营养物质，以增强体质。

◆低血压如伴有红细胞计数过低、血红蛋白不足的贫血症，宜适当多吃富含蛋白质、铁、铜、叶酸、维生素 B_{12}、维生素C等有利于造血的食物。中医认为，血液的生成与心、肝、脾、肾有关，因此，贫血时也要注意心、肝、脾、肾的调养。

◆低血压患者可适当选择一些高钠、高胆固醇饮食，以利于提高血胆固醇浓度，增加动脉紧张度，使血压上升。

◆生姜含挥发油，可刺激胃液分泌，兴奋肠管，促进消化并可使血压升高，低血压患者不妨常吃。

◆有降低血压作用的食物不宜多吃，如芹菜、冬瓜、山楂、赤小豆等。

苁蓉羊肉粥

【材料】肉苁蓉15克，精羊肉100克，粳米半杯，姜、葱各适量

【调料】盐适量

【做法】1.分别将肉苁蓉、精羊肉洗净、切细，备用。

2.肉苁蓉放入砂锅中煎汤，去渣取汁。

3.羊肉、粳米与适量水一同放入锅中煮粥，待沸后加入盐、姜、葱、肉苁蓉汁，煮成稀粥。

羊肉的脂肪、胆固醇含量较猪肉和牛肉都要少，具有进补和防寒的双重功效。常吃羊肉可益气补虚，促进血液循环，增强御寒能力。羊肉还可增加消化酶，保护胃壁，帮助消化。中医认为，羊肉还有补肾壮阳的作用，因此低血压患者可常食羊肉以提升阳气。肉苁蓉具有补肾阳、益精血、润肠通便的功效，对低血压有一定的缓解作用。低血压患者可常食这道苁蓉羊肉粥。

[贴心提醒]如果不喜欢羊肉的膻味，可以在煮粥前将羊肉处理一下。锅中水烧开后放入羊肉和醋，比例为20:1，煮沸后捞出，再重新烹调。

鹿肉粳米粥

【材料】鹿肉100克，粳米半杯，香菜适量

【调料】黄酒适量

【做法】1.鹿肉洗净，切细；粳米淘洗干净；香菜洗净，切末。

2.鹿肉加黄酒放入锅中微煮。

3.将粳米与适量水加入锅中，与鹿肉一同煮粥，熟后撒上香菜末，盛出即可。

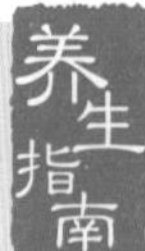

鹿肉含有较丰富的蛋白质、脂肪、矿物质、糖和维生素，易于人体消化吸收。中医认为，鹿肉有补脾益气、温肾壮阴的功效。因此，鹿肉具有极好的补益肾气的作用，十分适合低血压病人提升阳气之用。鹿肉也是很好的补益食品，对经常手脚冰凉的人也有很好的温补作用。这道鹿肉粳米粥能补气调血、提升阳气，同时对虚劳羸瘦、产后无乳等具有辅助食疗作用。建议空腹服用此粥。

心脏病

XINZANGBING

致病机理

心脏病是一种慢性病，是心脏疾病的总称，包括风湿性心脏病、先天性心脏病、高血压性心脏病、冠心病、心肌炎、心绞痛、心肌梗死等多种类型。

心脏病的高发人群包括：45 岁以上的男性、55 岁以上的女性、吸烟者、高血压患者、糖尿病患者、高胆固醇血症患者、有家族遗传病史者、肥胖者、缺乏运动或工作紧张者。

症状表现

●轻微活动或处于安静状态时，出现呼吸短促现象。●鼻子硬、鼻尖发肿、红鼻子。●皮肤呈深褐色或暗紫色、皮肤黏膜和肢端呈青紫色。●不同程度的耳鸣、耳垂皱褶。●左肩、左手臂内侧阵阵酸痛。●手指末端或趾端明显粗大，甲面凸起如鼓槌状。●中老年人下肢水肿、心悸、气喘。●头晕、虚弱或晕厥。●不规则心脏搏动反复发作，且持续时间较长。

推荐食材

有益于心脏病患者的食材包括：西兰花、胡萝卜、圆白菜、西瓜、苹果、荔枝、蒜、西红柿等。

专家建议

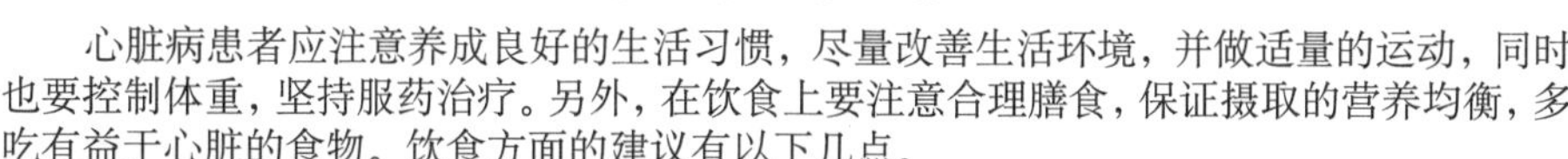

心脏病患者应注意养成良好的生活习惯，尽量改善生活环境，并做适量的运动，同时也要控制体重，坚持服药治疗。另外，在饮食上要注意合理膳食，保证摄取的营养均衡，多吃有益于心脏的食物。饮食方面的建议有以下几点。

◆控制饮食中脂肪与胆固醇的含量。每日胆固醇的摄入量不宜过高，脂肪的摄入量不超过总热量的30%。少吃含饱和脂肪酸和胆固醇高的食物，如肥肉、蛋黄、动物油、动物内脏等。

◆合理控制饮食中糖的含量。少吃或不吃蔗糖、葡萄糖等精糖类食品。

◆多食富含维生素 C 的食物，如水果、新鲜蔬菜、植物油等。

◆饮食要高钾低钠，可食用豆制品，常饮茶。

◆适当摄入含纤维素的食物（包括谷类淀粉）以保持大便通畅。

◆饮食要有规律，不可过饥或过饱。

胡萝卜豆腐粥

【材料】粳米1杯，胡萝卜2根，百页豆腐200克，芹菜、香菜各适量

【调料】盐少许

【做法】1.粳米淘洗干净，用清水浸泡，备用；胡萝卜去皮，切丁；百页豆腐切条；芹菜、香菜洗净，切末。

2.胡萝卜丁、粳米与水一起入锅，大火烧开，转小火熬煮成粥。

3.起锅前，加入豆腐续煮2分钟，再加入芹菜末与香菜末，加盐调味即可。

养生指南 胡萝卜中含蛋白质、碳水化合物、粗纤维、钙、磷、铁、维生素B_1、烟酸、抗坏血酸、挥发油、β－胡萝卜素等营养物质。胡萝卜不仅营养全面，也有很好的药用价值。它能提供人体所需的多种营养成分，而且对心脏病还具有辅助食疗的作用。中医认为，胡萝卜有健脾化湿、下气补中、利胸隔、安肠胃、防夜盲等功效。心脏病患者可经常食用这道胡萝卜豆腐粥。

什锦蔬菜粥

【材料】大米半杯，西兰花、洋菇、香菇、胡萝卜丝各50克

【调料】高汤适量，盐1小匙，胡椒粉、香油各少许

【做法】1.大米淘洗干净，用清水浸泡30分钟，备用；西兰花用开水汆烫，撕成小朵备用。

2.锅内加入大米和高汤，用大火煮开。

3.加入洋菇、香菇及胡萝卜丝，改小火煮至米粒黏稠，再放入汆烫过的西兰花，煮开后加盐、胡椒粉和香油调味即可。

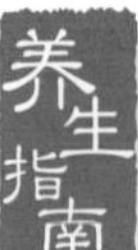

养生指南 西兰花的营养价值与保健功效均很高，其所含的类黄酮是很好的血管清理剂，能防止胆固醇氧化，防止血小板凝结成块，减少患心脏病与中风的危险。胡萝卜能提供抵抗心脏病、中风、高血压及动脉粥样硬化所需的各种营养成分。这道什锦蔬菜粥基本不含油脂，是心脏病患者的首选食品。

芦笋薏米粥

【材料】芦笋4根，薏米半杯，米饭1碗

【调料】盐少许

【做法】1.薏米洗净后，用清水浸泡一夜，备用；芦笋洗净，切成段，备用。

2.米饭加适量水煮成粥，再将泡软的薏米放入锅中同煮，起锅前3分钟放入芦笋稍煮。

3.加入少许盐调味后，即可起锅食用。

养生指南 芦笋的营养价值很高，含有蛋白质、脂肪、碳水化合物、粗纤维、钙、磷、钠、镁、钾、铁、铜及多种维生素等成分。常食芦笋能增进食欲、帮助消化，对心血管疾病也有不错的食疗作用。这道芦笋薏米粥对心脏病有一定的食疗作用。

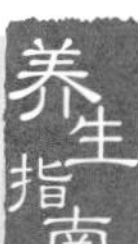

鸡肉玉米粥

【材料】大米半杯，鸡胸肉100克，玉米罐头1罐，芹菜适量

【调料】盐、淀粉各少许

【做法】1.大米洗净，加适量水煮成粥；芹菜洗净，切末备用。

2.鸡胸肉切丝，拌入少许淀粉和盐，再加入粥内同煮。

3.加入玉米粒一同煮匀，并加少许盐调味后，关火，撒入切碎的芹菜末即成。

养生指南 玉米的营养价值与保健功效都很卓越。其中含有丰富的不饱和脂肪酸，尤其是亚油酸的含量高达60%以上，它和玉米胚芽中的维生素E协同作用，可降低血液中胆固醇浓度，并防止其沉积于血管壁。因此，玉米对冠心病、动脉粥样硬化、高脂血症及高血压等都有一定的食疗作用。这道鸡肉玉米粥适合心脏病患者食用。

咳嗽

KESOU

致病机理

咳嗽是呼吸系统疾病最常见的一种症状。现代医学认为，当异物、刺激性气体、呼吸道内分泌物等刺激呼吸道黏膜时，就容易引起咳嗽。传统医学则认为，咳嗽是由饮食不当、脾虚生痰或外感风寒、风热及燥热外邪等原因造成肺气不宣、肺气上逆所致，可分为外感咳嗽和内伤咳嗽两大类。外感咳嗽可分风寒、风热、燥热等几种，内伤咳嗽则分为痰湿、痰热、阳虚、阴虚等类型。

咳嗽其实有利也有弊。咳嗽可以帮助人体排出外界侵入呼吸道的异物及呼吸道中的分泌物。但咳嗽也可把气管病变扩散到邻近的小支气管，使病情加重，而且持久剧烈的咳嗽会影响休息，还消耗体力，并可引起肺泡壁弹性组织的损坏，诱发肺气肿。

患急性咽喉炎、支气管炎的初期，常会出现干咳的症状，即咳嗽无痰或痰量很少；支气管内有异物时，常出现急性骤然发生的咳嗽；患慢性支气管炎、肺结核时，可出现长期慢性咳嗽的症状。

推荐食材

咳嗽时可用下列食材制作粥膳加以调养：莱菔子、百合、黄豆、豆制品、萝卜、芹菜、白菜、菠菜、葱白、山药、梨、柿子、樱桃、动物内脏、蛋黄、牛奶等。

专家建议

经常咳嗽的人在日常生活中要注意以下养生要点。

◆咳嗽患者每天排出很多痰，因此消耗了大量的蛋白质，在饮食中宜食用高蛋白食物，同时也可多吃些富含维生素A的食物。

◆咳嗽多为肺热引起，如果进食过多的肥甘厚味食物就会产生内热，加重咳嗽，因此饮食应以清淡为主。当身体受寒后，再吃寒凉的食物，也会伤及人的肺脏，易造成肺气闭塞，加重咳嗽。另外，还应少食或禁食辛辣刺激性食物，以免使咳嗽加重。

◆咳嗽患者应戒烟，以免刺激呼吸道，引起咳嗽。

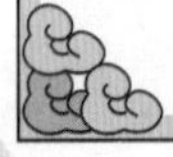

养生粥膳 >>

白萝卜粥

【材料】白萝卜半个，大米半杯

【调料】高汤适量

【做法】1. 大米浸泡 1 小时，淘洗干净，加入适量高汤，以大火熬煮成粥，转小火大煮成稀粥。

2. 将白萝卜清洗切小块，放入稀粥中再煮约 20 分钟至白萝卜软烂即可。

养生指南

白萝卜中含有蛋白质、脂肪、B族维生素、维生素C、钙、磷、铁及多种酶与纤维素等营养成分。白萝卜能促进消化、增进食欲、加快胃肠蠕动，还能增强抵抗力、抗感冒，同时还具有很好的止咳作用。急慢性气管炎患者、咳嗽多痰或痰嗽失音者、脂溢性皮炎患者、脂溢性脱发患者、维生素C缺乏者、泌尿系统结石患者均可食用这道白萝卜粥。

［贴心提醒］此粥不宜与人参、西洋参、胡萝卜等同服。

杏仁菜粥

【材料】小米半杯，杏仁 2 大匙，豆角 50 克，葱花适量

【调料】盐、花椒粉各适量

【做法】1. 杏仁用刀碾碎；豆角切丁，备用。

2. 锅放火上，加水，放入碎杏仁熬煮。

3. 在熬好的汤汁中下入小米、豆角丁，直到熬稠为止。

4. 然后加入盐、花椒粉拌匀调味，最后撒入葱花即可。

养生指南

中医认为，杏仁有润肺、止咳、滑肠的功效，可用于干咳无痰、肺虚久咳及便秘等症的辅助治疗。苦杏仁对因伤风感冒引起的多痰、咳嗽、气喘、大便燥结等症状疗效显著。长期咳嗽的人可常食这道杏仁菜粥。

莱菔子粳米粥

【材料】莱菔子2大匙，粳米半杯

【做法】1.莱菔子与适量水一同放入锅中煎取汁液，去渣留汁。

2.粳米淘洗干净，放入莱菔子汁中一同煮成粥即可。

养生指南 莱菔子即萝卜子，为十字花科植物萝卜的种子。中医认为，莱菔子具有消食除胀、降气化痰的功效，常用于饮食停滞、脘腹胀痛、大便秘结、积滞泻痢等症的辅助治疗。《内经》认为，莱菔子具有化痰定喘、调节脾胃气机的作用。这道莱菔子粳米粥具有下气定喘、消食化痰的功效，可改善咳嗽痰喘、食积气滞、胸闷腹胀、下痢后重等。建议空腹食用此粥。

[贴心提醒] 中气虚弱者慎服此粥。

养生指南 半夏又叫三叶半夏，是中草药的一种，是天南星科植物半夏的块茎。中医认为，半夏味辛，性温，有毒，归脾、胃、肺经，具有燥湿化痰、降逆止呕、消痞散结等功效。对于痰多咳喘、痰饮眩悸、内痰眩晕、痰厥头痛、呕吐反胃、胸脘痞闷等均有辅助治疗作用。这道半夏小米粥对咳嗽有较好的食疗功效。

[贴心提醒] 阴虚燥咳、津伤口渴、出血症及燥痰者忌食此粥。小米煮制的粥膳上面浮着一层细腻的黏稠物，形如油膏，俗称"米油"，又叫"代参汤"，营养极为丰富，食用时不要去除。

半夏小米粥

【材料】小米半杯，半夏适量

【做法】1.小米淘洗干净；半夏洗净，备用。

2.小米、半夏与适量水一同放入锅中煮成粥。

哮喘

XIAOCHUAN

致病机理

哮喘是一种常见的呼吸道疾病，被世界医学界公认为四大顽症之一，被列为十大死亡原因之最。它严重危害人们身心健康，而且难以得到根治。

哮喘可发生在任何年龄、任何人群。导致哮喘的原因较多。常见的哮喘有以下几种：支气管哮喘、喘息性支气管炎、支气管肺癌、心脏疾病引起的哮喘和职业性哮喘。其中，支气管哮喘、喘息性支气管炎、支气管肺癌是由支气管或肺部的疾病所引起，称为肺源性哮喘。

支气管哮喘多在年幼或青年时发病；喘息性支气管炎以中老年人居多；支气管肺癌是由癌瘤堵塞大支气管时引起的；心脏疾病引起的哮喘，也称为心源性哮喘，患者通常患有心脏疾病；职业性哮喘与某些职业有关，如在工作中接触了能引起哮喘的物质。

症状表现

- 支气管哮喘：气急、哮鸣、咳嗽、呼吸困难、多痰，严重时口唇和指甲发紫。
- 喘息性支气管炎：长期咳嗽、咳痰、明显的喘息。
- 支气管肺癌：呼气、吸气时均感到困难。
- 心源性哮喘：夜间发作，睡熟后呼吸困难、被迫喘气、咳嗽、咳粉红色泡沫样痰。

推荐食材

适合哮喘患者的食材包括：梨、香蕉、柑橘、枇杷、萝卜、丝瓜、山药、杏仁等。

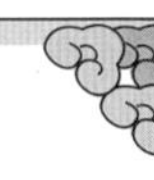

专家建议

哮喘患者多有先天不足、后天失调、机体虚弱、卫气不固、不能适应外界气候环境的变化等特点，易为外邪侵袭，外邪侵袭首先伤肺，若反复发作，气阴俱伤，可波及脾肾。脾虚则运化失调，积液成痰，痰阻气道则呼吸不利；肾为先天之本，主纳气，肾的功能如失调，则易引起体内气的病变，从而影响肺部功能，使病情加重。哮喘发作时应以祛邪为主，未发作时以扶正为主，而正虚是治疗哮喘的关键。另外，平时应多吃新鲜蔬菜和水果，尤其是具有镇咳止喘作用的食物。忌食易引起哮喘的食物。并减少盐的摄入量。

莲藕枸杞粥

【材料】鲜藕200克，大米半杯，枸杞子少许

【调料】糖少许

【做法】1.鲜藕洗净，切片；大米淘洗干净。

2.鲜藕片加适量清水与大米一同放入锅中煮粥。

3.待粥熟时，放入枸杞子，再调入少量糖，即可进食。

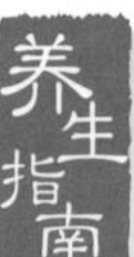

养生指南

鲜藕含有淀粉、蛋白质、维生素C以及氧化酶成分，含糖量也很高，因此具有清热解烦、解渴止呕、健脾开胃、益血补心及化痰等功效，对肺炎、肺结核、肠炎、脾虚下泻、女性血崩等具有一定的改善作用。鲜藕与补益类的枸杞子合用，可化痰定喘。哮喘患者可常食这道莲藕枸杞粥。

[贴心提醒] 为使去皮的莲藕不变成褐色，可将去皮的藕放在稀醋水中浸泡5分钟后捞起擦干，这样就可使其保持玉白、水嫩、不变色。

山药萝卜粥

【材料】山药30克，白萝卜半个，大米1杯，芹菜末少许

【调料】盐、胡椒粉各适量

【做法】1.山药、白萝卜削皮，洗净，切成小块，备用。

2.大米淘洗干净，加适量水煮成粥，再放入切好的山药块和白萝卜块。

3.待开锅后，转为小火，熬煮到山药、萝卜和大米变得软烂即成。

4.加盐搅匀，食用前撒上胡椒粉、芹菜末即成。

养生指南

白萝卜是极好的保健食品，既可以用于制作菜肴，又可直接生吃，有较高的食用及食疗价值，其止咳定喘功效较为显著。山药则是补脾胃的理想食物。这道山药萝卜粥不仅能缓解哮喘，还能健脾养胃，助消化。因此，患有脾胃疾病及哮喘者可常食这道山药萝卜粥。

[贴心提醒] 刮削山药皮时，黏液容易粘到手上，导致皮肤发痒。如果把洗净的山药先煮或蒸4~5分钟，凉后再去皮，就不会那么黏了，但应注意不要煮得太久。

致病机理

感冒，俗称“伤风”，也称为上呼吸道感染，是由多种病毒引起的一种呼吸道常见病。西医将感冒分成普通感冒和流行性感冒。通常，普通感冒是因为受凉或暑热引起的，属于个人的病情，流行性感冒则是由感冒病毒或细菌引起的传染病症，通常在寒冷季节发生较多，因为受到风寒的影响，在春天与冬天的发病率最高。

中医认为，感冒是由“风邪”侵袭人体而引起的外感病。感冒病邪分为三种类型：即风寒、风热和暑湿。

症状表现

●打喷嚏。●鼻塞，流鼻涕。●喉咙痛痒。●咳嗽。●发冷或发热。●关节酸痛，全身不适。

推荐食材

有益于风寒感冒的粥膳常用的食材包括：糯米、赤小豆、羊肉、虾、鳝鱼、鲈鱼、韭菜、葱、姜、蒜、辣椒、荔枝、榴莲、山楂、桃、杏、樱桃、花椒、栗子、核桃等。

有益于风热感冒的粥膳常用的食材包括：小麦、小米、薏米、绿豆、螃蟹、海带、紫菜、菠菜、白菜、苦瓜、黄瓜、丝瓜、冬瓜、西红柿、白萝卜、莲藕、橘子、柠檬、梨等。

有益于暑湿感冒的粥膳常用的食材包括：菠菜、银耳、西红柿、橙子、雪梨、西瓜等。

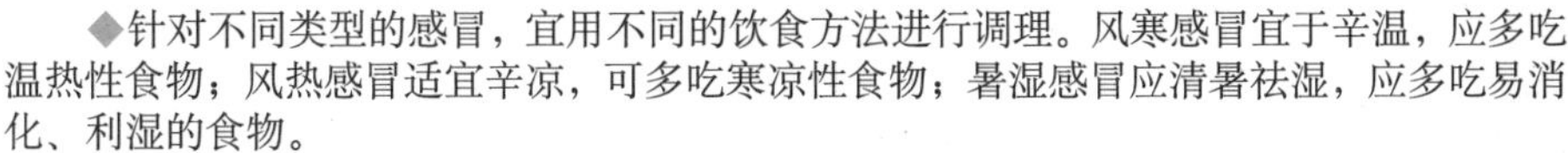

◆针对不同类型的感冒，宜用不同的饮食方法进行调理。风寒感冒宜于辛温，应多吃温热性食物；风热感冒适宜辛凉，可多吃寒凉性食物；暑湿感冒应清暑祛湿，应多吃易消化、利湿的食物。

◆中医以发汗为治疗感冒的首选方法，但发汗会带走水分，因此可让感冒患者多服稀粥以补充流失的水分。另外，应多补充蔬菜和水果，少吃油炸、肥腻等不易被消化的食物。

◆养成良好的生活方式。医学专家研究发现，不良生活方式是引发感冒的诱因。如：过量食盐会诱发感冒；精神紧张易感冒；足部受凉也易感冒，因此在生活中应引起重视。

莴笋粳米粥

【材料】莴笋100克，粳米半杯，猪肉末3大匙

【调料】盐2小匙

【做法】1.莴笋去根，洗净，切小块。

2.粳米淘洗干净，加水煮熟后放盐、肉末、油煮至粥将熟时加莴笋，熬煮成粥即可。

养生指南 现代医学研究表明，莴笋含有较少的糖类、较多的无机盐和维生素，尤其含有丰富的烟酸。莴笋还含有容易被人体吸收的铁元素、丰富的钾离子、大量的胡萝卜素，具有利尿、降低血压、抗感冒等功效。这道莴笋粳米粥具有清热解毒的功效，适用于感冒、气管炎、喉炎、肠炎、痢疾等。此粥每日2次，建议空腹食用。

[贴心提醒] 因莴笋苦寒，故凡虚寒、脾虚及有眼疾者皆不宜多吃此粥。

藿香粳米粥

【材料】鲜藿香30克，粳米2大匙

【做法】1.粳米淘洗干净，与适量水一同放入锅中煮粥。

2.粥将熟时，放入鲜藿香，搅拌均匀，再煮片刻，煮出香味即可关火，盛出。

养生指南 藿香中的黄酮类物质有抗病毒作用。从藿香中分离出来的成分可以抑制消化道及上呼吸道病原体——鼻病毒的生长繁殖，因此可缓解感冒症状。中医认为，藿香味辛，性微温，具有祛暑、解表、和中、辟秽、祛湿的功效，常用于暑湿感冒、胸闷、腹痛、吐泻等，对感冒、寒热、头痛、胸脘痞闷、呕吐、泄泻、疟疾、痢疾、口臭等有一定的辅助疗效。这道藿香粳米粥对暑热感冒有很好的疗效，对由中暑引起的畏寒发热、恶心呕吐及食欲不振有一定的食疗作用。建议空腹食用此粥。

葱白豆豉粥

【材料】葱白3根，豆豉1小匙，大米1杯

【调料】盐适量

【做法】1.大米淘洗干净，加适量水以大火煮沸，转小火煮至米粒软透。

2.葱白洗净，切段，和豆豉一同加入粥中，续煮10分钟，加盐调味即可。

养生指南 葱的食用价值与药用功效均很显著。葱能促进消化液的分泌，具有健胃增食的功效。葱还是很好的解表类中药，具有发汗解表的作用。现代营养学认为，葱含有一种挥发油，这种挥发油的主要成分为葱蒜辣素，也叫植物杀菌素，具有较强的杀菌作用。感冒时不妨食用这道葱白豆豉粥，可缓解感冒症状。另外，经常食用这道葱白豆豉粥，还能净化血液、预防疾病。

皮蛋葱花粥

【材料】皮蛋2个，大米2杯，葱2根

【调料】盐2小匙

【做法】1.大米淘洗干净，加适量水以大火煮沸，煮沸后转小火煮至米粒熟软。

2.皮蛋剥壳，每个切成小块，加入粥中煮约15分钟，加盐调味。

3.葱洗净，切花，撒在粥面再煮沸一次即成。

养生指南 这道粥膳不但营养丰富，而且具有缓解感冒症状的功效。此粥含有较多的维生素E、蛋白质等成分，有抗氧化作用，能防止体内脂肪化合物氧化。葱对感冒具有不错的辅助治疗作用。这道粥的热量不高，且爽口、易消化，在一定程度上可预防心血管疾病及高血压。

肺结核

FEIJIEHE

致病机理

肺结核病俗称“肺痨”，是由结核杆菌侵入人体后引起的一种具有强烈传染性的慢性消耗性疾病。发病初期病人感觉不到任何不适，只有待病情严重时，一些症状才会被病人感知。

肺结核易传染，其中90%以上是通过呼吸道传染的，肺结核病人一般通过咳嗽、打喷嚏、喧哗使带有结核菌的飞沫喷出体外，健康人吸入后就可能被感染。

现代医学认为，结核杆菌侵入人体后是否发病，不仅取决于细菌的量和毒力，更主要的是人体对结核杆菌的抵抗力。在机体抵抗力低下的情况下，入侵的结核菌不能被机体防御系统消灭而不断繁殖，继而引起结核病。

症状表现

●咳嗽。●咳血。●胸痛。●潮热。●盗汗。●倦怠乏力。●精神不振。●失眠。●性情烦躁。●食欲减退。●身体消瘦。●血沉增速。●女性月经不调。

推荐食材

肺结核病人的养生粥膳常用的食材包括：雪梨、橘子、红枣、草莓、罗汉果、坚果、荸荠、木耳、小白菜、土豆、西红柿、胡萝卜、猪肺、百合、芡实、枸杞子、太子参等。

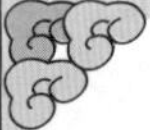

专家建议

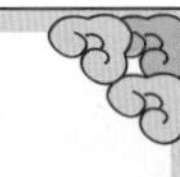

◆适当食用药粥。肺结核在常规治疗时，可配合药物制成的粥膳辅以食疗，以达到养生健体、滋肺润肠、祛痰止咳的目的。

◆饮食应以清淡为主，且要营养均衡。肺结核的防治关键在于营养，营养缺乏时更易患肺结核，因此平时要注意营养的均衡，以便预防肺结核的发生。由于肺结核是消耗体力最多的疾病，因此若患有肺结核后更要注意营养的补充。

◆多吃富含蛋白质的食物。由于蛋白质是结核病灶修复的主要原料，所以结核病人必须食用高蛋白饮食。

◆注意补充维生素。病人体内往往缺乏维生素C和B族维生素，应充分补充。

◆不宜食用肥腻、产气及具有刺激性的食物，如鱼、虾、肥肉、红薯、韭菜等。

养生粥膳 >>

豆香甜浆粥

【材料】新鲜豆浆适量，粳米半杯

【调料】冰糖少许

【做法】1.粳米淘洗干净，加适量鲜豆浆、少许水一同放入锅中煮成粥。

2.煮至软烂黏稠状时，放入冰糖，略煮3分钟后即可食用。

养生指南 鲜豆浆由黄豆制成，包含了黄豆的营养成分，含有丰富的蛋白质、黄酮类物质等。蛋白质是修复肺结核病灶的主要原料，黄酮类物质可有效清除自由基。因此常食大豆制品不仅对肺结核有食疗作用，还能帮助人体远离自由基的侵害，提高人体免疫力，延缓体内细胞衰老。这道豆香甜浆粥十分适合肺结核病人食用。

山药雪梨糯米粥

【材料】雪梨50克，山药片30克，糯米3大匙，枸杞子适量

【调料】冰糖适量

【做法】1.山药、糯米洗净；雪梨洗净，切块。

2.山药、糯米、雪梨一同放入砂锅内，加适量水，煮成稀粥，调入枸杞子、冰糖稍煮即成。

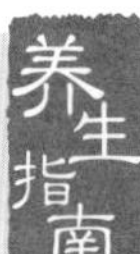

养生指南 雪梨具有清心润肺、生津、润燥、清热、化痰的功效，可缓解热病津伤烦渴、消渴、热咳、痰热、便秘等，对肺结核、气管炎和上呼吸道感染患者出现的咽干、痒痛、音哑、痰稠等皆有益。山药、枸杞子皆为补益类药物，而肺结核属消耗性疾病，因此在治疗上应以进补为主。这道山药雪梨糯米粥具有补脾养胃、滋阴润肺、补肾固精的作用，适用于虚劳咳嗽、气阴不足、口干喜饮、脾虚腹泻等。建议早晚趁热食用此粥。

[贴心提醒] 脾虚便溏及寒嗽者慎食此粥。

胃痛

WEITONG

致病机理

胃痛又称胃脘痛，是常见病，是以胃脘近心窝处常发生疼痛为主的疾患。古人常说的“心痛”、“心下痛”，多指胃痛。

导致胃痛的原因很多，主要包括：过食寒凉，寒邪犯胃；生活无规律，饮食伤胃；精神抑郁，肝气犯胃；劳累过度，脾胃虚弱。

胃部是我们体内重要的消化器官之一，如果它的蠕动不正常，就会妨碍消化和吸收，令过量气体积聚，形成胃气，中医称这种情况为“呆滞”。胃气失于和降，就会引起胃痛，正所谓“不通则痛”，其不通的原因有寒、热、食滞、血淤等不同的临床表现。

症状表现

●隐隐作痛。●灼烧。●绞痛。●胀痛。

推荐食材

烹制胃痛患者的养生粥膳可使用以下食材：羊肉、狗肉、莲藕、南瓜、土豆、山药、桃、桂圆、红枣、莲子、胡萝卜、牛奶、豆浆等。

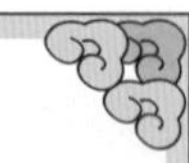

专家建议

◆纠正不良的饮食习惯。饮食应以清淡为主；少食肥腻及各种刺激性食物，如含酒精及香料的食物；避免吃巧克力，以免其中的咖啡因加重病情；饮食不可使五味有所偏嗜。

◆坚持饮食定时定量的原则。长期胃痛的病人每日三餐或加餐均应定时，间隔时间要合理。急性胃痛的病人应尽量少食多餐，平时应少食或不食零食，以减轻胃的负荷。

◆注意营养均衡，日常饮食应供给富含维生素的食物，以利于保护胃黏膜和提高其防御能力，并促进局部病变的恢复。

◆饮食宜软、温、暖。烹调宜用蒸、煮、熬、烩，少吃坚硬、粗糙的食物。进食时不急不躁，充分咀嚼食物，并使食物与唾液充分混合后慢慢咽下，以利于消化和病后的恢复。

◆注意饮食温度的调节，脾胃虚寒者应禁食生冷食物，肝郁气滞者忌生气后立即进食。

◆可用天然草药制作保健药粥配合辅助食疗。

养生粥膳 >>

蜂蜜土豆粥

【材料】新鲜土豆250克（不去皮）

【调料】蜂蜜少许

【做法】1.土豆洗净，切碎。

2.土豆与适量水一同入锅，煮至稠粥状。

3.服时加蜂蜜。

养生指南 《本草纲目》中提到，蜂蜜“清热也，补中也，解毒也，止痛也。”现代医学认为，蜂蜜能改善胃肠道及神经系统疾病，如便秘、十二指肠溃疡、结肠炎、失眠、头痛等，还能改善感染性创伤、烧伤、冻伤。此外，蜂蜜还具有很好的美容功效。土豆具有补气、健脾胃、消炎止痛的作用，适用于胃痛、便秘及十二指肠溃疡等。这道蜂蜜土豆粥具有健脾滋肾、补肺益精的功效，对胃脘隐痛、食少倦怠、虚劳咳嗽等有一定食疗作用。建议每日清晨空腹食用此粥，连服15天为1个疗程。

花生紫米粥

【材料】紫糯米1杯，花生半杯

【调料】盐适量

【做法】1.紫糯米、花生洗净。

2.锅中加水烧开，下紫糯米和花生，煮开后转小火，熬成粥。

3.粥将熟时，放少许盐调味即可。

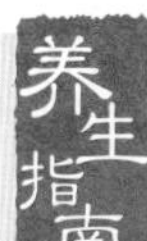

养生指南 紫糯米有“药谷”之称，含有丰富的铁、维生素E、蛋白质等营养成分，是体弱多病者良好的营养保健品。紫糯米是糯米的一种，具有温暖脾胃、补益中气的功效，对脾胃虚寒、食欲不佳、腹胀腹泻有一定的缓解作用。花生具有扶正补虚、悦脾和胃的功效。紫糯米与花生合用具有健脾、和胃、止痛的功效，经常胃痛者可常食此粥。

消化不良

XIAOHUABULIANG

致病机理

消化不良是指与饮食有关的一系列胃部不适症状的总称，是一种由胃动力障碍所引起的疾病。常因胸闷、早饱感、腹胀等不适而不愿进食或少进食，夜里也不易安睡，睡后常有噩梦。消化不良的发生率随着年龄的增大而增加。

引起消化不良的原因很多，包括胃和十二指肠部位的慢性炎症，导致食管、胃、十二指肠的正常蠕动功能失调。另外，饮食速度太快、吃得过于油腻或吃得太多、精神不愉快、长期闷闷不乐或突然受到猛烈的刺激等均可引起消化不良。

怀孕女性、大量吸烟者、便秘者及肥胖者特别容易消化不良。不过当症状持续没有改善时，消化不良可能是因为患有胃酸过低症，特别需要注意的是消化不良可能是胃癌的初期症状。

症状表现

●腹胀。●肠胀气。●打嗝。●进食后有烧灼感。●肚腹疼痛。

推荐食材

烹制消化不良者的养生粥膳可使用以下材料：小米、南瓜、菠菜、胡萝卜、葱、蒜、神曲、粳米、槟榔、山楂、木瓜、菠萝、橘子、橙子、柚子等。

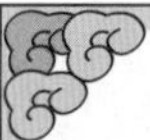

专家建议

◆消化不良者选择的养生粥膳应以润肠通便为主。

◆进食后应适当休息，因为运动会减少胃的供血量，而导致消化不良。

◆消化不良者应多吃高纤维食物，如新鲜水果、蔬菜和全谷食物。

◆多吃新鲜木瓜、菠萝，这些食物是消化酶的最好来源。

◆避免烧烤、煎炸食品、咖啡、碳酸饮料、橘汁、高脂肪食品、面食、胡椒、薯片、西红柿以及辛辣食品。

◆进餐时忌饮水。水会稀释胃液，减弱其消化能力，因此进餐时不宜喝水。

◆常喝稀米粥。米汤及大麦清粥对胀气、排气及胃灼热等毛病有一定食疗功效。

养生粥膳 >>

橘皮粳米粥

【材料】橘皮15～20克（或鲜橘皮30克），粳米半杯

【做法】1.橘皮加适量水放入锅中煎取药液，去渣取汁。

2.粳米淘洗干净，与橘皮汁一同放入锅中煮粥。

3.也可将橘皮晒干，研为细末，每次用3～5克，调入已煮沸的稀粥中，再同煮成粥。

养生指南 鲜橘皮除含果肉中的营养成分外，还含有较多的胡萝卜素，可作为健胃剂、芳香调味剂。橘皮晒干后可入药，又称为陈皮。中医认为，陈皮具有化痰、健脾、温胃、助消化、增食欲等功效，常用于胸脘胀满、食少吐泻、咳嗽痰多等症的辅助治疗。此外，橘皮还能增强毛细血管的韧性，降低血脂，对高血压患者有补益作用。这道橘皮粳米粥具有顺气、健脾、化痰、止咳等功效，适用于脾胃气滞、脘腹胀满、消化不良、食欲不振、恶心呕吐、咳嗽痰多、胸膈满闷等。

养生指南 山楂含有大量维生素C、胡萝卜素和钙质，还有红色素、山楂酸、黄酮类物质、解脂酶及多种药用成分。中医认为，山楂具有消食健胃、行气活血、止痢降压的功效，主治食积，能增进食欲。南瓜具有补中益气、解毒杀虫、降糖的功效，对久病气虚、脾胃虚弱、气短倦怠等有一定的食疗作用。这道山楂赤小豆粥能很好地增进食欲，对于消化不良等症有不错的食疗作用，胃肠虚弱者可常食。

山楂赤豆粥

【材料】大米半杯，山楂、赤小豆各3大匙，南瓜100克

【调料】冰糖少许

【做法】1.大米淘洗干净；山楂洗净；赤小豆用清水浸泡一夜，淘洗干净；南瓜洗净，除去外皮，切成3厘米见方的薄片。

2.将大米、山楂、赤小豆放入锅内，加水，置大火上烧沸煮粥。待粥将熟时放入南瓜片煮沸。

3.粥内加冰糖，再用小火煮20分钟即成。

胃及十二指肠溃疡

WEIJISHIERZHICHANGKUIYANG

致病机理

胃及十二指肠溃疡是一种由酸性胃液刺激而发生的胃或十二指肠的内壁溃烂或受伤。胃溃疡疼痛多出现在饭后半小时至2小时，而十二指肠溃疡疼痛则多出现在饭后2～4小时。溃疡严重者可出现恶心、呕吐，甚至胃出血。若有由溃疡转成出血性的征兆时，要马上接受医生诊断治疗，胃溃疡或十二指肠溃疡穿孔，致内容物溢出可演变成胃膜炎。

饮食不节、服药不当致使脾胃受伤等因素都可导致脾胃功能失调，进而引发胃及十二指肠溃疡。胃及十二指肠溃疡相对较易治疗。

症状表现

●恶心、呕吐。●空腹或夜间时腹痛。●饭后2～3小时内，心窝处会疼痛。●胃部有勒紧的不适感及胸口闷烧。●溃疡恶化出血时，大便会呈黑色。●胃出血时，可能会吐血。

推荐食材

可用于制作养生粥膳的食材有：牛奶、蜂蜜、土豆、南瓜、圆白菜、无花果、蒲公英等。

◆胃及十二指肠溃疡患者应注意改善饮食习惯，消除过度的精神紧张。

◆规律用餐，细嚼慢咽。细嚼慢咽可促进唾液的分泌，减少胃的负担。

◆多吃可强化胃壁、使胃黏膜再生及健脾胃的食物。

◆若胃酸过多要多摄取富含蛋白质的食物，因为蛋白质能保护胃壁。

◆不易消化的食物应少吃。如：鱼贝类、脂肪较多的肉类、笋及红薯等纤维多的蔬菜、过酸过甜的食品。

◆辛辣刺激、油腻、坚硬的食物应少吃或不吃。如：咖啡、红茶及香辣调料，平时就要节制食用或调淡些食用，病情严重时，应绝对禁止食用。

◆蔬菜类要尽量煮软再食用。

养生粥膳 >>

养生指南 白芨为兰科植物白芨的干燥块茎，含有挥发油和黏液质等成分。现代医学研究发现，白芨具有止血、抑菌等功效，可保护胃黏膜不受损伤，对胃及十二指肠溃疡出血有一定辅助治疗作用。白芨与同样具有优异健脾胃功效的糯米、红枣一起煮粥，其功效更为显著。这道白芨红枣糯米粥不仅可以养胃生肌，还可以补肺止血，同时也可用于肺胃出血、胃及十二指肠溃疡出血等症的食疗。建议每日分2次温热服食此粥，10天为1个疗程。

白芨红枣糯米粥

【材料】白芨粉1大匙，糯米半杯，红枣5个

【调料】蜂蜜2大匙

【做法】1.糯米淘洗干净，与红枣、蜂蜜加水煮粥。

2.粥将熟时，将白芨粉加入粥中，改小火稍煮片刻，待粥黏稠即可。

花生红枣蛋糊粥

【材料】花生3大匙，红枣5个，糯米半杯，鸡蛋2个

【调料】蜂蜜3大匙

【做法】1.鸡蛋打入碗内，搅匀。

2.花生去衣，与红枣、糯米煮成稀粥，加蜂蜜，随即打入蛋液，煮熟即可。

花生红枣蛋糊粥

养生指南 这道花生红枣蛋糊粥所用材料皆具有健脾和胃的功效。花生具有扶正补虚、悦脾和胃、润肺化痰、滋养调气、利水消肿等作用。红枣具有和脾健胃、益气养血、解毒、安神、养颜等功效，是滋补脾胃的佳品。糯米也是很好的补脾胃食品，可温暖脾胃，缓解脾胃虚寒、食欲不佳及腹胀腹泻等症状。鸡蛋是很好的滋补食品，可为胃肠虚弱者补充营养。此粥具有醒脾和胃、润肺止咳的功效，适用于胃及十二指肠溃疡、慢性支气管炎、久咳、燥咳等。建议空腹温热食用此粥。

致病机理

胆囊炎是最常见的胆囊疾病，分为两种，即急性胆囊炎和慢性胆囊炎。急性胆囊炎是胆汁淤滞、黏膜损伤和细菌感染引起的急性炎症，主要致病菌是大肠杆菌、厌氧菌等。轻者为急性单纯性胆囊炎表现；重者可致胆囊坏疽或穿孔，引起严重的胆汁性腹膜炎。慢性胆囊炎多是急性胆囊炎迁延或由胆结石刺激引起的慢性炎症、由于炎症反复发作使囊壁纤维组织增生，胆囊体积缩小，最后功能丧失，少数胆囊管梗阻致胆囊内积脓或白胆汁。

胆囊炎常与胆石症同时存在，并且女性患者多于男性，尤其是肥胖、多次生育、40岁左右的女性发病率较高。

症状表现

急性胆囊炎：●右上腹持续性疼痛，阵发性加剧。●发热。●恶心呕吐。●轻微的黄疸。

慢性胆囊炎：●厌油腻食物。●上腹部闷胀。●嗳气。●胃部灼热。

推荐食材

适合胆囊炎患者的材料包括：玉米、胡萝卜、萝卜、西红柿、茭白、芹菜、洋葱、菠菜、茼蒿、荠菜、丝瓜、冬瓜、生姜、香菇、平菇、蚌肉、海蜇、苹果、山楂、西瓜、梨、金橘、草莓、佛手柑、荸荠、玉米须、芦根、鱼腥草、决明子、荷叶、菊花、金银花、茉莉花等。

胆道疾病与饮食有密切关系，因此食疗具有重要意义，具体应注意以下几点。

◆坚持少食多餐的原则。

◆饮食应以低脂肪、低胆固醇的食物为主，避免食用动物的脑、肝、肾及蛋黄、鱼子等，更不宜食用油炸食品及肥肉等肥腻的食物。应尽量食用富含碳水化合物的流质食品。

◆忌饮酒、浓茶、咖啡，并避免食用含膳食纤维较多的蔬菜和水果。

◆平时应多饮水，以便稀释胆汁，减少浓胆汁对胆囊壁的刺激。

◆避免食用刺激性食物，以免加重病情。

养生粥膳 >>

蒲公英粳米粥

【材料】蒲公英40～60克（或鲜者60～90克），粳米半杯

【做法】1.蒲公英洗净，切碎；粳米淘洗干净，备用。

2.蒲公英与适量水放入锅中煎取药汁，去渣取汁。

3.粳米放入蒲公英汁中同煮成粥即可。

养生指南 蒲公英为菊科蒲公英属植物蒲公英的全草。中医认为，蒲公英可解食毒、散滞气、化热毒、消恶肿，还可乌须发、壮筋骨。现代医学认为，蒲公英具有抗病原微生物、提高免疫功能、利胆及保肝等作用，可辅助治疗急性黄疸性肝炎、胃脘痛、腮腺炎及其他炎症等。这道蒲公英粳米粥具有清热解毒、消肿散结、保肝利胆的功效，也适用于急性乳腺炎、乳痈肿痛、急性扁桃体炎、尿路感染、传染性肝炎、上呼吸道感染等。建议空腹温热食用此粥。

茵陈蚌肉粳米粥

【材料】茵陈15克，蚌肉100克，玉米须20克，粳米半杯，姜片、葱段各适量

【做法】1.茵陈、玉米须洗净，入砂锅内，加适量清水，以中火煎20分钟，去渣取汁。

2.蚌用沸水略煮，去壳取肉；粳米淘洗干净。

3.粳米、蚌肉、姜片、葱段一同放入锅内，加入适量清水，用大火煮沸，改用小火熬煮45分钟左右，加入药汁煮沸，再依个人口味加入调料即可。

养生指南 茵陈为菊科植物滨蒿或茵陈蒿的干燥幼苗。中医认为，茵陈能祛风湿寒热邪气，除头热。现代医学则认为，茵陈具有利胆、保肝、抗菌、抗病毒等功效，其所含的香豆素类化合物还具有扩血管、降血脂、抗凝血的作用，适用于肝炎、胆道疾病、感冒及高脂血症等。玉米须具有利尿消肿、平肝利胆的功效，常用于胆道结石、小便不利、湿热黄疸等症的辅助治疗。蚌肉具有清热、滋阴、明目、解毒、治烦热等功效。这道茵陈蚌肉粳米粥具有清热利湿、消炎退黄的功效，可用于急性胆囊炎、胆道感染、黄疸型肝炎（属湿热者）的食疗。

胆结石

DANJIESHI

致病机理

胆囊中贮存有肝脏分泌的胆汁，胆结石是由胆汁内无机盐等杂质沉淀形成的小固态物，是结晶状物质，主要沉积于胆囊、胆总管、肝内胆管中，往往导致胆管的某一部分梗阻而引起疼痛。而这些沉积物有大有小，有软有硬，数量也不固定。

根据结晶物沉淀的部位，可将胆结石分为三类，即胆总管结石、胆囊结石和肝内胆管结石。胆总管结石病因尚不清除，原发结石少见，大多继发胆囊结石或肝内胆管结石。胆囊结石多为胆固醇结石或以胆固醇为主的混合结石，约半数以上患者长期无明显症状。当结石阻塞胆囊管时有胆绞痛，合并感染后则有急性胆囊炎表现。肝内胆管结石又称肝胆管结石，临床表现不典型，治疗又比较困难。一般来说，胆结石初期病人不会有察觉，只有当胆结石阻塞胆道时，病人才会知道自己已经患有胆结石。

症状表现

●严重的、突发的右上腹疼痛。●上腹闷胀、隐痛。●嗳气。●黄疸。●发热与寒颤。●反复发作的消化不良。●严重的恶心及呕吐。

推荐食材

适合胆结石患者的食材包括：胡萝卜、南瓜、红薯、菠菜、甜菜、哈密瓜、芒果、生姜等。

专家建议

◆胆结石重在预防。平时要少吃含高脂肪、高胆固醇的食物，以减少胆囊素的释放。

◆胆囊炎发作期间忌食油腻与辛辣的食物，饮食应遵循少吃多餐的原则。

◆要重视早餐。不进早餐，胆汁分泌减少，胆酸含量降低，与胆固醇的比例便失调而易形成胆固醇结石。

◆肥胖者要注意减肥。

◆常吃含维生素A的食物。

◆忌饮酒，少吃糖。

◆常吃能抑制胆结石的食物。

养生粥膳 >>

金钱草粳米粥

【材料】新鲜金钱草60克，粳米3大匙

【调料】冰糖1大匙

【做法】1.金钱草洗净，放入锅中，加水煎汁，去渣取汁。

2.粳米淘洗干净，放入锅中，倒入药汁，加适量水，煮成粥，入冰糖拌至溶化即可。

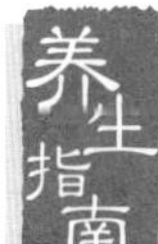

养生指南 金钱草又叫过路黄，为报春花科植物过路黄(大金钱草)的全草。中医认为，金钱草味甘、淡，性微寒，归肝、胆、肾、膀胱经，具有清热解毒、利尿通淋、利湿退黄、排石止痛等功效。现代医学认为，金钱草有利胆排石、利尿排石、抑制血小板聚集、抗菌及免疫等作用。这道金钱草粳米粥可清热祛湿、利胆退黄，同时也用于湿热蕴积于肝胆、胆道结石、胁下常痛、厌食油腻等的食疗。

生姜粳米粥

【材料】鲜生姜6克，糯米3大匙

【做法】1.糯米淘洗干净；生姜切碎。

2.糯米与适量水一同加入锅中，煮成稀粥。

3.生姜加入粥锅中，再煮片刻。

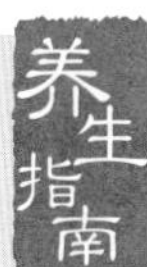

养生指南 生姜可增进血行、驱散寒邪，有温暖、兴奋、发汗、止呕、解毒等作用，适用于外感风寒、头痛、痰饮、咳嗽、胃寒呕吐等症的辅助治疗。现代医学认为，生姜可以抑制前列腺的合成，从而遏制结石的形成，因此生姜具有消炎利胆、预防结石的功效。这道生姜粳米粥具有解表、散寒、止呕、利胆的作用，对风寒感冒兼脾胃虚寒引起的恶寒无汗、鼻塞头痛、呕逆不食等也具有食疗作用。建议睡前温热食用此粥。

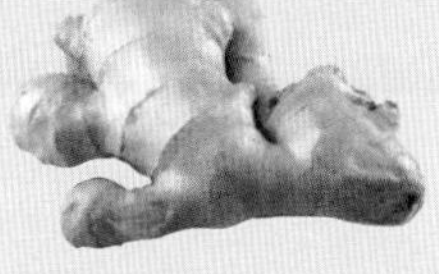

致病机理

脂肪肝是因脂肪代谢紊乱，致使肝细胞内脂肪积聚过多的病变。正常肝内脂肪占肝重的3%～4%，如果脂肪含量超过肝重的5%即为脂肪肝，严重者脂肪量可达40%～50%，脂肪肝的脂类主要是甘油三酯。

脂肪肝多为长期酗酒、营养过剩、营养不良、糖尿病等慢性疾病所致，而药物性肝损害及高脂血症也是脂肪肝的常见病因。对于中青年来说，生活不规律、饮食不节制、长期饮酒又缺乏锻炼是最常见的病因。

中医病理上并没有脂肪肝这个词，从脂肪肝的表现来看，它应属于中医“胁痛”、“肝痞”、“积聚”的范畴。中医认为，脂肪肝是由于饮食失节、过食肥腻厚味或饮酒过量使胃伤脾损，脾胃消化功能下降，脾胃虚弱，引发痰湿内生、肝气失畅所致。

症状表现

●食欲不振。●疲倦乏力。●恶心，呕吐。●右上腹有沉重感，饭后感到腹胀。●肝区或右上腹隐痛。●经常便秘。

推荐食材

适合脂肪肝患者的食材、药材包括：鸡肉、鱼、豆制品、冬瓜、萝卜、茄子、苦瓜、菠菜、白菜、蒜、洋葱、香菇、木耳、山药、莲子、香蕉、苹果、西瓜、山楂、绿豆、泽泻、茯苓等。

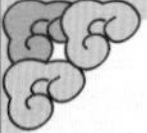

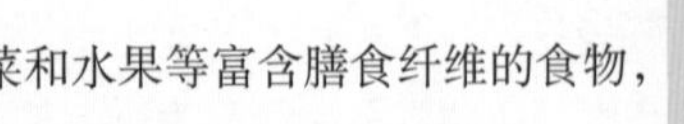

◆饮食上应该提倡摄取高蛋白质、高维生素。多吃蔬菜和水果等富含膳食纤维的食物，以减少胆固醇的吸收，加速胆固醇的排泄，降低血脂。

◆主食不可太精细。适当多吃一些粗粮以及具有降脂功效的食物。

◆不宜食用含糖和脂肪多的食物，尽量少吃或不吃动物内脏、蛋黄、蟹黄等。而糖类在体内可转变为脂肪，加重脂肪肝，所以不要吃或尽量少吃甜食。

◆少吃零食，睡前不要加餐。

◆对于酒精性脂肪肝，要忌酒戒烟。

养生粥膳 >>

鲮鱼黄豆粥

鲮鱼黄豆粥

养生指南 黄豆营养丰富，含有蛋白质、脂肪、矿物质、维生素、大豆异黄酮等物质。它可溶解体内多余脂肪，降低血脂，预防脂肪肝。这道鲮鱼黄豆粥可补充人体所需的多种营养物质，对脂肪肝有一定的食疗作用。

【材料】大米1杯，黄豆3大匙，罐装鲮鱼100克，豌豆粒、葱花、姜丝各适量

【调料】盐1小匙，胡椒粉少许

【做法】1.黄豆洗净，用清水浸泡12小时，捞出，用沸水汆烫，除去豆腥味；大米淘洗干净，用清水浸泡30分钟；豌豆粒用热水烫熟，备用。

2.锅中放入大米、黄豆、清水，以大火煮沸，再转小火慢煮1小时。

3.待粥黏稠时，下入鲮鱼、豌豆粒、盐及胡椒粉，搅拌均匀，撒上葱花、姜丝，出锅装碗即可。

绿豆薏米粥

【材料】绿豆、薏米各1大匙

【调料】蜂蜜少许

【做法】1.薏米、绿豆洗净，用清水浸泡一夜。

2.将浸泡的水倒掉，绿豆和薏米入锅，加适量水，用大火烧开。

3.用小火煮至熟透即可食用。

4.吃的时候放少许蜂蜜调味。

养生指南 现代医学认为，绿豆富含蛋白质，是改善脂肪肝症状的健康食品，绿豆对复发性口疮、高血压病等也有一定的食疗作用。薏米有利水消肿、健脾去湿、舒筋除痹、清热排脓等功效，为常用的利水渗湿药，经常食用薏米对风湿性关节炎、水肿性肥胖、脂肪肝、衰老等症有缓解作用。这道绿豆薏米粥对脂肪肝具有很好的食疗作用，脂肪肝患者可常食。

致病机理

在医学上，若粪便滞留肠内过久，水分被过量吸收而使粪便干硬，导致排便困难、排便无规律性、排便次数少于平常且间隔时间超过48～72小时者，称为便秘。如果每天都能排便，但不十分顺畅，且便后感觉尚未排净、腹胀，也可将此情况列入便秘范围内。便秘多见于老年人。

造成便秘的原因很多，其中最有可能的原因就是水分不足。当人体内的热囤积过多时，就会消耗水分，从而使粪便变得过于干燥，无法顺利排出。便秘的另一个原因是大肠蠕动速度降低，若想让大肠活跃运作，就要保证有充足的气循环，如果气停滞或气不足，排便的动力也会不足，从而导致排便的功能减退。另外，大肠受寒会使蠕动变慢，这也是形成便秘的原因。

中医认为，便秘多为肠道积热、肠道津亏、气血不足所致，治疗应以清热润肠、养阴生津、补益气血为主。

症状表现

●大便秘结，排出困难。●腰部胀满，酸痛。●食欲不振。●头晕、头痛。●睡眠不佳。●严重者可引起痔疮、便血、肛裂。

推荐食材

有助于改善便秘的食材包括：红枣、葡萄、苹果、香蕉、梨、橘子、无花果、黄花菜、苦瓜、韭菜、芹菜、白萝卜、菠菜、竹笋、糙米、小麦、红薯、芝麻、核桃等。

专家建议

◆便秘的饮食调养方法要根据不同体质而有所区别。肥胖而体热的人，在饮食方面必须留意多吃具有降热及通便作用的蔬菜、水果；纤瘦而体内冷性的人，应减少摄入能使身体降温的水果。另外，最好能摄取具补气及通便作用的蔬菜、水果。

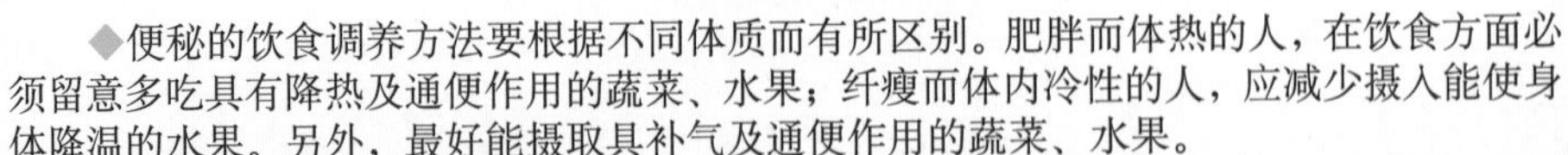

◆多喝开水。大便的质地与次数和饮水量有关，肠腔内保持足量的水分有助于软化粪便，从而改善便秘症状。

◆易加重便秘的食物要少吃。如牛奶、奶制品、蛋类等。

◆增加膳食纤维的摄入量，如谷类食品。

养生粥膳 >>

松仁粳米粥

【材料】松仁1大匙，粳米3大匙

【做法】1.粳米淘洗干净，放入锅中，加适量水煮粥。

2.将松仁和水研末做膏，加入粥内，煮沸2～3次即可。

养生指南

松子又称海松子。中医认为，松子具有补肾益气、养血润肠、滑肠通便、润肺止咳等作用。现代营养学认为，松仁含有的油脂，可保持肠道润滑，因此，松仁可改善便秘症状。这道松仁粳米粥具有润肠通便的功效，可用于老年气血不足或热病伤津引起的大便秘结。建议空腹食用此粥。

胡萝卜菠菜粥

【材料】胡萝卜100克，菠菜50克，大米半杯

【做法】1.胡萝卜削皮，洗净，切成小丁；菠菜用热水汆烫熟，切成碎末，备用。

2.大米淘洗干净，加适量水煮开后转小火熬煮至软烂，加入胡萝卜丁。

3.熬煮大约30分钟，待胡萝卜丁煮至软烂时，放入菠菜碎末，稍煮片刻，即可关火食用。

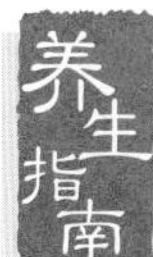

养生指南

胡萝卜具有消食导滞的功效。菠菜是维生素B6、叶酸、铁质和钾质的极佳来源，还含有大量的植物膳食纤维，可促进肠道蠕动，利于排便，且能促进胰腺分泌，帮助消化。菠菜对痔疮、慢性胰腺炎、便秘、肛裂等病症有辅助食疗作用。此粥能清热解毒、促进排便，有利于身体毒素的排出，对改善便秘有一定作用。

心菜粳米粥

【材料】空心菜200克，粳米半杯

【调料】盐适量

【做法】1.将空心菜择洗干净，切碎；粳米淘洗干净。

2.锅内加清水，放入粳米煮至快熟时，放入空心菜，加盐，再煮10分钟即可。

养生指南 空心菜又名蕹菜，是旋花科一年生或多年生蔓生草本植物。中医认为，空心菜具有清热、凉血、解毒、利尿的功效，也适用于食物中毒、吐血、鼻衄、尿血、痈疮、疔肿、等症的辅助治疗。现代营养学认为，空心菜含蛋白质、脂肪、碳水化合物、膳食纤维、无机盐、胡罗卜素、维生素B_1、维生素B_2、维生素C等营养成分，具有促进肠蠕动、通便解毒的作用。这道空心菜粳米粥具有清热排毒、促进排泄的功效，对便秘、排便不畅等症具有很好的食疗作用。

紫苏芦根粥

【材料】绿豆、芦根各100克，姜10克，紫苏叶15克

【做法】1.芦根、姜、紫苏叶一同放入锅中，加适量水煎汤，去渣取汁。

2.绿豆洗净，与做法1中的药汁一同放入锅中煮成粥即可。

养生指南 芦根又叫苇根。中医认为，芦根具有清热、生津止渴、止呕除烦、利小便的功效。紫苏具有降气消痰、解表散寒、行气和胃、理气宽中的功效。绿豆可清热解毒。这道紫苏芦根粥就可帮助人体排出毒素，还能和胃止呕、利尿解毒，同时也适用于湿热呕吐及烦渴、小便赤涩等。

痔疮

致病机理

痔疮是肛门直肠底部及肛门黏膜的静脉丛发生曲张而形成的一个或多个柔软静脉团的一种慢性疾病。根据痔疮的发生部位不同可分为内痔、外痔和混合痔。痔疮为多发病，其中，以内痔发病率为最高，发病率成年人占50%～70%，男性多于女性，多随年龄增长而逐渐加重。近年来，由于饮食结构及饮食习惯的改变，发病率明显上升。

引发痔疮的原因很多。中医认为，痔疮是由于饮食不节，过食厚味、生冷、辛辣的食物导致胃肠受损，或因怀孕、慢性腹泻、长期便秘及久坐等因素造成的。

症状表现

●肛门周围痛性肿胀或是肿块。●肛门瘙痒。●肛门黏膜脱出。●肛门出血。●出血严重时会导致贫血。

推荐食材

有助于改善痔疮的食材包括：蚌肉、田螺、无花果、香蕉、柿子、燕麦、糙米、冬瓜、丝瓜、萝卜、莴笋、黄瓜、大白菜等。

专家建议

痔疮患者平时应注意以下养生要点。

◆平时应多食蔬菜和水果，特别是具有清热凉血作用的蔬菜和水果，以矫正便秘，从而预防痔疮。

◆晚餐不要吃得太干、太饱。

◆多吃富含膳食纤维的食物，以缓和病情。在餐桌上，可以适当地生吃萝卜、黄瓜等，从而使痔疮的情况得到改善。

◆平时要多喝水，以便保持大便润滑，不干不硬。

◆平时可服维生素E，有助于改善顽固性痔疮。

◆注意少吃油炸、熏烤的食品，少吃味香肥美的油腻食品。

◆不吃刺激性食物，如辣椒等；禁饮酒、咖啡和浓茶，以免使粪便干燥加重病情。

无花果腰果粥

【材料】无花果60枚，粳米半杯，腰果少许

【调料】蜂蜜适量

【做法】1.无花果与腰果洗净，备用。

2.粳米淘洗干净，与无花果一同煮粥，待粥软烂时放入腰果煮至粥熟。

3.吃的时候可依个人口味放些蜂蜜。

养生指南

无花果为桑科植物无花果的干燥花托。现代医学认为，无花果含有维生素C、维生素B1、维生素B2、微量元素及17种人体所需的氨基酸等成分，有促进消化、抗癌、降血压、增强细胞免疫机能等功效。此外，无花果还可改善痔疮、小儿吐泻等病症。这道无花果腰果粥可促进消化、改善痔疮，长期为痔疮困扰者不妨常食。

香蕉菠菜粳米粥

香蕉菠菜粳米粥

【材料】菠菜250克，香蕉250克，粳米半杯

【做法】1.菠菜择洗干净，入沸水中汆烫，捞出过凉，挤去水分，切碎；香蕉去皮，切碎；粳米淘洗干净，备用。

2.锅内加适量水，放入粳米煮粥，八成熟时加入菠菜、香蕉，再煮至粥熟即成。

养生指南

菠菜富含膳食纤维，可促进胃肠蠕动，保持排便顺畅，是改善痔疮的理想食物。香蕉是真正物美价廉的优质水果，具有很好的清热解毒、利尿消肿、润肠通便、润肺止咳、降低血压、滋补、安胎功效。这道香蕉菠菜粳米粥可养血止血、润燥清肠，更适合用于痔疮出血的食疗。

[贴心提醒] 由于香蕉性质偏寒，故胃痛腹凉、脾胃虚寒、肾功能不全及患有急慢性肾炎者都不宜多食此粥。

致病机理

腹泻是消化系统疾病中的常见症状之一，可分为急性腹泻和慢性腹泻。急性腹泻多有较强的季节性，好发于夏秋二季。慢性腹泻是指反复发作或持续2个月以上的腹泻。人们往往认为腹泻不算病，只是由于着凉、饮食不洁或是其他原因所引起的，吃点止泻药就可以了，其实不然。腹泻可能是其他疾病引起的症状，如消化不良、肠炎、痢疾、肝病等消化系统疾病。腹泻在中医上又称为泄泻，中医认为泄泻多因身体感受外邪、脏腑功能失调所致，其中以湿邪和脾胃功能失调造成的腹泻较为多见。

痢疾则多由身体外受湿热邪毒，内伤饮食生冷，损伤脾胃及大肠所致。中医认为，气血邪毒凝滞于大肠，因此痢疾发病于大肠。肝气郁结、脾肾虚弱也与痢疾密切相关。

症状表现

腹泻：●大便次数增多。●粪便清稀或有水样便。●有黏液。●脓血。●胃肠胀气。

痢疾：●腹痛。●腹泻。●里急后重。●脓血。●急性发烧。

推荐食材

无论是腹泻还是痢疾都可通过食用粥膳加以调理，适合制作此类粥膳的食物与中草药包括：山药、苦瓜、莲子、薏米、红枣、马齿苋、白头翁、五味子、肉豆蔻、乌梅、五倍子等。

专家建议

为防腹泻复发，平时应注意防寒，并避免各种精神刺激，更要注意饮食上的调养。患腹泻时要忌食生冷、油腻食物；忌食大蒜；忌食高脂肪食品；控制蔬菜、水果、高纤维素及易引起胀气食物的摄入，如豆类、萝卜等；乳糖酶缺乏症患者应控制牛奶的摄入；易患腹泻的人可多吃一些具有健脾止泻及酸性、有收涩作用的粥膳。

痢疾的防治应遵循初痢宜通、久痢宜涩的原则。由于痢疾多与肝脾有关，因此痢疾的调理应以温中健脾为主。

茯苓赤豆粥

【材料】白茯苓粉20克，赤小豆3大匙，薏米半杯

【做法】1.赤小豆用清水浸泡半天。

2.将泡好的赤小豆与薏米一同放入锅中，加适量水一同煮粥。

3.待赤小豆熟烂后，加白茯苓粉煮熟即可。

养生指南 白茯苓是茯苓的一种，茯苓为多孔菌科真菌茯苓的干燥菌核。茯苓含有蛋白质、卵磷脂、脂肪及酶等物质，具有利尿、消肿、镇静、抗肿瘤等作用，可用于辅助治疗腹泻等症，尤其适用于婴幼儿秋季腹泻。赤小豆、薏米都具有利肠胃的作用。这道茯苓赤豆粥对腹泻有很好的调节作用，建议服用时加少许白糖随意服食。

【材料】苦瓜150克，大米半杯，梅子少许

【调料】盐适量

【做法】1.苦瓜洗净，切丝，放入沸水中氽烫片刻，备用。

2.大米淘洗干净，放入锅中，加适量清水煮粥，待熟时放入苦瓜丝和梅子，用盐调味，煮至粥熟即可。

养生指南 苦瓜为葫芦科植物苦瓜的果实，含有膳食纤维、胡萝卜素、磷、铁、脂蛋白等营养成分，能提高人体免疫系统的功能。中医认为，苦瓜具有清热、解毒、降血糖、祛心火、明目、补气益精等功效，常用于痢疾、便血等症的食疗。梅子为蔷薇科植物梅的干燥近成熟果实，具有抗菌、抗真菌、驱虫的作用。中医认为，梅子可缓解泄痢口渴、赤痢腹痛等症。这道苦瓜梅子粥对于痢疾有很好的食疗作用。

[贴心提醒]此粥不宜煮得过于浓稠，可稍微稀一点。

致病机理

糖尿病是生活中一种常见的代谢性疾病，与胰岛素不足有关，在临床上可分为原发性和继发性两类，其发病的主要原因是遗传和环境。另外，某些病毒的感染或不健康的生活饮食习惯均可引起糖尿病的发生，任何年龄的人群均有患此病的可能。

糖尿病在早期或轻症患者身上可能没有明显症状，但重症糖尿病患者则有较明显的反应。

症状表现

●多饮、多食、多尿。●身体消瘦、浑身无力。●四肢疼痛、麻木。●有时会腰痛、性欲减退、阳痿。●女性患者可能出现月经失调。●视力障碍、瞳孔变小、全身脏腑虚弱、便秘、皮肤瘙痒等。

推荐食材

糖尿病患者可食用用以下食材制作的粥膳：黑豆、糙米、蚌肉、鳝鱼、甲鱼、豆腐、芝麻、圆白菜、韭菜、白菜、菠菜、芥菜、苦瓜、鲜藕、银耳、荸荠、冬菇、猴头菇、草菇等。

中医认为，糖尿病多由平时贪食厚味、内热伤津以致伤肺胃肾阴虚燥热、津液不足所致。因此在治疗上应以滋阴、清热、生津为主，同时辅以益气、固涩、温阳、活血等法。一般中医学者认为糖尿病的治疗应以饮食疗法为主。在饮食上要清淡，不宜用高糖食材制作粥膳加以调理。

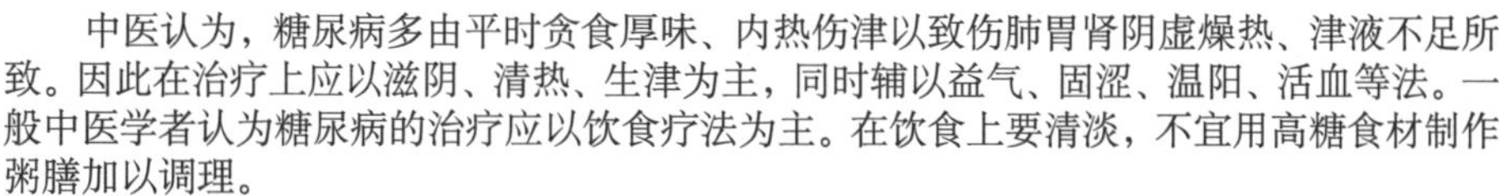

此外，糖尿病患者还要注意以下禁忌：平时要吃一些低糖或无糖食品，常吃蔬菜、水果，以达到控制血糖的目的；严格控制碳水化合物的摄入量，如面粉、大米、小米等谷类食物；要注意蛋白质和脂肪的摄入量，脂肪要以植物性脂肪为主，尽量少食动物性脂肪；严禁烟酒；忌食辛辣、刺激性强的食物。

糖尿病患者平时还要注意按时作息，生活有规律，并注意休息和适当运动，且不可过度疲劳；同时要避免精神过度紧张与激动，尤其要控制悲愤情绪；性生活也要有节制。

菠菜粳米粥

【材料】新鲜菠菜100克，粳米半杯

【做法】1.菠菜洗净，用手撕开，先放在开水中稍煮片刻，以除去草酸，随即捞出。

2.粳米淘洗干净，放入砂锅内，加清水800毫升左右，煮至米烂粥稠。

3.粥中加入菠菜拌匀即可。

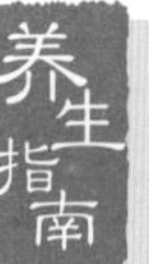

养生指南 现代营养学认为，菠菜含有一种类胰岛素样物质，其作用与哺乳动物内的胰岛素非常相似，故糖尿病人（尤其II型糖尿病人）不妨经常吃些菠菜以保持体内血糖稳定。这道菠菜粳米粥具有补血、止血、和血、润肠的功效，适用于缺铁性贫血、鼻出血、便血、坏血病、糖尿病及大便涩滞不通等。建议每日早晚食用此粥。

[贴心提醒]肠胃虚寒、便溏腹泻及遗尿者忌食此粥。

南瓜粥

【材料】米饭2大匙，南瓜100克

【做法】1.米饭用等量的水煮成黏稠状。

2.南瓜切成2厘米见方的块状，去皮后熬软（或放入微波炉内加热）。

3.将南瓜压成泥状。

4.将南瓜泥放在粥里，搅拌均匀即可。

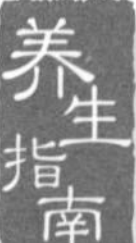

养生指南 南瓜富含胡萝卜素、多种矿物质及人体必需的8种氨基酸。它还含有大量的果胶，可有效控制血糖上升。南瓜内所含的钴元素，能增加人体内胰岛素的释放，可在一定程度上预防糖尿病。这道南瓜粥清香、甘甜、爽口，滑而不腻，对预防糖尿病有一定作用。

[贴心提醒]南瓜粥不宜食用过多，特别是胃热的病人更宜少食，否则易产生胃满、腹胀等不适感。

致病机理

高血脂医学上称为高脂血症，是现代都市常见病之一。人体血液中的胆固醇含量增高或甘油三酯的含量增高或两者皆增高的症状，称为高血脂症。高血脂多由过食肥腻食物、生活无规律、缺乏锻炼所致，而遗传与环境也是导致高血脂的病因。另外，患有糖尿病、肾病综合征、肝胆疾病、胰腺炎等疾病时，血脂也会增高，但这里所说的高血脂患者是指没有患上述慢性病而血脂增高的人。

人体内的三大营养素即糖、脂肪、蛋白质的代谢都有一定的规律。正常饮食中的三大营养素通过消化器官和各种代谢的作用，转化成营养，以供人体基础代谢、各种功能的正常运转，多余的会储存在体内以备使用。而当饮食不合理或暴饮暴食或过食油腻、脂肪、高糖的食物后，机体消耗远远低于摄入，多余的脂肪、糖就会留在体内，当达到一定程度时，便形成了高血脂。

现代医学研究表明，高脂血症可导致脂肪肝、高血压、动脉硬化、冠心病等心脑血管疾病。

症状表现

●身体肥胖。●神疲乏力。●身体怕凉。●腰酸背痛。●偶有浮肿。

推荐食材

适合高血脂患者的食材有：白菜、芦笋、冬瓜、山药、百合、洋葱、扁豆、萝卜、芹菜、菠菜、木耳、海带、紫菜、韭菜、蒜、土豆、莲藕、莲子、薏米、山楂、苹果、西瓜、枸杞子等。

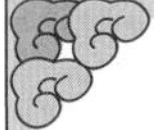

高血脂患者要养成良好的生活习惯，加强体育锻炼，控制体重，避免过于肥胖，还要注意控制饮食。高脂血症大多是饮食不合理造成的，所以平时要注意少吃脂肪含量高的食物，如动物内脏、肥肉、松花蛋、动物油等；多吃含蛋白质、清淡、易消化的食物，如脱脂牛奶、鸡肉、豆制品等；多吃新鲜绿色蔬菜和水果，还有富含牛磺酸的食物，如海带、紫菜等；多吃含纤维素多的蔬菜，少吃盐和糖；每餐饮食要适当，不要暴饮暴食。

山楂荞麦粥

【材料】荞麦粉1杯，山楂适量

【做法】1.山楂洗净；荞麦粉用冷水或凉开水调匀。

2.山楂放入锅中，加水煮10分钟，再加调好的荞麦粉，煮熟即可。

养生指南 荞麦具有补益气力、降气宽肠、消积滞、除热肿等作用。此外，荞麦还能改善慢性腹泻、肠胃积滞、偏头痛、高血压等症，可控制人体血糖上升，从而在一定程度上预防高血脂、糖尿病。山楂有利于控制血压、血糖，能降低血脂。这道山楂荞麦粥可促进消化，对高血压、高血脂、糖尿病等病症有一定食疗作用。

青蒜土豆粥

【材料】大米1杯，青蒜6根，土豆1个，洋葱半个，大蒜2瓣

【调料】高汤、奶油、盐、胡椒粉各适量

【做法】1.青蒜只留蒜白的部分；土豆切成片状，备用；大米淘洗干净；洋葱切块；大蒜切末。

2.锅置火上，加热，加入奶油，爆香蒜末，加入青蒜、土豆、洋葱一起炒至熟软。

3.高汤、大米加入做法2中煮滚，转小火煮至粥熟，最后放入盐和胡椒粉调味即可。

养生指南 大蒜为百合科植物大蒜的鳞茎，青蒜为百合科植物大蒜的叶，二者的营养价值与药用功效大致相同，可抑制病菌和病毒，改善机体的免疫功能，能抵抗机体衰老，还具有抗癌、抗肝毒、降血糖、降血压、降血脂、抗动脉粥样硬化等作用。土豆能有效降低血液中的胆固醇，故对高血脂有一定的食疗作用。这道青蒜土豆粥具有很好的降血脂、降低血糖等功效，可用于改善高血压、高血脂及动脉粥样硬化等病症。

骨质疏松

GUZHISHUSONG

致病机理

骨质疏松是骨质疏松症的简称，是以骨量减少、骨脆性增加和骨折危险性增加为特征的一种系统性、全身性骨骼疾病，以中老年人较为常见。

骨质疏松是全身骨骼成分减少的一种现象，主要表现为骨组织内单位体积中骨量减少、骨矿物质和骨基质随年龄的增加（或女性绝经后）等比例地减少，骨组织的显微结构发生改变而致使其骨组织的正常荷载功能发生变化。

骨质疏松症根据致病原因的不同可分为三类：原发性骨质疏松症，如老年性骨质疏松症、绝经后骨质疏松症等；继发性骨质疏松症，如甲亢性骨质疏松症、糖尿病性骨质疏松症等；原因不明特发性骨质疏松症，如遗传性骨质疏松症等。

症状表现

●周身骨骼疼痛。●腰疼痛。●肌肉疲劳、劳损。●身高缩短。●牙齿松动、脱落。●椎体变形。●驼背。●病理性骨折。●严重时会出现下腹壁突出、骨盆前倾、膝关节及髋关节屈曲变小、步态不稳等症状。

推荐食材

适合骨质疏松症患者的食材有：谷类、奶制品、豆制品、苹果、桑葚、葡萄、芝麻、核桃、香菇、木耳、西红柿、洋葱、韭菜、菠菜、菜花、黄花菜、芥菜、海带、紫菜、牡蛎、蚌肉、虾、小鱼干、泥鳅、蛋、动物肝、肉类等。

专家建议

现代医学认为，体内钙的缺乏和维生素D的摄入量不足是诱发骨质疏松症的原因之一。因此，除合理的锻炼、多晒太阳、药物补充钙磷制剂及使用性激素外，最有效且可行的办法就是通过合理饮食增加富含钙、维生素D的食物。平时可常食高钙及富含维生素D的食物。

中医认为，肝主筋，肾主骨生髓。当肝肾不足、筋骨失养时，就会发生骨质疏松症。此时应以补益肝肾为主，可选用调节肝肾、强筋生髓的食物。

赤豆核桃糙米粥

【材料】赤小豆半杯，核桃适量，糙米1杯

【调料】红糖1大匙

【做法】1.糙米、赤小豆淘洗干净，沥干，加适量水以大火煮开后，转小火煮约30分钟。

2.加入核桃以大火煮沸，转小火煮至核桃熟软，加糖续煮5分钟，即可熄火。

养生指南 核桃为胡桃科植物胡桃的果实，能滋补肾阳、补骨护齿。赤小豆具有清热解毒、健脾益胃、利尿消肿、瘦肌肉、强筋骨等作用。中医认为，骨质疏松多由肝肾不足、筋骨失养所致。因此，要想治疗骨质疏松，首先应调养肝肾、强健筋骨。这道赤豆核桃糙米粥能补养气血、强健筋骨，并能有效预防骨质疏松及改善睡眠质量，骨质疏松者可常食。

海鲜豆腐粥

【材料】米饭半碗，嫩豆腐1盒，虾仁或鱼肉200克，葱1根，姜两片，芹菜1棵

【调料】高汤适量，料酒1小匙，胡椒粉、盐各少许，水淀粉适量

【做法】1.将米饭加适量水熬煮成粥；同时将海鲜材料解冻；芹菜切末，备用。

2.嫩豆腐切成条状；葱切成段。将葱、姜放入油锅中爆香，再加入海鲜，淋上料酒爆炒。

3.将高汤倒入锅中，再放入豆腐、粥一起熬煮至入味。

4.将水淀粉、盐加入锅中，搅拌后关火，起锅前撒上胡椒粉及芹菜末点缀提味，即可食用。

养生指南 虾仁、鱼肉、豆腐均含有丰富的钙及蛋白质，能较好地补充人体骨骼所需的营养。这道海鲜豆腐粥不仅营养丰富，而且能强健筋骨，对骨质疏松症能起到一定的预防作用，适合正处在生长发育中的青少年及中老年人食用。

牛奶粥

【材料】大米半杯，牛奶500克

【做法】1.大米淘洗干净。

2.锅置火上，放入大米和水，大火烧开，改用小火熬煮30分钟左右，至米粒涨开时，倒入牛奶拌匀。

3.再用小火熬煮10～20分钟，至米粒黏稠，溢出奶香味时即成，食用时可根据个人口味加调料调味。

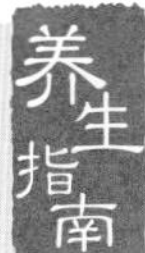

养生指南 牛奶富含蛋白质、氨基酸及钙、磷等营养物质，可提供人体所需的多种营养物质。骨质疏松多是由体内缺乏钙及维生素D所致，因此在日常饮食中应注意钙质及维生素的补充。这道牛奶粥色泽乳白、黏稠软糯、奶香浓郁，且含钙量丰富，是骨质疏松者补充钙质的良好来源，尤其适合孕妇食用。

[贴心提醒] 在熬煮这道粥膳时要注意掌握火候，这样才能熬出美味的牛奶粥。

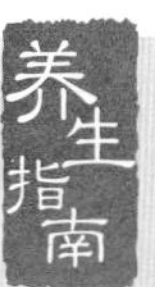

菜花粳米粥

【材料】菜花50克，粳米半杯

【调料】红糖适量，香油少许

【做法】1.菜花洗净，切成小块；粳米淘洗干净。

2.粳米、菜花、红糖一同放入锅中，加水2碗，以小火煮粥。

3.待粥稠时，淋入少许香油。

养生指南 菜花为十字花科蔬菜的花，含有多种维生素、胡萝卜素、叶酸及钙、磷、铁等矿物质，对增强肝脏解毒能力、促进生长发育有一定的功效。这道菜花粳米粥气味清香、爽口，常服可活血美容，润肠通便，还可改善骨质疏松。

虾仁皮蛋粥

【材料】A：大米适量

B：虾仁100克，胡萝卜丁3大匙，玉米粒3大匙，皮蛋2个，油条半根

C：葱末1大匙

【调料】盐适量，香油、胡椒粉各少许，料酒1小匙，大骨高汤2碗

【做法】1.皮蛋剥壳，切丁；油条切小段；虾仁洗净，去肠泥，切碎，备用。

2.大米用清水浸泡3小时，沥干后放入果汁机中搅打5秒略打碎，与大骨高汤一起用小火熬煮至熟且浓稠，放入准备好的材料B（油条除外）煮熟，再加入其他调料调味。

3.盛入碗中，放入切好的油条和葱末即可。

养生指南

这道虾仁皮蛋粥由多种材料熬煮而成，包含了多种营养成分，尤其富含钙、胡萝卜素及碳水化合物等，可清除人体内的自由基，提高免疫力，补充钙质，骨质疏松有一定的食疗作用。

［贴心提醒］肠胃虚弱者可在粥里加少许醋，以中和皮蛋中的纯碱。

虾片粥

【材料】大米半杯，大对虾200克，葱花适量

【调料】酱油、料酒、淀粉、盐、白糖、胡椒粉各适量

【做法】1.大米淘洗干净，放入盆内，加盐拌匀稍腌。

2.对虾去壳，洗净，切成薄片，盛入碗内，放入淀粉、油、料酒，酱油、白糖和少许盐，拌匀上浆。

3.锅置火上，加适量水烧开，倒入大米，再开后改小火熬煮30分钟，至米粒开花、汤汁黏稠时，放入浆好的虾肉片，用大火烧滚即可。

4.食用时分碗盛出，撒上葱花、胡椒粉即可。

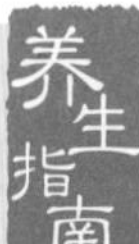

虾角质层的主要成分为甲壳质，像肝素一样，也是聚多糖类物质。虾肉的主要成分包括蛋白质、钙、磷、钾等物质，能很好地补充人体骨骼发育所需的钙质，还能补肾益气、健身壮力。这道虾片粥鲜美、松软，易消化，并富含钙、磷等成分，具有很好的补钙功效，尤其适合小儿及孕妇食用，缺钙及骨质疏松者也可常食。

关节炎

GUANJIEYAN

致病机理

关节炎是最常见的慢性疾病之一，共有100多种类型，其中较常见的有风湿性关节炎、类风湿性关节炎、外伤性关节炎、骨性关节炎及化脓性关节炎。骨性关节炎是世界头号致残性疾病，严重时可使人丧失全部活动能力。而类风湿性关节炎病程达到两年者，其骨破坏率即为50%，病情严重者寿命能缩短10～15年。关节炎并非老年性疾病，它对任何年龄段的人都有影响。

风湿性关节炎为风湿热的表现，多见于成年人，常发生于膝、肩、肘、腕等大关节，发病多在上呼吸道感染之后；类风湿性关节炎多见于青壮年，起病缓慢，常发生于手足小关节及骶髂部；外伤性关节炎多因外伤或持续慢性劳损引起关节软骨发生退行性变或形成骨刺，在运动员及青壮年中多见；骨性关节炎由组织变性及积累性劳损引起，多见于肥胖超重的中老年人，常发生于膝、手指、颈、腰椎等处；化脓性关节炎由细菌侵入关节腔引起，多见于少年儿童，常发生于髋关节。无论何种类型的关节炎，均应及早诊治，以免导致永久性关节功能障碍，甚至致残。

症状表现

- 风湿性关节炎：游走性关节痛、肿及发热和其他风湿热。
- 类风湿性关节炎：由手足小关节及骶髂部逐渐累及全身关节。
- 外伤性关节炎：患病关节肿、痛及运动障碍；易发生在持重关节，如肩、膝、踝等关节。
- 骨性关节炎：关节疼痛、僵硬（轻微活动后疼痛减轻）；重者可出现关节肿胀、肌肉萎缩等。
- 化脓性关节炎：局部红、肿、痛、热和功能障碍。

推荐食材

适合关节炎患者的食材包括：豆制品、甜椒、香蕉、虾、绿茶、奶酪等。

专家建议

关节炎患者应注意饮食上的调养，平时可用高蛋白、高热量、易消化的食物制作粥膳加以调理。另外，要少吃辛辣刺激、生冷、油腻食物。

绿茶粥

【材料】绿茶粉2小匙，大米1杯

【做法】1.大米淘洗干净，放入锅中，加适量水煮粥，以大火煮沸后，再转小火煮至米粒熟软。

2.粥中撒上绿茶粉，拌匀即成。

养生指南 绿茶中含儿茶素和强效的抗氧化性维生素，如β－胡萝卜素、维生素C、维生素E等，能加快热量的燃烧，加速消耗脂肪，有去脂减肥的作用。经常喝绿茶，有减肥瘦身、养颜美容效果。绿茶还具有抑菌、防衰老和血管硬化、抑制突变、防止辐射损伤、降低胆固醇和血脂等功效。绿茶中的两种化合物可阻碍能损害软骨的酶形成，从而预防关节炎。因此，平时常饮绿茶可维持骨骼健康，也可食用以绿茶烹制的养生粥膳。这道绿茶粥可有效抑菌、瘦身，并在一定程度上预防风湿性关节炎。

养生指南 关节炎患者应多食用高蛋白、高热量、易消化的食物。奶酪就是一种高蛋白食品，其营养非常丰富，蛋白质的含量比同等重量的肉类要高得多，并且富含钙、磷、钠、维生素A、B族维生素等营养成分。奶酪能增进人体抵抗疾病的能力，促进代谢，加强活力，对人体还有保健功效。常食奶酪能大大增加牙齿表层的含钙量，并补充人体的钙质，有利于骨骼的发育与健康。这道奶酪面包粥可在一定程度上预防关节炎，尤其适合儿童及青少年食用。

奶酪面包粥

【材料】吐司面包半片

【调料】奶酪少许

【做法】1.吐司面包去掉硬边，撕碎。

2.吐司面包放入锅中，加水煮，待水滚转小火，煮至黏稠状。

3.将奶酪倒入面包粥内拌匀即可。

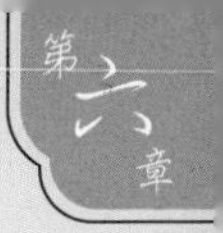

骨折

GUZHE

致病机理

骨折是指骨与骨小梁的连续性发生中断，完全或部分断裂，骨骼的完整性遭到破坏的一种体征。骨折通常分为闭合性骨折、开放性骨折、外伤性骨折及病理性骨折。还可根据骨折的程度、稳定性和骨折后的时间作出分类。

闭合性骨折又称单纯性骨折，骨折处的皮肤没有损伤，折断的骨头不与皮肤外界相通，从外形上看不出有骨折，但可看到局部形状的改变。开放性骨折又称复杂性骨折，骨折的局部皮肤破裂，骨折的断端与外界相通，骨折端露在外面，能在皮外看到骨折断端。病理性骨折指发生在原有骨病（如患有炎症、结核、肿瘤等）部位者。

推荐食材

适合骨折病人的食材包括：牛奶、排骨、豆腐、赤小豆、山药、当归、螃蟹、牛肉等。

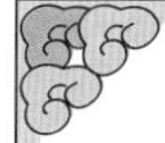

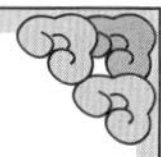

专家建议

中医认为，饮食调养对骨折的治疗十分重要，可选用具有强筋健骨作用的食物与中药制成粥膳加以调理。另外，骨折后的饮食调养要注意以下禁忌。

◆忌盲目补钙。钙是构成骨骼的重要原料，但增加钙的摄入量并不能加速断骨的愈合，对于长期卧床的骨折病人，还有引起血钙增高的潜在危险，同时伴有血磷降低。因此骨折后卧床期间的病人，切忌盲目补钙。

◆忌多吃肉骨头。骨折后如摄入富含钙、磷的肉骨头，会促使骨质内矿物质成分增高，导致骨质内有机质的比例失调，从而对骨折的早期愈合产生阻碍作用。

◆忌偏食。骨折病人常伴有局部水肿、充血、出血、肌肉组织损伤等症状，而这些症状的改善需要各种营养素的支持，因此要注意各种食物的搭配。为了保证营养均衡，骨折病人切忌偏食。

◆忌食不消化的食物。骨折病人往往食欲不振，时有便秘。因此，食物既要有营养，又要易消化。忌食糯米等易胀气或不消化食物，可多吃水果、蔬菜。

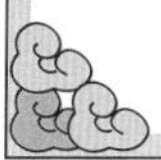

蟹柳豆腐粥

【材料】豆腐150克，蟹足棒1根，大米半杯，葱花适量

【调料】盐适量

【做法】1.豆腐切细丝；蟹足棒撕成细丝；大米淘洗干净。

2.大米放入锅中，加适量清水，浸泡5～10分钟后以小火煮粥。

3.待沸后，下豆腐、盐、葱花、蟹肉丝，煮至粥熟即成。

养生指南 豆腐除含有大量水分外，其主要成分是蛋白质和异黄酮。因此，不仅能为骨折病人补充营养，还具有抗氧化等养生保健的作用。中医认为，豆腐作为食药兼备的食品，具有益气、补虚等多方面的功能。螃蟹也是食药兼备的佳品，中医认为，螃蟹具有活血散结、消食、益气养筋、利关节、去热等功效，适用于骨伤筋断的食疗。这道蟹柳豆腐粥十分适合筋骨损伤后进补之用，常食可促进伤口及断口愈合。

养生指南 山药、牛肉皆具有很好的补益作用，可健脾胃、强筋骨。现代营养学认为，山药所含的黏蛋白在体内水解为有滋养作用的蛋白质和碳水化合物，因此，山药具有极好的强壮滋补作用。牛肉能提高机体抗病能力，尤其适合手术后、病后调养的病人补血、修复组织之用。这道山药牛肉粥具有很好的强筋健骨功效，处在修养期的骨折病人可常食。

山药牛肉粥

【材料】大米半碗，山药、牛肉各100克，姜丝、香菜各适量

【调料】盐少许

【做法】1.大米淘洗干净，用清水浸泡1小时；山药去皮，切丁；牛肉切片。

2.大米放入锅中，加适量水，用大火煮开，加入山药丁，再改小火慢煮至稠，再加入牛肉片一起煮。

3.起锅前加入盐调味，撒上姜丝、香菜即可。

皮肤瘙痒

PIFUSAOYANG

致病机理

皮肤瘙痒是一种自觉症状，临床上把只有瘙痒感而无原发性皮肤损害的皮肤瘙痒称为瘙痒症。皮肤瘙痒好发于中老年人，多见于冬天和夏天。皮肤痒的范围不定，可局限于一两处或广泛发生，也可导致全身皮肤发痒。发痒的程度也不定，往往间歇出现或连续不断。皮肤瘙痒症属中医学的风瘙痒范畴。

引发皮肤瘙痒的原因较多，常见的有皮肤病、糖尿病、肝损害、食物或药物过敏、妊娠风疹、阴痒、经前隐疹等。中医认为，皮肤瘙痒多由风邪外袭或血热内扰或血虚失养所致。

症状表现

●瘙痒。●有针刺。●灼热。●虫爬行感。

推荐食材

皮肤瘙痒患者可用下列食材制作粥膳来调理瘙痒的症状：赤小豆、马齿苋、何首乌、胡萝卜等。

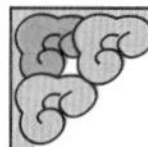

专家建议

一般的皮肤瘙痒通过中西医治疗，可较快得到控制和改善。症状轻者可单纯通过内服中药及外洗进行治疗；重症及顽固者宜将中西药结合进行治疗；皮肤瘙痒者若由内科疾患所致，往往反复发作且不易控制，因此应先处理内科疾病。

在药物治疗的同时，也要辅以饮食调理，可食用具有止痒作用的粥膳。但在平日的生活调养方面，应注意以下几点。

◆忌食发物与刺激性强的食物，如鱼、虾、蟹、葱、蒜、韭菜、酒等。

◆要加强营养与必要的锻炼，以提高机体自身免疫力。

◆老年人皮肤瘙痒多为血虚、阴虚所致，若血脂肪正常，可适当吃些含油质较多的食物。

◆夏季瘙痒症应尽量避免烤、炸、辣食物。

另外，还要养成良好的生活习惯。平时应注意皮肤的清洁卫生；注意内衣材质的选择；老年瘙痒症及冬季瘙痒症应避免洗热水澡，温水适宜，减少清洁剂、香皂的使用，洗澡后应立即擦绵羊油或婴儿油、乳液；注意调节室内温度，室内不宜太干燥等。

马齿苋赤小豆粥

【材料】马齿苋30克，赤小豆2大匙，粳米半杯

【做法】1.马齿苋择洗干净，入沸水中汆烫后晒干备用；粳米淘洗干净。

2.赤小豆洗净，放入砂锅中，加入适量清水，以大火煮沸，再改用小火煮30分钟，待赤小豆熟烂，加入粳米，视需要可加适量温开水，继续用小火煮至赤小豆、粳米熟烂如酥，加入马齿苋小段，拌匀，再煮至沸即可。

养生指南 马齿苋为马齿苋科植物马齿苋的全草。中医认为，马齿苋味酸，性寒，无毒，具有散血、消肿、治外疮等功效。现代医学认为，马齿苋含有丰富的胡萝卜素，能促进上皮细胞的生理功能和溃疡的愈合，对皮肤瘙痒等症有一定的疗效。赤小豆具有消肿、解毒、排脓等功效。皮肤瘙痒者可常食此粥，以改善瘙痒症状。

胡萝卜肉皮粥

【材料】胡萝卜、肉皮各100克，粳米半杯

【调料】盐适量

【做法】1.胡萝卜削皮，洗净，切成细丝，备用。

2.肉皮处理干净后，切成条状，汆烫后捞出。

3.粳米淘洗干净，放入锅中，加适量水煮成粥，待粥软烂时加入肉皮、胡萝卜、盐，煮熟即可。

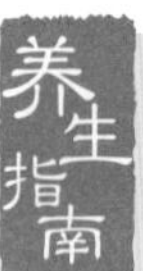

养生指南 中医认为，胡萝卜具有健脾消食、补肝明目、透疹、降气止咳的功效，适用于小儿营养不良、麻疹、夜盲症、便秘、高血压、肠胃不适、饱闷气胀等的食疗，同时可改善皮肤干燥的状况，从而缓解皮肤瘙痒。肉皮富含胶原蛋白和弹性蛋白，可补充和合成人体胶原蛋白，滋润肌肤，增加皮肤弹性，减少皱纹，光泽头发。这道胡萝卜肉皮粥营养丰富，常食可从内部调理身体，可避免出现皮肤因干燥而瘙痒的情况。

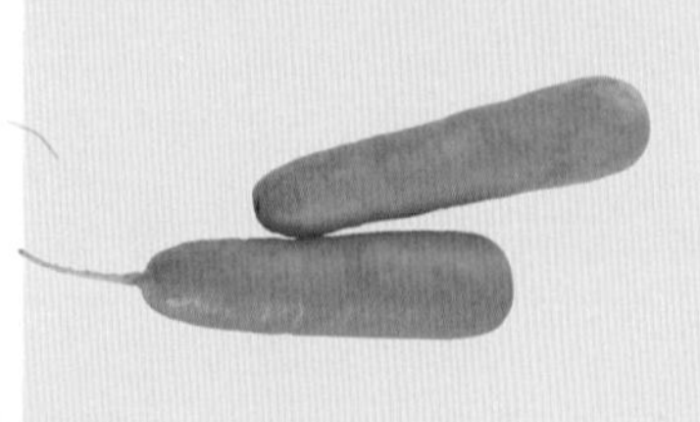

致病机理

湿疹是由多种内外因素所致的一种常见且伴有瘙痒的过敏性皮肤病，分为急性湿疹、亚急性湿疹和慢性湿疹三种。其中，急性、亚急性湿疹自然病程为2～3周，之后常转为慢性，且易复发。

湿疹可发生在身体任何部位，但好发于面部、耳周、腋窝，肘窝、阴囊、外阴及肛门周围等部位。发病原因未明，但一般认为，过敏体质是发病的主要原因，同时也受外界各种因素的影响。湿疹的常见病因包括：过敏反应（包括外物刺激过敏、吸入的物质过敏及食物过敏）、外界的刺激及精神因素。如牛奶、鱼、虾、慢性病灶及花粉等都是可致病或使病加剧的诱因。

症状表现

●急性湿疹：多为红斑、丘疹和小水疱组成；边界不清，有时伴有糜烂、渗液、感染现象。

●亚急性湿疹：炎症减轻，渗液停止，且伴有少许脱屑现象。

●慢性湿疹：皮肤变得粗糙、肥厚且呈苔藓样。

推荐食材

适合湿疹患者的食材有：绿豆、冬瓜、苦瓜、莲子、桂花、胡萝卜、西红柿等。

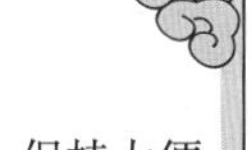

湿疹患者在日常生活中要注意养成良好的生活起居习惯，注意皮肤的清洁，保持大便通畅，避免外界过敏源的刺激，保持好心情等。

儿童是湿疹发生的高危人群。为避免因食物过敏而引发湿疹，至少在满1周岁之前不要给孩子吃整个的鸡蛋或鱼。还应注意保护孩子不要接触到下列潜在致敏源：烟草、烟雾、宠物的毛发及空气中传播的刺激物，如小虫子、花粉等。

对于湿疹患者来说，更重要的是要注意饮食上的养生。湿疹患者饮食宜清淡，因此十分适合通过食用粥膳进行调理。可多食具有清热利湿功效的食物制成的粥膳，如绿豆、冬瓜、苦瓜等。还要注意营养成分的均衡摄取，可多食用富含维生素和矿物质的蔬菜和水果。但要避免食用刺激性强的食物，如酒、咖啡、辣椒等。而发物、高蛋白及甜腻食物也应少吃，如鱼、虾、蟹等。

苦瓜羊腩燕麦粥

【材料】大米、燕麦各半杯，羊腩50克，苦瓜100克，姜片少许

【调料】盐、料酒各1小匙，胡椒粉少许

【做法】1.大米淘洗干净，用清水浸泡30分钟；燕麦淘洗干净，用清水浸泡8小时。

2.羊腩处理干净，切块，烫透，除去血污备用；苦瓜洗净，去瓤，切片，烫透后捞出，备用。

3.锅中加入清水、大米、燕麦，上火烧沸，下入羊腩、姜片及调料，搅拌均匀，转小火，煮1小时，再下入苦瓜煮10分钟，离火，出锅装碗即可。

养生指南 苦瓜营养丰富，含有蛋白质、脂肪膳食、碳水化合物等营养成分。此外，苦瓜还含有膳食纤维、胡萝卜素、苦瓜苷、多种矿物质、氨基酸及较多的脂蛋白等，可促进人体免疫系统抵抗癌细胞。苦瓜具有清热解毒的功效，对湿疹有较好的食疗功效。羊腩具有补虚温中、益肾壮阳的作用。这道苦瓜羊腩燕麦粥可清热、祛火，还可补益肾虚，适用于湿疹等症。

草莓绿豆粥

【材料】糯米1杯，绿豆半杯，草莓250克

【调料】白糖适量

【做法】1.绿豆挑去杂质，洗净，用清水浸泡4小时；草莓去蒂，择洗干净。

2.糯米淘洗干净，与泡好的绿豆一同放入锅内，加入适量清水，用大火烧沸。

3.煮沸后，转小火煮至米粒开花、绿豆酥烂，加入草莓、白糖搅匀即成。

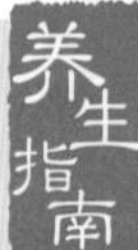

养生指南 中医认为，绿豆具有清热凉血、利湿、解毒等功效，非常适合患湿疹者食用，尤其适合有明显发热、疹红水多、大便干结、舌红苔黄等症状者。草莓具有润肺生津、健脾和胃、补血益气、凉血解毒的功效，对多种疾病均有辅助疗效。这道草莓绿豆粥具有清热、利湿、解毒等作用，湿疹患者可常食。

[贴心提醒]制作粥膳时，草莓一定要最后放，放入草莓后要马上关火，这样粥中就会有草莓清新的香气了。

痤疮

CUOCHUANG

致病机理

痤疮俗称“粉刺”、“青春痘”，是一种多发于青少年的毛囊皮脂腺的慢性皮肤炎症。通常此病女性比男性发病早，而男性比女性病情重。此病病程慢，常持续至成人期，30岁以后逐渐趋向稳定或痊愈。痤疮如不及时治疗或防治不当，可遗留终生难愈的瘢痕而影响容貌。

本病多从男女青春期开始发病。由于青春期雄性激素分泌旺盛，皮脂腺增大，皮脂分泌增多，同时使毛囊、皮脂腺导管角质化过度，皮脂淤积于毛囊形成脂栓，即粉刺。另外，遗传、内分泌功能障碍、多脂多糖类及刺激性饮食、高温及某些化学因素等，也可能是该病的诱因。

中医认为，痤疮的治疗应以清热、去湿、凉血等方法为主。

症状表现

●以面部较为多见，也见于胸背部皮脂腺较丰富的部位，油性皮肤更严重，多表现为粉刺、丘疹、脓疱、结节及囊肿等，常伴油脂溢出。

●有白头粉刺和黑头粉刺。如用手挤压黑头粉刺，可见乳白色脂栓被挤出；白头粉刺常由于细菌感染而发生毛囊炎症性小丘疹，丘疹顶端有脓疱，后遗留点状萎缩性疤痕。

●严重时可见如豌豆大小的暗红色坚硬结节。

●有的粉刺可发展成柔软的囊肿，囊内有血性胶冻状液体，即囊肿性痤疮。

推荐食材

适合痤疮患者的食材、药材包括：薏米、莲子、苦瓜、海藻、金银花、蒲公英、鱼腥草等。

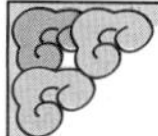

专家建议

痤疮患者平时应注意通过合理的养生方法来调养病症，具体应注意以下几点。

◆养成良好的生活习惯，注意劳逸结合与皮肤的清洁，保持心情舒畅，避免精神过度紧张。

◆合理的饮食习惯、均衡的营养是调养的关键。饮食应以清淡为主，多食水果和蔬菜，多饮水，少食肥腻、腥发及辛辣刺激食物。

苦瓜粳米粥

【材料】苦瓜100克，粳米半杯

【调料】冰糖1大匙，盐少许

【做法】1.苦瓜去瓤，切成小丁；粳米淘洗干净。

2.苦瓜、粳米一同放入锅中，加入适量水，用大火烧开后，放入冰糖、盐，再用小火熬煮成稀粥。

苦瓜粳米粥

养生指南 苦瓜是药食两用的食疗佳品，我国民间自古就有“苦味能清热”和“苦味能健胃”之说。现代医学认为，苦瓜能提高免疫系统的功能，同时还利于人体皮肤新生和伤口愈合。痤疮的治疗往往以清热、去湿、凉血为主，因此，苦瓜是改善痤疮较好的选择。痤疮患者可经常食用这道苦瓜粳米粥。

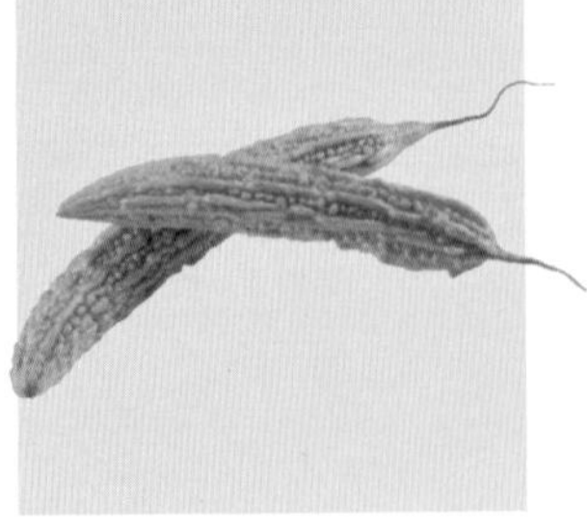

养生指南 天葵草，又叫天葵子。中医认为，天葵草味甘、苦，性寒，归肝、胃经，具有清热解毒、消肿散结的功效，常用于痈肿疔疮、乳痈、瘰疬、毒蛇咬伤等的辅助治疗。现代医学认为，天葵草对疔、疮等具有较好的疗效。以天葵草与粳米煮粥，可清热利水、健脾渗湿、解热毒、消粉刺，适用于青春痘、痤疮。

[贴心提醒] 食粥时，紫背大葵草拣出勿吃。每日服此粥小半碗，同时可取适量热汁擦洗患处。

天葵薏米粥

【材料】天葵草鲜品50克，薏米2大匙

【做法】1.薏米淘洗干净，留取淘米水；天葵草洗净，备用。

2.天葵草、薏米、淘米水一同放入锅中煮30分钟即成。

擦伤、割伤

CASHANG GESHANG

致病机理

擦伤、割伤是日常生活中的常见外伤。伤后要及时采取措施，清创、止血，以促进伤口愈合。在处理伤口时要注意以下几点。

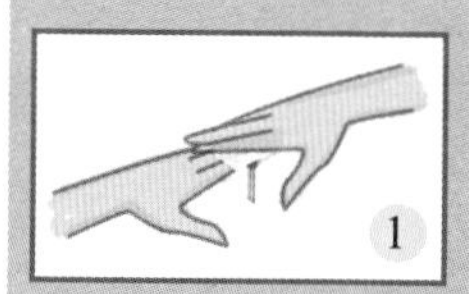

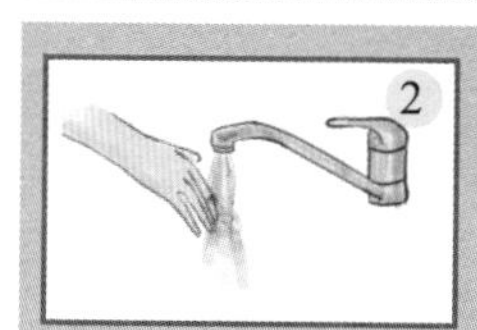

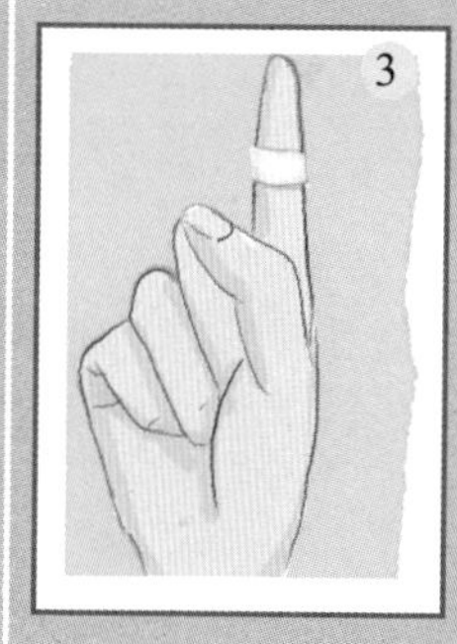

1.将一块清洁且能吸水的布放在伤口处，用手压紧，通常会在一两分钟内止血。2.可用清水轻轻清洗伤口，每天两次。3.若血流不止，可将受伤的部位高举超过心脏，以减低伤口的血压，防止流血。也可先压住伤口离心脏最近的止血点（即能测量到脉搏的部位），待1分钟后若未止血再予以紧压。4.用弹性绷带绑住伤口时，不要阻碍血液循环。勿使用止血带，以免因血液循环被阻断而失去受伤的手或脚。5.24小时内要注射破伤风预防针。

推荐食材

擦伤、割伤后适宜食用的食材、药材包括：燕麦、玉米、荷叶、木耳、黄花菜、荠菜、荸荠、乌贼、海参、柿子、栗子、花生、玫瑰花、西洋参、三七等。

专家建议

皮肤受伤后，除止血处理外，还要注意饮食上的调养。应多食具有止血、杀菌、消炎功效的食物，可用这类食物制成粥膳进行调理。

荠菜粳米粥

【材料】荠菜200克，粳米半杯

【调料】盐少许

【做法】1.荠菜择洗干净，细切；粳米淘洗干净。

2.粳米加适量清水放入锅中，用大火煮沸后加入荠菜，再用小火续煮至粥成，用盐调味后食用。

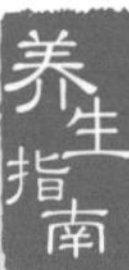

养生指南 荠菜为十字花科植物的幼嫩叶。中医认为，荠菜味甘，性平，具有和脾、清热利尿、凉血止血、明目的功效，常用于改善痢疾、水肿、淋病、乳糜尿、吐血、便血、血崩、月经过多、产后子宫出血、肾结核尿血、目赤肿痛等。现代医学认为，荠菜含丰富的维生素C和胡萝卜素，有助于增强机体免疫功能，还能降低血压、健胃消食，对胃痉挛、胃溃疡、痢疾、肠炎等病有食疗作用。这道荠菜粳米粥具有良好的止血作用，适用于擦伤、割伤后的食疗。

荸荠粳米粥

【材料】荸荠150克，粳米半杯

【调料】白糖少许

【做法】1.将荸荠冲洗干净，去尖，去皮，切成小块，放沸水中稍汆捞出；粳米淘洗干净。

2.粳米加适量清水放入锅中，用大火煮沸后，加入荸荠，再用小火续煮至成粥，再依个人口味加白糖调味即可。

养生指南 荸荠又叫马蹄，营养丰富。荸荠中含有一种抗菌成分——荸荠英，这种物质对金黄色葡萄球菌、大肠杆菌、绿脓杆菌均有一定的抑制作用，对降低血压也有一定效果。中医认为，荸荠性寒，有清热泻火、凉血解毒、利尿通便、化湿祛痰、消食除胀的功效，既可清热生津，又可补充营养。这道荸荠粳米粥具有较好的消炎功效，可在一定程度上防止擦伤后伤口感染，同时也有补益作用，能促进伤口愈合。

中耳炎

ZHONGERYAN

致病机理

中耳炎俗称“烂耳朵”，是鼓室黏膜的炎症，在耳的中部发生感染。病菌进入鼓室后，当机体的抵抗力减弱或细菌毒素增强时就会产生炎症。中耳炎常伴发于普通感冒、流感或其他类型的呼吸道感染。这是因为耳的中部通过一对极小的管道与上呼吸道相连接，此管被称为咽鼓管。

中耳炎包括三种：急性化脓性中耳炎、慢性化脓性中耳炎和分泌性中耳炎。

患有中耳炎后要及时治疗。如不治疗，中耳炎能引起更严重的合并症，包括乳突炎、丧失听力、鼓膜穿孔、面神经麻痹等。

症状表现

●耳内疼痛（夜间加重）。●听力减退。●发热。●恶寒。●口苦。●小便红或黄，大便秘结。

推荐食材

适合中耳炎患者的食材、药材包括：圆白菜、土豆、豌豆、香椿、黄花菜、马齿苋、柚子、海参、苦丁茶、金银花等。

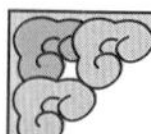

专家建议

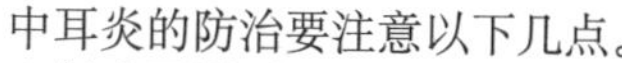

中耳炎的防治要注意以下几点。

◆每次弄湿耳朵后要及时吹干耳朵，以消除细菌及霉菌生长的温湿环境；也可使用干燥剂，如消毒酒精等，干燥后要将干燥剂排出来。洗头、洗澡及游泳时要戴上耳塞，以免弄湿耳朵。

◆如果耳朵痛，在就医前，可先用止痛药止痛。也可用一块清洁的毛巾热敷耳部，以缓解疼痛。

◆毋须经常清除耳垢。耳垢是良性菌的栖身处，也是耳内天然的防御措施，平时勿用棉花棒挖除。

◆平时应注意补充营养素，如锰、维生素A、维生素E、维生素C及维生素D等。

◆若中耳炎反复发作或高烧39℃以上或出现听力障碍，要马上去医院就诊。严重时，需要开刀处理，并使用抗生素辅助治疗。

此外，还要注意饮食养生，可用具有止痛、杀菌、消炎作用的食材制成粥膳加以调理。

香椿粥

【材料】香椿嫩叶100克，粳米半杯

【调料】香油1大匙，盐少许

【做法】1.香椿嫩叶清洗干净，切成碎末。

2.粳米淘洗干净，放入锅中，加清水烧开。

3.加入香椿叶熬煮成粥后加入香油、盐调匀即成。

养生指南 香椿自古以来就是时令名品，其营养价值及药用价值均颇高，此外，还含有胡萝卜素及B族维生素、维生素C等成分。中医认为，香椿味苦，性温，具涩血止血、固精、燥湿、清热解毒、健胃理气、润肤明目等功效，可缓解疮疡、脱发、目赤、肺热咳嗽等病症，对急慢性菌痢、膀胱炎、尿道炎、子宫内膜炎、阴道炎、赤白带下等有辅助食疗作用。这道香椿粥具有较好的消炎功效，适用于中耳炎。

李仁双豆粥

【材料】白扁豆50克，郁李仁15克，黑大豆50克，粳米250克

【调料】无

【做法】1.白扁豆、黑大豆用清水浸泡；郁李仁去皮，研碎；粳米淘洗干净。

2.郁李仁、粳米一起放入锅中，加适量水，煮至五成熟，加入白扁豆、黑大豆，煮熟即可。

养生指南 郁李仁具有润燥滑肠、下气、利水等功效，常用于津枯肠燥、食积气滞、腹胀、便秘、水肿、脚气、小便不利等症的辅助治疗。白扁豆具有健脾化湿、和中消暑的功效，常用于脾胃虚弱、食欲不振、大便溏泻、白带过多、胸闷腹胀等症。黑大豆味甘，性平，入脾、肾经，具有活血、利水、祛风、解毒等功效，可改善水肿胀满、风毒脚气、黄疸浮肿、痈肿疮毒，还可解药毒。这道李仁双豆粥可用于水肿、腹胀等症的食疗，也适用于中耳炎，特别是化脓性中耳炎。

眼睛保健

YANJINGBAOJIAN

致病机理

中医认为，眼睛的功能与人体脏腑经络的关系非常密切，它是人体精气神的综合反映。古人认为："五脏六腑之精气，皆上注于目"，"目者，五脏六腑之精也，营卫魂魄之所常营也，神气之所生也。"因此，眼睛保健既要重视局部，又要重视整体与局部的关系。

在进行养目健目的养生时，要注意以下两点。

一、眼睛喜凉怕热，遇到心火、肝炎过盛，就会长眼垢、发干、红肿至充血。经常用流动的凉水洗脸可减少眼睛疾病，保护视力，增强眼睛对疾病的抵抗力，尤其对常患眼红、发干、视物不清、沙眼等病的人，益处更为明显。

二、实践表明，茶水熏眼对保护眼睛、恢复视力有极大的帮助。熏眼时要用手捂住杯口，以防热气过快散失，过热无法忍受时可稍休息一会儿。每次熏10分钟左右，并坚持至少每天一次。

症状表现

●近视。●远视。●弱视。●斜视。●散光。●青光眼。●白内障。●老花眼。

推荐食材

有益于眼睛保健的食材包括：胡萝卜、苋菜、菠菜、韭菜、青椒、红薯、黄瓜、菜花、小白菜、鲜枣、梨、橘子、杏、柿子、鱼、虾、奶类、蛋类、豆类、动物肝脏等。

专家建议

保护眼睛，平时应做到科学、合理用眼，注意劳逸结合，不要长时间连续看书、看电视，定时做眼睛保健操。

另外，饮食保健对增强视力也是至关重要的。平时应经常吃些有益于眼睛的食品，如蔬菜、水果、动物的肝脏，可适当吃鱼肝油，切忌贪食肥腻及辛辣刺激的食物。

可用具有明目、增强视力等功效的食材制成粥膳来调理。由于眼睛与脏腑经络关系密切，因此也可采用有益脏腑经络的食材来制作粥膳。

胡萝卜肉丸粥

【材料】胡萝卜150克，肉末150克，大米2杯

【调料】胡椒粉少许，盐2小匙

【做法】1.大米淘洗干净，加适量水以大火煮沸，滚后再转小火煮。

2.胡萝卜削皮，洗净，切细丝，加入粥中。

3.肉末加少许胡椒粉和1小匙盐拌匀，挤成丸状，待米粒熟软及胡萝卜丝软透再加入粥锅中，以中火煮至丸子熟透，加盐调味即成。

养生指南 这道胡萝卜肉丸粥富含胡萝卜素，即维生素A原，进入人体后可转变为能保护眼睛与视力的维生素A。胡萝卜素与油脂合用，更易于人体吸收，而此粥中的肉末则能提供充足的油脂。此粥还能有效保护视力，可在一定程度上预防因缺乏维生素A所致的夜盲症和干眼症，电脑族也可常食此粥。

[贴心提醒] 制作肉丸时，肥瘦搭配比例非常重要。全是瘦肉或瘦肉过多的肉丸滋味欠佳，质感不好；肥肉过多，肉丸则过于油腻。建议以三肥七瘦的比例调配肉丸，煮熟后软嫩、鲜香。

萝卜杏仁粥

【材料】胡萝卜2根，萝卜1根，蜜枣6个，杏仁12克，大米半杯

【调料】盐1小匙

【做法】1.胡萝卜、萝卜去皮，切成小块；大米、蜜枣洗净。

2.将做法1与杏仁加适量水放入锅中煮粥，煮熟后加盐调味即可。

养生指南 胡萝卜含有的胡萝卜素，被人体吸收后，会转变为维生素A，从而起到保护眼睛和视力的作用。萝卜又名莱菔，含有能诱导人体自身产生干扰素的多种微量元素，可增强机体免疫力。中医认为，萝卜具有消积滞、清热解毒、化痰、下气宽中等功效。杏仁含有丰富的脂肪、蛋白质、碳水化合物以及胡萝卜素、B族维生素、钙、磷、铁等矿物质，常食杏仁对眼睛也大有裨益。这道萝卜杏仁粥可保护视力，发挥抗氧化作用，并能排解燥郁、帮助消化。

白内障

BAINEIZHANG

致病机理

白内障是常见致盲眼病之一。眼中健康的晶状体如透明的凸透镜，假如其部分或全部变为混浊，而影响到视力，就称为白内障。初期混浊对视力影响不大，而后如果逐渐加重，就会明显影响到视力，甚至失明。

白内障有很多病因，遗传、先天异常、代谢障碍、衰老、眼病和眼外伤等都可导致本病。根据致病原因不同，白内障大体可分为老年性白内障、先天性白内障、外伤性白内障和并发性白内障。其中，老年性白内障是最常见的一种，多见于50岁以上的老年人；先天性白内障则是在胚胎发育中晶体的发育出现障碍，多由遗传或先天因素所致；眼球机械性外伤、化学性烧伤、电击伤和辐射性损伤，均可导致晶体混浊，统称为外伤性白内障；某些疾病引起晶体代谢障碍而致晶体混浊称并发性白内障，如葡萄膜炎、视网膜脱离、青光眼和眼球萎缩、糖尿病、血清钙过低、半乳糖代谢障碍、药物和化学物质中毒等。

症状表现

●视力减退，视物模糊。●近视度数加深。●单眼复视或多视症。●眼前固定性黑影或视物发暗。●畏光。

推荐食材

适合白内障患者食用的食材包括：青鱼、沙丁鱼、瘦肉、花生、核桃、牡蛎、西红柿、红枣、梨等。

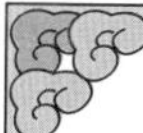

专家建议

治疗白内障最有效的方法是手术，通过手术治疗，绝大多数患者能成功地恢复视力，同时也要辅以食疗，可多吃富含维生素C的食物。研究发现，维生素C具有防止白内障形成的功效。因为白内障的形成是由于光线与氧气长期对晶状体产生作用的结果，而维生素C能减弱光线和氧对晶状体的损害，从而防止白内障的发生和发展。因此，患有白内障的中老年人应适当多吃一些富含维生素C的食物，如新鲜绿色蔬菜等。另外，也可多吃富含锌的食物，据研究发现，在晶状体中锌的含量较高，而患有白内障的人晶状体中含锌量明显减少。因而患有白内障的人也可多吃些含锌丰富的食物，如沙丁鱼、牡蛎等。

牡蛎糯米粥

【材料】鲜牡蛎肉100克，糯米半杯，蒜末3大匙，五花肉50克，洋葱末2大匙

【调料】料酒半大匙，胡椒粉半小匙，盐2小匙

【做法】1.糯米淘洗干净；鲜牡蛎肉清洗干净；五花肉切成细丝。

2.糯米下锅，加清水烧开，待米稍煮至开花时，加入猪肉丝、牡蛎肉、料酒、盐、熟猪油，一同煮成粥，然后加入蒜末、洋葱末、胡椒粉调匀，即可食用。

养生指南 牡蛎营养丰富，含有蛋白质、脂肪、谷胱甘肽、多种维生素、锌、铜、镁及人体必需的8种氨基酸等成分，其中，锌的含量很高。研究显示，白内障患者晶状体中含锌量明显减少，因此，锌是防治白内障的关键成分。这道牡蛎糯米粥适用于白内障。

猪骨西红柿粥

【材料】粳米半碗，猪骨头500克，西红柿2个，葱花、姜丝、枸杞子各少许

【调料】盐2小匙

【做法】1.粳米淘洗干净，用清水浸泡30分钟；西红柿洗净，切块；猪骨头砸碎，放入开水中汆烫，捞出。

2.猪骨放入锅内，加入适量清水，置大火上煮沸后转小火继续熬煮半小时至1小时，离火。

3.粳米放入砂锅内，倒入做法2，大火烧沸后加入西红柿，转小火煮至骨烂汤稠，加盐调味，撒葱花、姜丝、枸杞子稍煮即可。

养生指南 西红柿含有丰富的维生素C，有生津止渴、健胃消食、凉血平肝、清热解毒、降低血压、利尿等功效，对高血压、肾脏病有良好的辅助食疗作用。猪骨、枸杞子也具有很好的补益作用。这道猪骨西红柿粥富含维生素C，可改善中老年人的白内障症状。

青光眼

QINGGUANGYAN

致病机理

青光眼和白内障一样，也是常见的致盲眼病之一。青光眼是指眼内压力或间断或持续升高的一种眼病，眼内压力升高可因其病因的不同而有各种不同的症状表现。持续的高眼压可给眼球各部分组织和视功能带来损害，造成视力下降和视野缩小。如不及时治疗，视野可全部丧失，甚至失明。

由于青光眼病因复杂，至今尚没有一个很完善的分类方法，但大体上可将青光眼分为以下几类：急性闭角型青光眼、慢性闭角型青光眼、原发性开角型青光眼、先天性青光眼、继发性青光眼及低眼压性青光眼。

青光眼的诱因较多，如睡眠不足、劳累过度、情绪激动或过度悲伤等，都可能引发青光眼。

症状表现

●虹视。●眼痛、头痛。●恶心、呕吐。●视力下降、眼充血和流泪。●严重时会发生视神经的损害。

推荐食材

适合青光眼患者的食材包括：菜花、圆白菜、萝卜、丝瓜、赤小豆、黄花菜、蘑菇、海带、蚕豆、薏米、小米、玉米、荞麦、大麦、燕麦、草莓、葡萄、柑橘、香蕉、红枣、梨、西瓜等。

专家建议

青光眼患者在日常养生中要注意以下禁忌。

◆不吃或少吃刺激性食物，如辣椒、生葱、大蒜、胡椒、韭菜等。

◆不宜吃过多的盐，宜选择低盐饮食，炒菜不宜过咸。

◆控制饮水量，尤其在冬季的夜晚不要多喝水。一次喝水或喝汤，都不要超过500毫升。

青光眼患者在治疗的同时，也要辅以饮食调理。要多吃清淡、易消化、富含纤维素的食物，如水果、蔬菜，保持大便通畅，以防腹压增加时诱发眼压升高；多吃富含维生素C的食物，以降低眼压并恢复胶原代谢平衡；给予高渗透性食物，如蜂蜜，加速房水排出，降低眼压。

赤豆黄花粥

赤豆黄花粥

【材料】赤小豆2大匙，黄花菜30克

【做法】1.赤小豆洗净；黄花菜择洗干净。
2.锅中加水烧开，将赤小豆放入熬成豆粥，加入黄花菜煮熟即可。

养生指南 黄花菜是著名的观赏花卉，又是著名的佳蔬良药。明代李时珍认为黄花菜“甘凉无毒，煮食治小便赤涩、解烦热、利胸痛、安五脏，令人好欢无忧及明目。”黄花菜还具有止血、消肿、镇痛、通乳、健胃和安神的功能，对肝炎、黄疸、大便下血、感冒、痢疾等多种病症有辅助食疗作用。赤小豆则具有利水、消肿等功效。以黄花菜与赤小豆煮粥，可安神、明目。此粥适用于青光眼。

红枣西米粥

【材料】西米半杯，红枣3大匙，鸡蛋1个

【调料】糖桂花1大匙，红糖1大匙

【做法】1.西米淘洗干净，用清水浸泡；红枣去核，洗净，切丝；鸡蛋打散，备用。
2.锅中加水烧开，加入红枣、红糖、西米，以大火烧煮成粥。
3.淋上打散的鸡蛋再熬煮片刻，根据个人口味撒上糖桂花即成。

养生指南 红枣营养丰富，含有碳水化合物、氨基酸、铁、钙、磷、镁、钾、生物碱、黄酮类物质、苹果酸、维生素C、维生素P、维生素B_2和胡萝卜素等营养成分，对保持身体健康极其有益。

中医认为，脏腑之中，肝、肾与眼的关系最为密切。因此，要保证眼睛的健康，必须从内部调理肝肾，以养肝血、补肾精为主。而红枣是补益肝肾的食品，所以常食红枣可起到缓解青光眼的功效。这道红枣西米粥对青光眼、白内障均有很好的食疗功效，眼病患者可常食。

鼻炎

BIYAN

致病机理

鼻炎是鼻腔黏膜和黏膜下组织的炎症，分为急性、慢性、萎缩性和变应性鼻炎四种类型。

急性鼻炎多为病毒感染引起的鼻腔黏膜充血、水肿、渗出的急性发炎性疾病，俗称“伤风”、“感冒”，中晚期可合并或继发细菌感染。

慢性鼻炎是急性鼻炎反复发作或治疗不当所致，邻近病灶反复感染或一些刺激也可诱发。

萎缩性鼻炎是一种鼻腔黏膜、骨膜和骨质发生萎缩且发展缓慢的疾病，分为原发和继发两种。

变应性鼻又称过敏性鼻炎，是鼻腔黏膜的变应性疾病，并可引起多种并发症。临床上一般分为常年性和季节性两型，易见于年轻人。

症状表现

●急性鼻炎：全身不适；鼻腔软腭上方干燥痛或灼热痛；体温升至38℃或更高，有鼻塞、喷嚏、流泪和大量清水样涕；嗅觉减退；继发感染时可流脓涕。

●慢性鼻炎：交替、间歇或持续鼻塞流涕；并发鼻窦炎时鼻涕量增多；嗅觉减退；长期鼻塞、张口呼吸；病史长者以肥厚性鼻炎较为多见，个别可伴发耳鸣或听力下降。

●萎缩性鼻炎：鼻腔、鼻咽部干燥；鼻塞；分泌物黏稠、恶臭，有脓痂形成；头痛、头晕、耳鸣；嗅觉减退或完全消失，易出血。

●变应性鼻炎：发作时鼻痒、喷嚏、鼻塞及大量水样鼻涕，嗅觉减退；出现头痛、咽喉痛、耳鸣、听力障碍、畏光流泪及其他变应性症状。

推荐食材

适合鼻炎患者的食材、药材包括：土豆、豌豆、丝瓜、香椿、黄花菜、马齿苋、海参、金银花等。

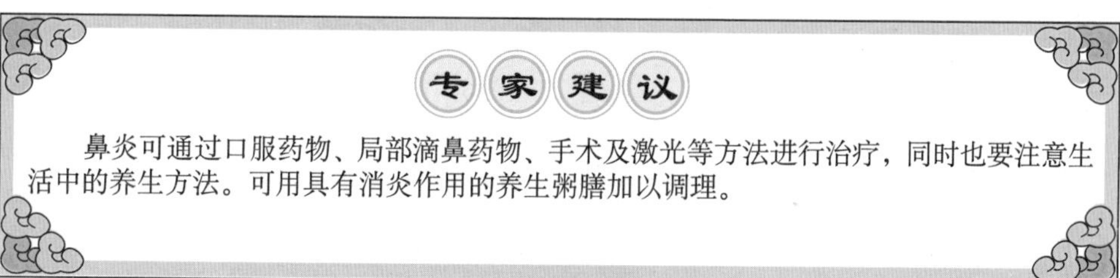

专家建议

鼻炎可通过口服药物、局部滴鼻药物、手术及激光等方法进行治疗，同时也要注意生活中的养生方法。可用具有消炎作用的养生粥膳加以调理。

番茄丝瓜粥

【材料】丝瓜500克，西红柿3个，粳米半杯，葱花、姜末各适量

【调料】盐少许

【做法】1.丝瓜洗净，去皮，切小片；西红柿洗净，切成小块，备用。

2.粳米淘洗干净，放入锅内，加适量清水，置火上煮沸，改小火煮至八成熟，放入丝瓜、葱花、姜末、盐煮至粥熟，放西红柿稍炖即成。

养生指南 丝瓜为葫芦科植物丝瓜的鲜嫩果实。中医认为，丝瓜具有暖胃补阳、固气和胎的功效。现代医学认为，丝瓜含有皂苷、黏液质、木聚糖、脂肪、蛋白质及多种维生素等，具有止咳、化痰、平喘、抑菌、驱虫、抗早孕的功效，常用于改善腰痛、细菌性痢疾、慢性支气管炎等。这道番茄丝瓜粥具有清热、化痰、止咳、生津、除烦的功效，适用于鼻炎。

养生指南 中医认为，通草味甘、淡，性微寒，具有清热、利尿、补血、通乳、通气、通畅孔窍等功效，适用于湿温尿赤、淋病涩痛、水肿尿少、乳汁不下等的辅助治疗，适合产后女性、乳汁不足者食用。黄花菜具有养血平肝、利尿消肿的作用，可缓解头晕、耳鸣、心悸、腰痛、吐血、大肠下血、水肿、咽痛等。以通草、黄花菜、大米煮粥，能利尿消肿，通畅呼吸，改善鼻塞失音的症状。鼻炎患者可服用此粥。

黄花菜通草粥

【材料】通草10克，黄花菜150克，大米1大匙

【调料】盐适量

【做法】1.大米淘洗干净；黄花菜去蒂，打结，用清水泡软。

2.锅中加适量水烧开，放入通草，取汁，去渣。

3.大米、黄花菜与做法2中的药汁一同煮粥，熟后加盐调味。

口腔溃疡

KOUQIANGKUIYANG

致病机理

口腔溃疡，又称为“口疮”，是一种反复发作的慢性口腔黏膜病，好发于青壮年，女性多于男性，一般10天左右可痊愈。本病可迁延数年或数十年不愈。

该病与机体抵抗力下降、情绪失调、过度疲劳、内分泌紊乱、真菌感染及营养缺乏有关，多为病毒感染所致。专家认为，口腔溃疡患者身体的疲劳、精神不佳等都可导致人体内环境失衡，从而激活潜伏在体内的病毒，导致溃疡发生；口腔溃疡也受内分泌状况的影响，如女性月经前口腔溃疡会有恶化情形，更年期女性也有病例增多现象；营养缺乏也是导致口腔溃疡的一个重要原因。

症状表现

●在口腔黏膜上出现圆形或椭圆形溃疡。●溃疡中心凹下。●溃疡表面覆以淡黄色膜。

推荐食材

适合口腔溃疡患者的食材包括：圆白菜、莲子、白萝卜、绿豆、生地、麦冬、红茶等。

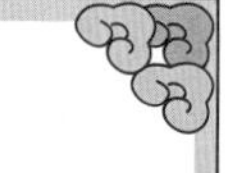

专家建议

为了预防口腔溃疡，平时应注意生活中的养生。要养成良好的生活习惯，注意劳逸结合，避免因上火而致口腔溃疡。另外，也要在饮食上多加注意，可用清淡的粥膳作为辅助食疗。饮食养生应注意以下几点。

◆饮食宜多样化，以保证营养均衡。

◆不宜多食刺激性强及易引发过敏的食物，如大蒜、葱、韭菜、臭豆腐。忌食煎炸烘烤食品，忌食过冷、过热、过辣的食物。

◆多食蔬菜、水果。但柑橘类的水果含酸很多，易刺痛溃疡伤口，应避免食用。

◆避免接触易因过敏而导致溃疡的食物或药物。

莲子粥

【材料】大米、绿豆、莲子各半碗

【调料】糖适量

【做法】1.大米、绿豆均淘洗干净，沥干；莲子略洗。

2.锅中加入适量水烧开，放入所有材料煮滚，稍微搅拌后改中小火熬煮30分钟，依个人口味加糖调味即可。

养生指南 莲子是常见的滋补之品，有很好的滋补作用，具有养心安神、清热除烦的功效。绿豆与莲子一样，也具有很好的清热功效。二者合用煮制的粥膳，具有清热、解毒、祛火等功效，对口腔溃疡、上火等症均有较好的食疗功效。

[贴心提醒] 如果需要赶时间，可以用高压锅来制作这道粥膳。高压锅内加适量水，材料全部放入锅内，煮开后盖上阀，以小火煮约15分钟即可。

红茶粥

【材料】红茶包1袋，大米1杯

【做法】1.大米淘洗干净，加适量水以大火煮开，煮开后转小火慢煮至米粒熟软。

2.将红茶袋置入粥锅中，焖约3分钟，待茶香渗入粥汁及米粒中，即可将茶袋取出，趁热进食。

养生指南 红茶含有茶黄质和儿茶素，具有消除口臭、清香口气、预防蛀牙、缓解口腔溃疡等功效，还能调节血糖值和血压值，降低胆固醇，维持心血管健康，增强心脏功能。此外，红茶还可以增进食欲、帮助胃肠消化、消除水肿、利尿。这道红茶粥清香怡人，可抑菌、消肿，对口腔溃疡有较好的食疗作用。

致病机理

牙痛是口腔科牙齿疾病最常见的症状之一。很多牙病能引起牙痛，如龋齿、急性牙髓炎、慢性牙髓炎、牙周炎、牙龈炎等。此外，某些神经系统疾病，如三叉神经痛、周围性面神经炎等。身体的某些慢性疾病，如高血压病患者牙髓充血、糖尿病患者牙髓血管发炎坏死等都可引起牙痛。

传统中医根据牙痛的病因将牙痛分为以下几种。

风热牙痛。风火邪毒侵犯，伤及牙体及牙龈肉，邪聚不散，气血滞留，淤阻脉络，从而导致牙痛。

胃火牙痛。胃火旺盛，又吃了辛辣的食物，或外感风热邪毒，从而引起胃火至牙床，伤及龈肉，损及脉络，从而导致牙痛。

虚火牙痛。肾主骨，齿为骨之余，肾阴亏损，虚火且有炎症，导致牙齿浮动而疼痛。

推荐食材

经常牙痛的人可食用以下食材：核桃、梨、西瓜、茄子、土豆、芹菜、萝卜、鸭蛋、花椒、枸杞子、麦冬等。

牙痛的防治，要注意养成良好的生活习惯及采取科学的养生方法。

◆注意情绪的调节，保持心情舒畅，心胸豁达，情绪宁静。

◆平时应注意口腔卫生，养成早晚刷牙，饭后漱口的良好习惯。一旦发现蛀牙，要及时治疗。

◆保持大便通畅，以免发生便秘，致使体内毒素无法排出，进而导致牙痛。

◆忌酒、热性动火及过硬的食物，少吃过酸、过冷、过热食物。

◆睡前不宜吃糖、饼干等淀粉类的食物，以免因发生龋齿或其他疾病而致牙痛。

◆宜多吃清胃火及清肝火的食物，如南瓜、西瓜、荸荠、芹菜、萝卜等。也可用这类食物制成具有清热、祛火等功效的粥膳进行调理。

鸭蛋牡蛎粥

【材料】熟咸鸭蛋2个，干牡蛎50克，粳米4大匙

【做法】1.粳米淘洗干净，备用。

2.粳米放入锅中，加适量水，煮成粥。

3.将咸鸭蛋去壳、切碎，与干牡蛎一起放入粥锅内，再煮片刻，调味食用。

养生指南 鸭蛋中富含蛋白质，有强壮身体的作用。鸭蛋中的各种矿物质，特别是人体所需的铁和钙，有益于牙齿与骨骼的发育，并能预防贫血。牡蛎具有养肝解毒、提高性功能、消除淤血、提高免疫力、促进新陈代谢等功效。二者与粳米一起煮粥对牙齿发育较有益处，可缓解牙痛，尤其适用龋齿型牙痛。

二冬米粥

【材料】麦冬、天冬各50克，大米半杯

【做法】1.麦冬、天冬均洗净，切碎。

2.大米淘洗干净，与麦冬、天冬一起放入锅中，加适量水煮成粥。

养生指南 麦冬为百合科植物麦冬的块根。中医认为，麦冬味甘、微苦，性微寒，入心、肺、胃经，具有养阴生津、润肺清心的功效，可祛除体内虚火，从而缓解牙痛。天冬味甘、微苦，性寒，具有养阴清热、润燥生津、润肺清心的功效。以麦冬、天冬、大米煮制的粥膳，具有清心、祛火、生津等功效，对虚火型牙痛有较好的食疗功效。牙痛期间建议每日1次。

月经不调

YUEJINGBUTIAO

致病机理

月经是女性特有的生理现象，是指有规律的、周期性的子宫出血。正常月经周期的计算法：从月经周期的第一天至下次月经周期的第一天，天数一般为25～35天，但也有少数人2个月、3个月或一季月经才来潮一次的，只要周期规律，亦属于正常范畴。若周期低于21天，则为月经先期；若周期大于35天，且有一直向后拖延的趋势，则为月经后期。

月经不调是指与月经有关的多种疾病，包括月经的周期、经期、经量、经色、经质的改变或伴随月经周期前后出现的某些症状。

中医认为，导致月经不调的原因主要包括心情抑郁、体质虚弱、饮食不当、不良的生活习惯等，这些会造成脏腑功能紊乱、气血失调。因此，治疗月经不调主要应以调理气血、平衡脏腑功能为主。另外，月经不调也与血液淤滞、血流不畅有关，因此在治疗时也要注意活血化淤。

症状表现

●月经周期提前或推后7天以上，或先后不定期。●月经量少或点滴即净。●月经量多，淋漓不尽或行经日数超过8天。●腰膝酸软。●头晕耳鸣。●腹痛，并有下坠感。●精神疲惫。

推荐食材

适合月经不调者的食材、药材包括：海参、蚌肉、乌贼鱼、乌鸡、乳鸽、阿胶、红糖、山楂、山药、冬瓜、木耳、莲藕、芍药等。

专家建议

对于月经不调，最好避免用药物治疗。只要平时注意饮食养生，通过食疗同样可以改善月经不调，而且更有益于健康。月经提前者应注意补铁和维生素C；月经推后者则应注意加强营养，避免贫血；经血过多者应多食富含蛋白质、铁等具造血功能的粥膳。

另外，还要注意调节不良的情绪；平时应多饮开水，保持大便通畅；多吃新鲜蔬菜和水果；经期不食生冷、寒性及刺激性的食物，如冷饮、葱、姜、辣椒等。

芍药粳米粥

【材料】芍药花（色白阴干者）6克，粳米半杯

【调料】白糖少许

【做法】1.粳米淘洗干净，与适量水一同放锅中煮粥。

2.待煮沸1～2次后，加入芍药花再煮至粥熟，加入白糖即可。

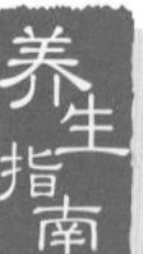

养生指南

芍药别名将离，属毛茛科多年生宿根草本植物。芍药的肉质块根为重要的中药材，白芍则更为名贵，有镇痛、解热等功效。野生芍药根为赤芍，其味苦，性微寒，有凉血、散淤的功效。中医认为，芍药花具有养血柔肝、充盈气血、调经美容的作用，适用于面部黄褐斑、皮肤粗糙、黯淡、萎黄者。

这道芍药粳米粥具有养血调经的功效，能改善肝气不调、气血虚弱所致的胁痛烦躁、经期腹痛等症。建议空腹食用此粥。

蔷薇花粥

【材料】绿豆、粳米各3大匙，蔷薇花4朵

【调料】白糖适量

【做法】1.绿豆用清水浸泡发胀；粳米淘洗干净备用。

2.绿豆、粳米与适量水一同放入锅中煮成粥。

3.蔷薇花、白糖加入粥锅中，稍煮即成。

养生指南

蔷薇花为蔷薇科植物多花蔷薇的花朵。中医认为，蔷薇花味甘，性凉，具有清暑、和胃、止血的功效，对暑热、吐血、口渴、泻痢、疟疾、刀伤出血等症均有较好的食疗功效。这道蔷薇花粥具有醒脾利气、止痛等功效，对月经不调有一定食疗作用。

乌贼鱼粥

【材料】干乌贼鱼50克，粳米半杯，葱段、姜片各适量

【调料】盐适量

【做法】1.干乌贼鱼用温水泡发，冲洗干净，切成丁；粳米淘洗干净。

2.起锅热油，下葱段、姜片煸香后，加入清水、乌贼鱼肉，煮至熟烂，加入粳米，继续煮至粥成，再用盐调味即可。

养生指南

乌贼鱼又叫墨鱼。中医认为，乌贼鱼味酸，性平，无毒，具有益气强志、通月经、固精止带、止血、止酸、敛疮的功效，可辅助治疗女性带下、月经过多、咳血、各种湿疹及胃酸分泌过多等。现代医学认为，乌贼鱼具有抗肿瘤的作用，还可以改善胃及十二指肠溃疡、疟疾、哮喘等病症。这道乌贼鱼粥可改善女性经期不适，对月经不调有较好的疗效。

天山雪莲粥

【材料】白果、天山雪莲各适量，麦片2大匙，芡实、桂圆肉各30克，大米3大匙，红枣10个

【做法】1.所有材料均洗净，备用。

2.锅中加适量水，放入所有材料煮粥，粥熟后即可食用。

养生指南

芡实具有补中益气、滋养强壮、镇静等功效，适用于慢性泄泻、小便频数、梦遗滑精、女性带多腰酸等症。桂圆自古以来就被视为珍贵的滋补佳品，具有补心益脾、养血安神的功效，是改善健忘、惊悸和病后虚弱、贫血萎黄、神经衰弱、产后血亏等的佳品。红枣具有养血安神、补血养颜、改善月经不调等功效。天山雪莲是菊科风毛菊属雪莲亚属的草本植物，对牙痛、风湿性关节炎、阳痿、月经不调等具有一定疗效。白果具有敛肺定喘、止带浊、缩小便的作用。因此，这道天山雪莲粥十分适合女性食用，可调理各种经期不适，对带下、月经不调均有良好的疗效。建议此粥在经期前食用，可调经、润燥，对中年女性还有一定的安眠、养颜作用。

致病机理

痛经是指女性在月经周期及其前后出现的小腹或腰部疼痛，有时甚至痛及腰骶。

目前临床上常将痛经分为原发性和继发性两种，原发性痛经是指经妇科检查后，生殖器官未发现明显器质性的病变，常见于月经初潮或初经后不久的未婚少女；而继发性痛经则是因生殖系统的器质性病变而引发的严重经痛，常见于子宫腺肌症、巧克力囊肿及盆腔炎等患者。

中医认为，女性在经期及月经前后，生理上冲任的气血较平时变化急骤，此时若感病邪或潜在病因与气血相干，以致冲任、胞宫气血运行不畅，则易致疼痛，即“不通则痛”。或因为冲任、胞宫失于濡养，进而导致痛经，即“不荣则痛”。

症状表现

●小腹或腰部疼痛。●恶心、呕吐。●冷汗淋漓。●手足厥冷，甚至昏厥。

推荐食材

适合痛经患者的食材包括：扁豆、丝瓜、桃仁、菠菜、银耳、木耳、核桃、花生、红枣、荔枝、桂圆、栗子、桃、牛肉、鸡肉、鸭蛋、鲤鱼、泥鳅、鲫鱼、墨鱼、虾、枸杞子、益母草、牡丹花、芍药花、赤小豆、黑豆、绿豆等。

专家建议

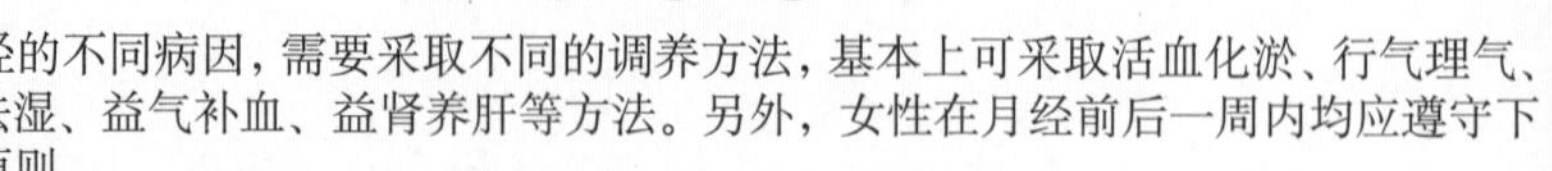

针对痛经的不同病因，需要采取不同的调养方法，基本上可采取活血化淤、行气理气、温经散寒、祛湿、益气补血、益肾养肝等方法。另外，女性在月经前后一周内均应遵守下列基本养生原则。

◆避免过度运动或劳累，以防经血过多、经期延长或闭经。

◆在饮食方面，少吃生冷、辛辣刺激性食物，多饮温水。

◆生活起居要有规律，避免淋雨、涉水，勿用冷水洗澡、洗头，洗头后立即吹干头发。

◆月经期间应定时换卫生巾，保持外阴部清洁，禁止坐浴。

◆减少情绪波动，保持心情开朗，以免引发痛经或疼痛加重。

养生粥膳 >>

益母草汁粥

【材料】鲜益母草汁半大匙，鲜生地黄汁40克，鲜藕汁40克，粳米半杯，生姜汁少许

【调料】蜂蜜半大匙

【做法】1.粳米淘洗干净，与适量水一同放锅中煮成粥。

2.待粥熟时，加入鲜益母草汁、鲜生地黄汁、鲜藕汁、生姜汁、蜂蜜，煮成稀粥即可。

养生指南 益母草为唇形科植物益母草的全草，中医认为，它具有活血、化淤、调经、消水等功效，常用于辅助治疗女性月经不调、痛经、闭经、恶露不尽、难产、胞衣不下、产后血晕、淤血腹痛、崩漏、尿血、泻血、痈肿疮疡等症，也可改善急性肾炎水肿、痢疾等。生地黄具有清热凉血、滋阴生津的功效，常用于血热毒盛、吐血、鼻出血等的辅助治疗。这道粥膳具有滋阴、养血、调经、化淤的功效，适用于女性痛经、淤血腹痛等。建议每日分2次温服此粥。

[贴心提醒] 此粥病愈即停，不宜久服。

养生指南 牡丹花具有调经活血的功效，可辅助治疗女性月经不调、经行腹痛、闭经等症。牡丹花能调理气机，益气养血，因此能调女性经血而止经期腹痛。此外，牡丹花还能通经络、利关节，常用作关节痹痛、女性经闭腹痛等的辅助治疗。这道牡丹花粳米粥具有通经祛淤、养血调经的功效，可缓解女性月经不调、行经腹痛等，适宜闭经女性食用。建议空腹食用此粥。

牡丹花粳米粥

【材料】牡丹花（阴干者）6克（鲜花可用10~20克），粳米半杯

【调料】白糖少许

【做法】1.粳米淘洗干净，与适量水一同放入锅中煮粥。

2.锅中粥煮沸1~2次后，加入牡丹花再煮，粥熟后加入白糖调匀即可。

子宫癌

致病机理

子宫癌确切的名称是子宫体癌或子宫内膜癌，主要发生在子宫内里，与宫颈癌有所不同。

子宫癌的高发者包括：初潮早、绝经晚的绝经后女性；患有肥胖症、糖尿病或高血压的女性；卵巢功能长久失调者；未生育者；不育者；月经不规律或子宫内膜增生者；常服用避孕药的女性。另外，女性更年期后长期服用激素类药物也可能增加患子宫癌的机会。

到目前为止，医学界对诱发子宫癌的原因还未确定。一般认为可能是多项因素的交叉协同作用引起的，这些危险因素包括：宫颈糜烂、性行为频繁或性生活紊乱、忽略性行为的清洁卫生、忽略经期卫生、性伴侣包皮过长等。

子宫癌在早期发现，可以及早治疗，痊愈的机会较高。如不治疗，子宫内膜癌能穿透子宫壁侵犯膀胱或直肠，或扩散到阴道、输卵管、卵巢或更远的器官。

症状表现

●不规则阴道出血。●绝经后女性阴道出血，类似于月经。●阴道分泌物呈粉色、褐色、水样或黏稠状，有异味。●经盆腔检查发现子宫增大。●癌肿转移或扩散时，体重下降，虚弱，下腹、背部及腿部疼痛。

推荐食材

适合子宫癌患者的食材包括：大白菜、茄子、西红柿、荸荠、菱角、苋菜、香菇、猕猴桃、无花果、花生、薏米、黄豆、红薯、绿茶等。

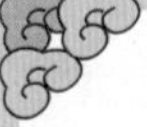

专家建议

子宫癌患者重在治疗，同时也要注意饮食上的养生。子宫癌患者的饮食要以清淡为主，营养全面而均衡，注意粗细粮的搭配，烹调得当，饮食要能维持正常体重。建议患者尝试以下饮食：新鲜的天然黄色蔬菜和水果，如圆白菜；豆类及其制品；多吃鱼；低脂奶制品、茶、全谷类；适当吃些瘦肉、禽蛋类，肉类应以禽类为主。注意少吃油。可选择上述食材制成清淡、滋补的粥膳，既营养，又健康，是子宫癌患者不错的饮食选择。

养生粥膳 >>

香菇粥

【材料】大米半碗，香菇50克

【调料】A：盐1小匙，鸡精、胡椒粉各半小匙

B：香油少许

【做法】1.大米淘洗干净，香菇洗净，切成薄片。

2.将大米、香菇放入锅内，加适量水，置大火上烧沸。

3.加入调料A，再用小火煮30分钟，加入调料B出锅装碗即成。

养生指南 香菇营养丰富，被视为“菇中之王”。香菇含有10多种氨基酸，还含有维生素B_1、维生素B_2、烟酸及矿物质等。香菇对增强抗病能力和缓解感冒症状均有良好效果，经常食用香菇可预防各种黏膜及皮肤炎、血管硬化等病症，可降低血压，对人体健康大有裨益。这道香菇粥有一定的防癌抗癌作用。

大白菜粳米粥

【材料】粳米半杯，大白菜、葱花各适量

【做法】1.大白菜洗净，粳米淘洗干净。

2.将粳米加入适量水，放锅中煮成粥。再放入大白菜，用中火煮约8分钟即可。

养生指南 大白菜具有清热除烦、通利肠胃、消食养胃的功效，可改善肺热、咳嗽、咽干、口渴、头痛、大便秘结、痔疮出血等。现代营养学认为，大白菜含有大量的膳食纤维、蛋白质、脂肪、多种维生素及钙、磷、铁等矿物质，有助于增强机体免疫功能，还能促进排便，稀释肠道毒素。医学研究证明，白菜所含的微量元素钼可抑制人体对亚硝酸铵的吸收、合成和积累，故有一定抗癌作用。这道大白菜粳米粥可在一定程度上预防癌症，适用于子宫癌、热病后烦热口渴、大便不通等。

子宫肌瘤

ZIGONGJILIU

致病机理

子宫肌瘤主要由子宫平滑肌细胞增生而形成，其确切名称应为子宫平滑肌瘤，是女性生殖器官中最常见的一种良性肿瘤。子宫肌瘤多见于四五十岁的女性，发病率约为20%～30%，随着年龄的增长，比例逐渐上升。子宫肌瘤根据其发生的部位不同，大体上可分为腹腔的浆膜下肌瘤、黏膜下肌瘤及肌层内肌瘤三大类。

子宫肌瘤的发病原因至今仍未确定，一般认为可能与体内雌激素过多以及长期刺激有关。

中医认为，子宫肌瘤的形成，多与正气虚弱、血气失调有关。正气虚弱是形成本病的主要因素。此病一旦形成，邪气更加旺盛，正气则更易受损，因此后期易形成正气虚、邪气实及虚实错杂的病情。

症状表现

●子宫出血，如月经过多、月经周期不正常、不规则出血等。●腹部有包块。●下腹部或腰部坠胀不适，下肢酸痛，性交疼痛。●白带增多，可能有大量脓性白带，出血时有血性白带，有恶臭，且有阴道排液。●有压迫症状，常出现尿频、尿潴留、尿失禁、大便不畅、肾盂积水等症。●出现乏力、面色苍白、心慌、气短等贫血症状。●习惯性流产或不孕。

推荐食材

适合子宫肌瘤患者吃的食材有：白菜、芹菜、菠菜、黄瓜、冬瓜、豆腐、海带、香菇、玉米、豆类、花生、芝麻、鸡肉、牛奶等。

专家建议

中医对子宫肌瘤的治疗，一般从调理气血、化淤散结、补益冲任着手，通过全面调理女性各脏器功能，调整内分泌，改善微循环，清除体内淤积，达到消除子宫肌瘤的目的。

在饮食养生方面也应多加注意。要培养良好的饮食习惯；饮食定时定量，不暴饮暴食；坚持低脂肪饮食，多吃瘦肉、鸡蛋、绿色蔬菜、水果等；多吃五谷杂粮；常吃营养丰富的干果；忌食辛辣、酒类、生冷食品。

养生粥膳 >>

虾仁白菜粥

【材料】大米1杯，鲜虾仁100克，小白菜1棵，嫩姜1片

【调料】盐1小匙

【做法】1.大米淘洗干净，放入锅中，加适量水以大火煮沸后，改小火煮至米粒熟软。

2.用牙签挑去虾仁背上的泥肠；小白菜去根，洗净，切小段；姜洗净，切细丝。

3.小白菜、姜先下入粥锅中，煮沸后再下虾仁，待虾仁煮熟，加盐调味即成。

养生指南 小白菜又叫青菜，小白菜中所含的矿物质钙、磷能够促进骨骼的发育，加速人体的新陈代谢和增强机体的造血功能。胡萝卜素、烟酸等营养素也是维持生命活动的重要物质。常食小白菜可缓解精神紧张，并在一定程度上预防癌症，还有助于荨麻疹的消退。这道虾仁白菜粥有助于排出身体毒素，对子宫肌瘤有一定的食疗功效。

[贴心提醒] 痛风患者慎食此粥。

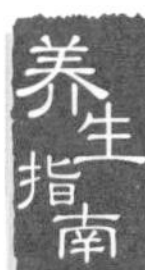

芹菜粳米粥

【材料】粳米1杯，芹菜连根120克

【调料】盐适量

【做法】1.芹菜连根洗净，切成2厘米长的段，放入锅内；粳米淘洗干净。

2.粳米放入锅内，加适量水用大火烧开，然后改小火熬煮。

3.粥熟时，加盐调味即可。

养生指南 芹菜又称香芹，具有清热凉血、利水消肿、平肝、止血之功效，可缓解高血压、头晕、烦渴、水肿、女性月经不调、赤白带下等病症。芹菜还具有一定的抑制肿瘤生长、补血等作用。这道芹菜粳米粥具有清肝热、降血压、祛风、利湿、调经、降脂等功效，对子宫肌瘤具有一定的食疗作用。建议早晚空腹食用此粥。

崩漏带下

BENGLOUDAIXIA

致病机理

所谓崩漏是指女性不在行经期间，阴道大量出血或持续出血、淋漓不断的现象。其中，暴下如注、大量出血者称为崩，病势缓、出血量少、淋漓不绝者为漏。以青春期和更年期女性较为多见。

带下是指以带下量多或色、质、气味发生异常为主要表现的妇科常见病。

中医认为，崩漏的发生，主要是由于冲任损伤、脏腑虚损不能约束经血所致；带下则多由冲任不固、带脉失约从而导致水湿浊液下注而成。

症状表现

崩漏：●暴崩下血。●淋漓不净。

带下：●带下色黄或白。●连绵不断。●气味异常。

推荐食材

适合崩漏患者的食材、药材包括：黄鱼、墨鱼、黄鳝、牡蛎、阿胶、乌鸡、动物肝脏、牛奶、木耳、莲子、藕、红枣、桂圆、当归等。

适合带下患者的食材、药材包括：荞麦、韭菜、芹菜、山药、扁豆、莲子、荷叶、马齿苋、蕨菜、驴肉、鳗鱼、石榴、鹿茸等。

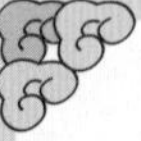

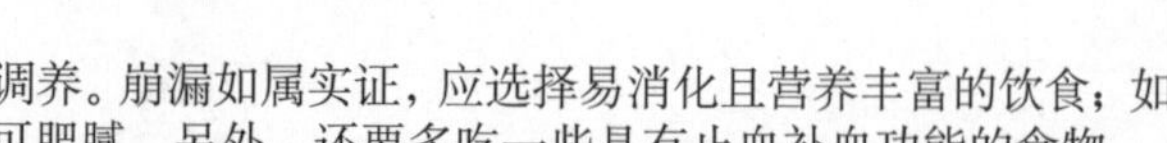

崩漏患者应对症进行饮食调养。崩漏如属实证，应选择易消化且营养丰富的饮食；如属虚证，则宜进行滋补，但不可肥腻。另外，还要多吃一些具有止血补血功能的食物。

带下患者也要辨证施养。带下如由湿热引起，应以清热、利湿、解毒的食物为主；如由脾虚引起，则应选择健脾、益气、除湿的饮食；如由肾虚引起，适宜选用具有温肾、固涩功效的食物。

养生粥膳 >>

腐皮白果粥

【材料】大米半杯，豆腐皮100克，白果50克，枸杞子少许

【做法】1.大米淘洗干净，用清水浸泡30分钟。

2.豆腐皮用温水清洗后切成丝状；白果去壳，去芯，备用。

3.大米、白果一同放入锅中，以大火煮沸后放入豆腐丝稍煮再转小火熬成稠粥后，加入枸杞子，盛出即可。

养生指南 白果又称银杏，为银杏科植物银杏的种子。白果可辅助治疗哮喘、痰嗽、带下、遗精、小便频数等。这道腐皮白果粥具有敛肺定喘、收涩止带的功效，适用于脾虚型、湿毒型带下。

[贴心提醒] 白果有毒，故不可多食此粥。

小麦血肝粥

【材料】小麦、大米各半杯，鸡血、鸡肝各适量

【调料】醪糟半杯，盐适量

【做法】1.小麦、大米淘洗干净，用清水浸泡30分钟。

2.做法1中的材料放入锅中，加适量水煮沸，再改小火熬成粥。

3.鸡血、鸡肝切小粒，用醪糟拌匀，放入粥内煮熟，起锅前撒盐稍煮片刻即可。

养生指南 小麦具有养心、益肾、除热、止渴等功效。鸡血味咸，性平，入心、肝二经，具有祛风、活血、通络的功效。鸡肝具有补肾安胎、明目的功效。以小麦、鸡血、鸡肝及大米煮粥，可养心除烦、利肝益气，适用于女性崩漏带下。

更年期综合征

GENGNIANQIZONGHEZHENG

致病机理

更年期综合征是指由于卵巢功能衰退，雌激素分泌水平下降而引起植物神经系统功能失调的症候群，好发于46～50岁之间的中年女性。更年期是女性由生育期向老年期的过渡阶段，在这一阶段内，女性内分泌系统逐渐衰退，生殖功能开始减弱，女性第二性征逐渐退化，生殖器官慢慢萎缩，最后丧失生育功能。大多数更年期女性，仅会出现轻微的月经失调症状，直到最后完全停经，并不需要特别治疗。但少数女性因卵巢功能衰退而引起内分泌及神经系统功能紊乱，形成比较严重的更年期综合征，会严重影响到生活与工作。另外，部分年轻女性因卵巢功能衰退，也会提早出现严重的更年期综合征。一般绝经早、雌激素减退快（如手术切除卵巢）以及平时精神状态不稳定者，较易出现症状，且程度往往较重。

症状表现

●阵发性烘热。●出汗。●皮肤有刺激或轻度寒冷感。●头晕、头痛。●疲乏。●注意力不集中。●抑郁、紧张、情绪不稳、易激动。●失眠、健忘。●多疑。●肢体感觉异常。●耳鸣。●骨骼关节痛。●骨质疏松。●易患冠心病、高血压、高血脂。●皮肤黏膜萎缩，弹性减弱。●乳房萎缩。●泌尿系统和生殖道不适等。

推荐食材

能缓解更年期综合征的食材、药材包括：菊花、桑葚、牡蛎、山药、香椿、枸杞子、茯苓、肉苁蓉、龙骨、肉桂、山茱萸、何首乌、女贞子、石决明、丹参、天冬、麦冬、柏子仁、生地、甘草、五味子、黄连、半夏、陈皮、竹菇、柴胡、白芍、合欢皮等。

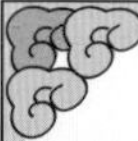

专家建议

更年期综合征要注意饮食疗法。在日常生活中要注意饮食养生。平时可用一些具有滋阴、温肾、养心、疏肝功效的食物与药材制成养生粥膳加以调养，以缓解或改善更年期的不适。

养生粥膳 >>

何首乌蛋黄粥

【材料】何首乌50克，鸡蛋2个，粳米半杯，黄豆2大匙，酸枣仁1大匙，生姜末适量

【调料】盐、香油各适量

【做法】1.何首乌、黄豆、酸枣仁放入锅中，加适量水煎成药汁。

2.鸡蛋只取蛋黄；粳米淘洗干净。

3.粳米放入砂锅中，加入药汁、清水，用大火煮沸后，打入蛋黄，将蛋黄打散，用小火煮成粥后，再加入盐、生姜末、香油即可。

养生指南 何首乌是较为常见的中药材，具有调节免疫力、促进毛发生长及降脂等作用。中医认为，正气虚是导致衰老的基本因素，也是老年病频繁发起的内在原因。何首乌善于补益人体的精血，精血足则正气盛，可以增强抗病能力，延缓衰老。黄豆含有一种叫大豆异黄酮的物质，这种物质可有效清除体内的自由基，帮助人体排出毒素，从而延缓衰老。酸枣仁具有养心、安神、敛汗等功效，适用于更年期神经衰弱、失眠、多梦、盗汗等症。更年期女性可常吃此粥。

香椿豆腐粥

【材料】米饭1碗，豆腐1块，香椿适量

【调料】清汤适量

【做法】1.香椿择洗干净，切成末；豆腐放入开水中煮一下，切成末。

2.锅内放入清汤、米饭一同煮至米饭软烂，再放入豆腐末、香椿末稍煮即成。

养生指南 豆腐含有丰富的蛋白质和碳水化合物，有清热解毒、生津润燥、调和脾胃、下大肠浊气等功效。豆腐可在一定程度上预防骨质疏松、乳腺癌和前列腺癌的发生，是更年期的保护神。香椿具有清热解毒、润肤明目、健脾胃等功效。因此，这道香椿豆腐粥具有清热解毒等功效，能较好地改善更年期综合征的症状。

致病机理

卵巢是产生卵子和分泌雌性激素的器官，位于盆腔侧壁髂总动脉分叉处，左右各一个。女性的卵巢功能一旦紊乱或衰退，极易出现一系列的病变。常见的卵巢病变包括：卵巢肿瘤、功能失调性子宫出血、闭经泌乳综合征、多囊卵巢综合征、更年期综合征及经前期紧张综合征等。其中，卵巢肿瘤是妇科常见的疾病之一，常见于青春期以后、更年期之前的育龄女性。

良性的卵巢疾病多可通过药物治愈，但严重者需配合手术治疗。无论采取何种治疗方法，均要辅以食疗，注重日常的养生。

症状表现

●下腹闷胀、不适或疼痛。●能触摸到腹部肿块。●胃肠不舒服。●月经不调。●闭经。●频尿。

推荐食材

有益于卵巢保养的食材、药材包括：黄豆、花生、榛子、马齿苋、西洋参等。

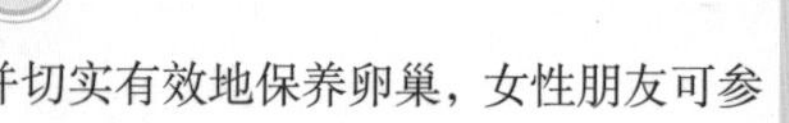

为了避免卵巢出现病变，保证卵巢功能正常，并切实有效地保养卵巢，女性朋友可参考以下养生原则。

◆饮食要适当。不宜经常摄取高热量、高蛋白、高脂肪的饮食，而生冷寒凉、炸烤、烟熏、腌制、发霉及辛辣等食品也不应多食。少喝冷茶、冷咖啡，勿过饮浓茶及咖啡。

◆根据个人不同体质，选用有益于卵巢健康的食材烹制养生粥膳，用以补养身体。

◆用药要适当。无论是治疗疾病或补养身体，都要辨证用药，即寒证宜用热药，热证用寒药，切勿乱用药，以防加重病情或有损健康。

◆注意调节情绪，保持心情愉快，减少情绪过度刺激，尤其是忧思过度及心情郁闷者更容易引起卵巢、子宫及乳房等部位的肿瘤。

◆注意劳逸结合，多参加体育锻炼，注意避免过度劳力、劳神，节制房事。

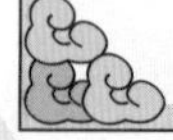

养生粥膳 >>

马齿苋蒲公英粥

【材料】马齿苋、蒲公英各15克，大米半杯

【调料】冰糖适量

【做法】1.马齿苋、蒲公英放入锅中，加适量水煎煮，去渣取汁备用。

2.大米淘洗干净，放入锅中，加入做法1中的药汁煮粥，熟后放入冰糖即可服用。

养生指南 马齿苋为马齿苋科一年生草本植物马齿苋的全草。中医认为，其具有清热解毒、凉血止血等功效，可用于辅助治疗热毒血痢及湿热痢疾、湿疹、便血、崩漏下血等。现代医学研究证明，马齿苋有延缓衰老的作用，对保持卵巢健康有一定的功效。蒲公英为具有清热作用的广谱抑菌类药物，可有效清除自由基，且含有抗肿瘤成分，可在一定程度上预防卵巢肿瘤的发生。这道马齿苋蒲公英粥具有清热解毒、凉血止血的功效，对卵巢保养具有较好的食疗功效。

美味黄豆粥

【材料】黄豆、糯米各半杯，核桃3个

【做法】1.黄豆、糯米用温水浸泡半小时；核桃砸开，取仁。

2.糯米加适量水放入锅中，大火烧开后再转小火，然后加黄豆、核桃仁，煮熟后可根据个人口味加调料调味。

养生指南 黄豆含有蛋白质、脂肪、碳水化合物、膳食纤维、维生素A等多种营养成分，还含有一种异黄酮类物质，这类物质对预防部分癌症的发生有一定帮助。现代医学研究证实，每天吃60克黄豆，血中抗癌的有效浓度足以抑制一半的乳腺癌、子宫内膜癌、卵巢癌及前列腺癌的生长。核桃具有极强的抗氧化作用，可抵抗衰老，对保持卵巢健康较有益处。以黄豆、核桃、糯米煮粥，有助于延缓衰老，维护卵巢健康。

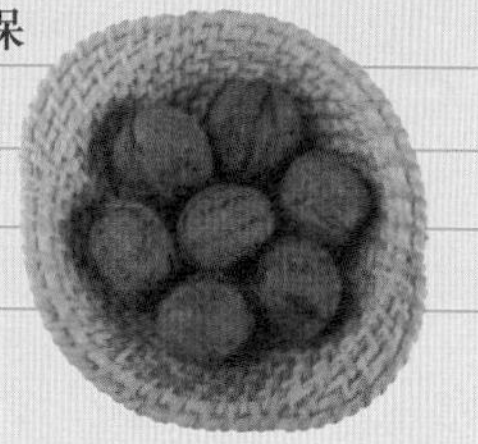

阳痿

YANGWEI

致病机理

阳痿是男性性功能障碍，是指男性在性交时阴茎不能勃起或勃起不全而致不能进行性交，阳痿常与遗精、早泄同时并见。临床上将阳痿大致分为器质性阳痿和心理性阳痿两大类。器质性阳痿多与阴茎发育异常、阴茎局部病变、神经性病变、内分泌疾病、心肺疾病、血液病和传染病、全身疾病、药物因素等方面的影响有关；而心理性阳痿则与病人强烈的情绪波动、各种恐惧焦虑心理、过度的体力和脑力劳动、神经衰弱、家庭不良因素的影响、儿童期性问题上的精神创伤、手淫习惯、首次性交失败、害怕性交、抑郁、缺乏自信心、夫妻感情不和、不信任等因素有关。

青壮年患者80%左右为心理因素所致。因此治疗阳痿，调整心理更为重要。

症状表现

●阴茎无法勃起，不能正常行房事，但在睡梦中易勃起。●性兴奋时阴茎开始勃起，但在行房事时就会软下来。●阴茎勃起不全，也不能持久。

推荐食材

能改善阳痿的食材、药材有：羊肉、羊腰、狗肉、鹿肉、动物内脏、牡蛎、蚕蛹、土豆、韭菜、黑豆、鹿茸等。

专家建议

阳痿患者要注意下列养生要点。

◆养成良好的生活习惯。每晚临睡前，先用凉水坐浴10分钟，再以温水坐浴15分钟，每天1次。坚持此法对老年男性性功能衰退者出现的早泄、性欲减退有帮助，可改善后尿道抑制射精的能力，促进性欲。

◆现代医学研究表明，男性体内缺乏微量元素锌，就会导致精子数量减少、畸形精子数量增加以及性功能和生育能力的减退。因此，阳痿患者应注意补锌。

◆注意补充营养，但要根据自己的体质进行补养。

养生粥膳 >>

黑豆泥鳅粥

【材料】黑豆半杯，泥鳅200克，瘦肉120克，大米1杯，姜片适量

【调料】盐少许

【做法】1.泥鳅处理干净；肉剁成碎末；黑豆、大米淘洗干净。

2.黑豆加适量水入锅煮熟后放入大米，待煮至软烂时放入泥鳅、肉末和姜片。

3.出锅时加盐调味，即可食用。

养生指南 中医认为，黑豆为肾之谷，入肾经，具有健脾利水、消肿下气、滋肾阴、润肺燥等功能。现代药理研究证实，黑豆除含有丰富的蛋白质、卵磷脂、脂肪及维生素外，还含有黑色素及烟酸。故黑豆一直被人们视为药食两用的佳品。中医认为，泥鳅味甘，性平，具有补中益气、利尿除湿的作用。这道黑豆泥鳅粥可养肾滋阴，对男性阳痿有较好的食疗作用。

鲜虾韭菜粳米粥

【材料】粳米半杯，虾100克，鲜韭菜50克，姜末1大匙

【调料】盐1小匙

【做法】1.粳米淘洗干净，用清水浸泡45分钟；虾洗净，去壳，挑去泥肠；韭菜洗净，切细。

2.粳米入锅，加适量水煮粥。

3.待粥将熟时，放入虾仁、韭菜、姜末、盐，继续煮至虾熟米烂即可。

养生指南 韭菜是百合科植物韭的叶。中医认为，韭菜具有温中下气、补肾壮阳、调和脏腑、缓解腹部冷痛等功效。现代医学认为，韭菜可治疗带状疱疹、软组织扭伤、急慢性肾炎、肿瘤、阳痿、遗精等症，十分适合男性食用。虾的营养价值极高，能增强人体的免疫力和性功能，具有补肾、壮阳、抗早衰的功效。以韭菜、虾、粳米、姜煮制的粥膳，具有补肾虚、壮肾阳、抗早衰等功效，适用于男性阳痿。

遗精

YIJING

致病机理

遗精是指在没有进行性交时男性就开始射精的现象，临床上将遗精分为生理性遗精和病理性遗精。这里所说的遗精主要是指病理性遗精。清醒时发生的遗精称为滑精；睡觉时发生的遗精称为梦遗；精满而遗者则称为溢精。滑精多由肾虚精关不固或心肾不交或湿热下注所致，可见于包茎及包皮过长、尿道炎、前列腺疾患等；梦遗是由于潜意识对性的渴求所致；溢精则是由于性功能旺盛所致。如果男性遗精的次数不多，平均每个月1～2次，都属于正常现象；如果次数过多，则被视为病症。

引起遗精的原因较多，如情志失调、饮食失调、频繁手淫等。中医根据遗精的发病原因将其分为心肾不交型、阴虚火旺型、肾虚不藏型、肝火旺盛型和湿热下注型。治疗时要对症用药。

症状表现

●心肾不交型：情绪低落、精神萎靡、失眠多梦、食欲不振、头晕头痛、记忆力下降、遗精频繁。●阴虚火旺型：脾气急躁、口渴唇燥、食欲减退、头晕、失眠、健忘、自觉心跳加速、睡眠不稳、易梦遗。●肾虚不藏型：注意力不集中、腰膝酸痛、耳鸣耳聋、食欲不振、面色苍白、偶尔出现短暂的呼吸急促。●肝火旺盛型：易怒、睡眠不安。●湿热下注型：舌苔黄腻、遗出精液中带血色、小便后伴有白色黏液流出、阴茎有疼痛感。

推荐食材

能改善阳痿的食材、药材有：山药、莲子、猪腰、狗肉、乌鸡、蚕蛹、石榴、松子、核桃、白果、鹿茸、枸杞子、芡实等。

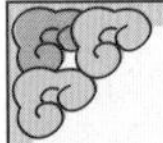

专家建议

病理性遗精患者的饮食要根据自己的体质选择对自身健康有益的食物。忌食辛辣刺激性强的食物，多吃富含维生素和蛋白质的食物，常吃养生类的粥膳调理身体。

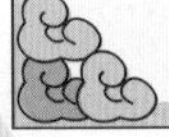

芡实瘦肉粥

【材料】大米1杯，芡实50克，瘦肉100克，葱半根

【调料】A：料酒、酱油各半大匙，淀粉1小匙

B：高汤8碗，盐1小匙

【做法】1.大米、芡实洗净，分别用清水浸泡30分钟；瘦肉洗净，切丝，放入碗中加调料A腌5分钟，捞出；葱洗净，切末。

2.芡实放入滚水中煮软，捞出，和大米一起放入锅中，加入高汤，大火煮滚后改小火熬成粥。

3.粥煮滚，加入腌好的肉丝煮熟，加盐调味，撒上葱末即可。

中医认为芡实具有益肾的功效，可辅助治疗小便失禁、遗精、白浊带下等。这道芡实瘦肉粥具有养肾壮阳、补中益气的功效，对慢性前列腺炎、遗精等具有一定的食疗作用。

狗肉豆豉粥

【材料】大米半杯，狗肉150克

【调料】盐少许，豆豉适量

【做法】1.狗肉洗净，切细丝；大米淘洗干净。

2.狗肉、大米一同放入锅中，加适量水煮成粥。

3.粥熟时加入盐、豆豉，拌匀即可。

狗肉不但营养价值很高，还具有药用价值。中医认为，狗肉具有补中益气、温肾助阳的功效，且一直被认为是一味良好的中药。豆豉多由黑豆制成，具有解表除烦、补肾壮阳的功效。这道狗肉豆豉粥具有补中益气、温肾助阳的功效，对脾胃阳虚、胸腹胀满、水肿尿少、腰膝无力、胃寒肢冷、遗精等具有一定的食疗作用。建议空腹食用此粥。

[贴心提醒] 由于狗肉性温，所以有阳虚内热、脾胃温热症状者及高血压患者应慎食或忌食此粥。

致病机理

早泄是指在成年男女性交之始，男性阴茎虽能勃起，但随即过早排精，排精之后因阴茎萎软而不能进行正常性交的现象。长期早泄可能会导致阳痿的发生。

引起早泄的原因很多，如过度紧张、生活压力过大、对性有恐惧心理、阴虚火旺、肾气不固或某些性器官发生病变。中医根据早泄发病原因的不同将早泄分为阴虚火旺型、肾气不固型及器质病变型等类型。

早泄要根据病症特征和外在表现进行治疗，要合理、对症用药，以免加重病情。

症状表现

●阴虚火旺型：手足心血热、阴茎易勃起、对性交渴求但性交时间有限、失眠、腰膝酸软、精神不振。

●肾气不固型：体质虚弱、怕冷、阴茎不易勃起或勃起不坚、尿多、小便色清量大、精神不振、耳聋耳鸣。

●器质病变型：患有尿道炎、前列腺精囊炎、包皮系带过短、脊髓或神经性疾病等，经常遗精。

推荐食材

能改善早泄的食材、药材有：猪腰、羊腰、鸽肉、鸡肉、甲鱼、虾、栗子、黑豆、韭菜、芹菜、山药、藕、莲子、芡实等。

早泄者在生活中要注意以下养生要点。

◆保持心情愉快，减轻心理负担；劳逸结合，保证充足的睡眠，注意休息，避免熬夜。

◆如果发现泌尿及生殖系统疾病，要及早就医治疗，以防引发此病或使病情加重。

◆注意饮食调养。不同类型的早泄要辨证食用不同功效的粥膳：阴虚火旺型宜食用清热类粥膳，肾气不固型宜吃固精补肾类粥膳，器质病变型可食用能缓解所患疾病的粥膳。

养生粥膳 >>

羊腰枸杞粥

【材料】枸杞叶100克，羊腰2对，羊肉250克，粳米半杯，葱白少许

【调料】盐少许

【做法】1.枸杞叶、羊腰、羊肉切碎；粳米淘洗干净。

2.将做法1中的材料放入锅中，加适量水煮粥。

3.待粥熟时，放入葱白、盐调味即可。

养生指南 枸杞叶为茄科植物枸杞或宁夏枸杞的嫩茎叶。中医认为，其味苦、甘，性凉，入心、肺、脾、肾四经，具有补虚益精、清热、止渴、祛风明目的功效，可辅助治疗虚劳发热、烦渴、目赤昏痛、崩漏带下、热毒疮肿等。羊肉是温补佳品，具有补肾虚、改善阳痿精衰的功效。根据中医“以脏养脏”的理论，羊腰具有极好的养肾功效，对阳痿、尿频、遗溺等有辅助疗效。这道羊腰枸杞粥具有补肾益精的功效，适用于肾虚、腰痛、两腿软弱、遗尿、早泄、阳痿、产后病后虚冷等症。建议此粥分数次温服。

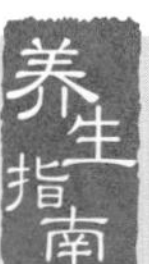

茯苓芡实粥

【材料】芡实15克，茯苓10克，大米适量，枸杞子少许

【做法】1.芡实、茯苓捣碎；大米淘洗干净。

2.芡实、茯苓放入锅中，加适量水，煎至软烂时加入大米、枸杞子，继续煮成粥即可。

养生指南 芡实具有益肾固精、健脾止泻、除湿止带的功效，常用于脾虚久泻、肾虚精关不固所致的遗精及早泄、遗尿、尿频、尿浊、带下湿热或脾虚之带下色黄等的治疗。茯苓有利水渗湿、健脾宁心的功效，对水肿尿少、痰饮眩悸、脾虚食少、便溏泄泻、心神不安、惊悸失眠等有辅助疗效。这道茯苓芡实粥具有补脾益气之功，适用于小便不利、尿液浑浊、早泄、阳痿等症。建议一日分顿食用此粥，可连吃数日。

前列腺保养

QIANLIEXIANBAOYANG

致病机理

前列腺是男性特有的性腺器官，形状像栗子，底朝上，尖朝下，紧贴着膀胱，前与耻骨联合，后依直肠。前列腺腺体的中间有尿道穿过，因此可以说，前列腺扼守着尿道上口。前列腺是具有内、外双重分泌功能的性分泌腺，它每天分泌的前列腺液是构成精液的主要成分，而其分泌的激素称为“前列腺素”。常见的前列腺疾病主要有前列腺炎和前列腺增生。

导致前列腺疾病的原因较多。如：细菌等病原体、微生物的侵入，性生活不节制，过度饮酒等。

症状表现

前列腺炎：●急性前列腺炎：恶心、呕吐；尿频、尿急、尿痛，有时出现排尿困难，甚至尿中带血。●慢性前列腺炎：常有尿意，但排尿不畅；经常有白色黏液分泌；肛门有下坠感，并隐隐作痛；腰背酸痛，可牵扯到睾丸及大腿；性欲减退，有早泄、阳痿、遗精甚至血精及射精疼痛等症状；精神萎靡、失眠、心慌心跳、乏力等。

前列腺增生：●尿频、尿少、排尿困难、血尿。●少数人出现性欲旺盛的现象。●腰酸腿软、全身乏力、身体消瘦。●疝气、脱肛、便血。●膀胱、肾脏肿大。

推荐食材

有益于前列腺健康的食材有：花生、黄豆、南瓜、芡实等。

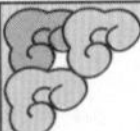

为防患前列腺疾病，保证前列腺的健康，在日常生活中要注意下列养生事项。

◆养成良好的个人卫生习惯，以防病原体、微生物入侵而感染疾病。

◆患者要调整好心态，不必有心理负担，更不可乱投医。

◆注意合理饮食、营养均衡。食疗对疾病具有辅助作用，不可轻视，可常食有益于前列腺健康的养生粥膳。忌食辣椒、大蒜、芹菜、萝卜等食物。

养生粥膳 >>

南瓜红枣粥

【材料】南瓜500克，大米1杯，红枣50克

【调料】红糖适量

【做法】1.南瓜去皮，切成块状，洗净；红枣去核，洗净；大米淘洗干净备用。

2.大米、南瓜块、红枣放入锅中，加水煮粥，粥熟时加红糖调味即可。

养生指南

南瓜为葫芦科植物南瓜的果实。现代医学认为，南瓜可在一定程度上预防糖尿病、前列腺肥大、动脉硬化等症。研究表明，当男性血液中缺锌时，前列腺就会肿大、增生。而南瓜是含锌颇高的食材，尤其是南瓜子中的锌更为丰富。此外，南瓜还含有活性成分，对前列腺有保健作用。这道南瓜红枣粥具有补中益气的功效，男性常食对前列腺有保健作用。

莲须芡实粥

【材料】莲须8克，芡实16克，粳米半杯

【做法】1.粳米淘洗干净。

2.莲须、芡实放入锅中，加水煎取药汁，去渣。

3.粳米与药汁一同放入锅中，煮成粥即可。

养生指南

莲须为睡莲科植物莲的干燥雄蕊。中医认为，莲须味甘、涩，性平，归心、肾经，具有固肾涩精、收涩止血、清心除烦的功效，常用于辅助治疗遗精滑精、尿频、吐血、虚热烦闷、干渴、崩漏、带下、泻痢、便血、便秘等症。芡实也是保养前列腺的理想食物。以莲须、芡实、粳米合用煮制的粥膳具有利尿通淋、益气泄浊的功效，对慢性前列腺炎有较好的食疗功效。

失眠

SHIMIAN

致病机理

失眠是一种神经官能症，是常见的睡眠障碍之一，也是亚健康状态的表现。从医学上讲，失眠是人的大脑皮层兴奋和抑制过程的平衡失调，高级神经活动的正常规律被破坏，属于大脑功能失调，并不是大脑器质性病变。失眠多由心情抑郁、精神紧张或病后脏腑功能失调所致。

失眠在中医上称为“不寐”，指经常性的睡眠减少，或不易入睡，或寐而易醒，醒后不能再度入睡，甚至彻夜不眠，均属不寐。不寐多由七情所伤，即恼怒、忧思、悲恐、惊吓而致气血及阴阳失和、脏腑功能失调，以致心神被扰、神不守舍而致不寐。中医认为“心主神明”，也就是说，失眠与心脏关系最为密切。因此，失眠的饮食疗法应以养心安神为主。

症状表现

●入睡困难。●夜间多醒，凌晨早醒。●多梦。●头晕。●乏力。●健忘。●烦急易怒。●易兴奋。●无原因的恐惧不安。●情绪低落。●感觉过敏，精神脆弱，多愁善感。●注意力不集中，视物模糊。●严重者面色萎黄或苍白，身体消瘦，体重减轻。

推荐食材

有助于缓解失眠的食材、药材有：莲子、百合、猪心、鹌鹑蛋、葵花子、甘草、何首乌等。

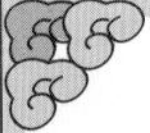

专家建议

失眠的防治与日常的生活养生密切相关。良好的生活习惯、生活规律化、良好的心态、精神放松、劳逸结合、适当参加运动及合理的饮食等都能较好地预防失眠。一旦失眠，就要积极进行治疗。失眠在治疗上要根据不同类型采取不同的饮食疗法。

◆心火亢盛失眠：少吃易上火的食物，如辣椒、狗肉、羊肉、牛肉、猪肉；多吃鱼肉、蔬菜、水果，如冬瓜、萝卜、苦瓜、丝瓜、西瓜等。食疗可选有清热安神作用的粥膳。

◆心肾不交失眠：少吃易上火的食物，多吃清淡补肾的食材。食疗可选能清心润肺安神的粥膳。

◆心脾两虚失眠：饮食上应少吃辛辣、生冷海鲜、西瓜、葡萄、梨及凉拌菜等；多吃红枣、山药、桂圆、莲子、萝卜、冬瓜等。食疗可选具有养心健脾功效的粥膳。

养生粥膳 >>

甘草桂枝糯米粥

【材料】桂枝 12 克，炙甘草 6 克，糯米半杯

【做法】1.桂枝、炙甘草用纱布包好放入锅内，加水 500 毫升，浸透，煎 15 分钟，去渣取汁。

2.糯米淘洗干净，与药汁一同放入锅中煮粥。

养生指南 桂枝味辛、甘，性温，归心、肺、膀胱经，具有发汗解表、温经止痛、助阳化气、平冲降气的功效，常用于风寒感冒、脘腹冷痛、血寒经闭、关节痹痛、痰饮、水肿、心悸等的辅助治疗。中医认为，甘草具有补脾益气、滋咳润肺、缓急解毒、调和百药的功效。炙甘草可改善脾胃功能减退、大便溏薄、乏力、发热以及咳嗽、心悸等。这道甘草桂枝糯米粥具有补心气、安心神的功效，可改善心阳虚引起的顽固性失眠等。建议每日早晚温热食用此粥。

何首乌牛蒡粥

【材料】何首乌 15 克，牛蒡 250 克，胡萝卜 1 根，大米 1 杯

【调料】盐少许

【做法】1.牛蒡、胡萝卜去皮，洗净，切成小块；大米淘洗干净。

2.牛蒡、胡萝卜、大米、何首乌一同放入锅中，加适量水煮粥。

3.粥熟后加盐调味即可。

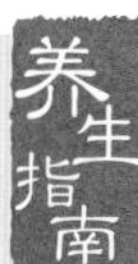

养生指南 何首乌的药用价值较高，具有解毒、消痈、通便、补肝肾、益精血、乌须发、壮筋骨等功效，常用于疮痈、风疹瘙痒、便秘、高血脂、眩晕耳鸣、须发早白、腰膝酸软、肢体麻木、神经衰弱等的辅助治疗。牛蒡可辅助治疗风毒面肿、头晕、咽喉热肿、齿痛、咳嗽、消渴等。这道何首乌牛蒡粥具有益血安神的功效，可用于改善便秘、神经衰弱等症，失眠者常食此粥可改善睡眠质量。另外，这道粥膳还有乌发的功效，须发早白者可常食。

致病机理

健忘是指记忆力减退、遇事易忘的症状，也就是说，大脑的思考能力暂时出现了障碍。

导致健忘的原因很多，如：年龄的增长、压力大、精神高度紧张、过度吸烟酗酒、缺乏维生素等都可诱发健忘。其中，年龄的增长是导致健忘的主要因素。一般情况下，健忘多见于40岁以上的中老年人。但近年来，健忘的人群年龄段开始呈下滑趋势，经常有20～30岁的年轻人被健忘困扰，这实际上是一种亚健康状态的表现。

中医认为，健忘多因心脾亏损、精气不足等原因所致，常见于神劳、脑萎、头部内伤、中毒等与脑有关的疾病。

症状表现

●经常失眠。●多梦。●精神疲倦，萎靡。●腰酸乏力。●记忆力减退或健忘。

推荐食材

能改善健忘的食材有：太子参、胡萝卜、紫菜、鸡蛋、鹌鹑蛋、沙丁鱼、葵花子、花生、芝麻、核桃、松子、牛奶等。

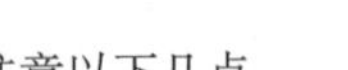

若要改善健忘症状，应在日常生活中多加注意。具体应注意以下几点。

◆养成良好的生活习惯，改掉不良习惯，生活要尽量规律化，尤其是作息要有一定的规律，保证充足的睡眠。

◆注意调节情绪，避免精神过度紧张，缓解压力，放松心情。

◆饮食要适当，营养要均衡。少吃能造成记忆力减退的甜食和咸食；多吃富含维生素、矿物质、不饱和脂肪酸及蛋白质的食物，如海带、海参、沙丁鱼、羊脑、黄豆、木耳、桂圆、黄花菜、莲子、核桃、松子、芝麻、葵花子等，以提高记忆力。

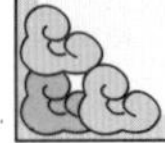

蜂蜜牛奶花生粥

【材料】大米、花生各半杯，牛奶2杯

【调料】白糖少许，蜂蜜适量

【做法】1.大米淘洗干净，用清水浸泡30分钟；花生洗净，用清水浸泡2小时。

2.锅中倒入适量水，放入大米及花生，大火煮滚后改小火熬煮成粥，加入白糖和牛奶煮匀，待稍凉后加蜂蜜调味即可。

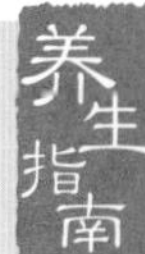

养生指南 花生长于滋养补益，有助于延年益寿，民间又称“长生果”。花生的营养价值很高，含有大量的蛋白质和脂肪，特别是富含不饱和脂肪酸，适宜制成各种营养食品。花生所含的维生素E和一定量的锌，能增强记忆力，抵抗衰老，延缓脑功能衰退，滋润皮肤；花生中的维生素C有降低胆固醇的作用，对动脉硬化、高血压和冠心病等的改善有一定作用。这道蜂蜜牛奶花生粥具有很好的健脑益智作用，可增强记忆力，改善健忘症状。

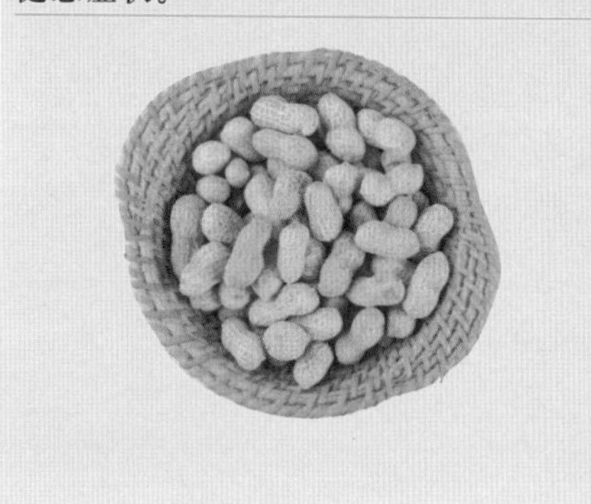

胡萝卜鸡肝粥

【材料】胡萝卜90克，糯米半杯，鸡肝50克，香菜末适量

【调料】香油、盐、胡椒粉各适量

【做法】1.胡萝卜削皮，洗净，切成碎末；鸡肝洗净，切成碎末；糯米淘洗干净。

2.糯米放入锅中，加适量水煮粥。

3.待粥软烂后，放入胡萝卜、鸡肝继续煮。

4.待粥熟时，依个口味放入调料、香菜末即可。

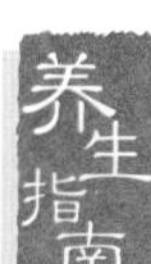

养生指南 胡萝卜具有滋肝、养血、明目的功效，可用于预防早衰及白内障，适用于心悸、失眠、健忘、长期便秘或老年性便秘等。鸡肝可以改善人体造血系统，促进红细胞、血色素的产生，制造血红蛋白等，因此，鸡肝为强壮补血之佳品。这道胡萝卜鸡肝粥不但可补充人体所需的营养，还能改善失眠、健忘、心悸等症状。

蛋黄粥

【材料】大米1杯，生蛋黄1个

【调料】盐少许，海苔酱适量

【做法】1.大米淘洗干净，放入锅中，加适量水以大火煮沸，煮沸后改小火煮至米粒熟透，续焖5分钟。

2.将生蛋黄打在粥面上，拌匀，稍煮可根据个人口味加少许盐、海苔酱拌匀即可。

养生指南 蛋黄富含有助于神经系统发育与维持脑功能正常运转的DHA和卵磷脂，可传递刺激神经的信号，促进肝细胞再生，具有增强记忆力、防止记忆力衰退的功效，还对老年痴呆症有一定的预防作用。这道蛋黄粥具有健脑、养肝的功效，能较好地改善健忘症状。建议趁热进食此粥。

牛奶核桃粥

【材料】粳米半杯，鲜牛奶1杯，核桃仁少许

【做法】1.粳米淘洗干净，放入锅中，加适量水煮粥。

2.待粥煮至软烂时，加入牛奶和核桃仁，煮开即可。

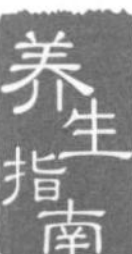

养生指南 牛奶营养丰富且容易消化吸收，含有蛋白质、乳脂肪、乳糖及大量的脂溶性维生素等多种营养成分。此外，还含有一种可抑制神经兴奋的成分，可起到镇静安神的作用。长期失眠者睡前喝1杯牛奶有助于改善睡眠状况。核桃仁是食疗佳品，具有补心健脑、补血养气、补肾填精、止咳平喘、润燥通便的功效。现代医学研究认为，核桃中的磷脂，对脑神经有良好的保健作用，常吃核桃可健脑益智，改善健忘等症状。这道牛奶核桃粥具有良好的补脑安神功效，可改善亚健康状态下的多种症状，如失眠、健忘、神经衰弱等。

[贴心提醒] 如果没有现成的核桃仁，可以先把核桃放在蒸屉内蒸上3～5分钟，取出即放入冷水中浸泡3分钟。捞出来用锤子在核桃四周轻轻敲打，破壳后就能取出完整的核桃仁了。

致病机理

焦虑是指一种内心紧张、预感到似乎即将发生不幸时的心境，当程度严重时就会变为惊恐。焦虑是一种很普遍的现象，几乎每个人都有过焦虑的体验。从心理学上看，焦虑具有保护性意义，但过度的、无端的焦虑则是亚健康的表现。引起焦虑的常见诱因是导致冲突的情境或事件，另外，也受性格、生理、疾病等方面的综合因素影响。

症状表现

●紧张不安。●忧虑。●注意力无法集中，脑中一片空白。●记忆力减退。●躁动不安、烦躁易怒。●惊恐慌乱。●强迫行为。●睡眠障碍。●多梦易醒。●心跳过速。●吸气困难，过度呼吸。●严重者出现情绪低落、忧郁不安甚至死亡等想法。●可能出现疲劳、口干舌燥、出汗过多、心悸胸闷、有胸痛窒息感、肠胃不舒服、腹泻、头晕头昏、肌肉紧绷、手发抖、四肢麻痹、针刺感等症状。

推荐食材

能改善焦虑的食材、药材有：牛蒡、百合、芹菜、茼蒿、马齿苋、荸荠、红薯、萝卜、冬瓜、苦瓜、西红柿、绿豆、赤小豆、枸杞子、鱼腥草、橘子、柚子、芦柑、西瓜、山楂、苹果、红枣、绿茶、芍药花等。

焦虑情绪的改善，要注意日常的饮食养生，重视食疗的作用。具体应注意以下几点。

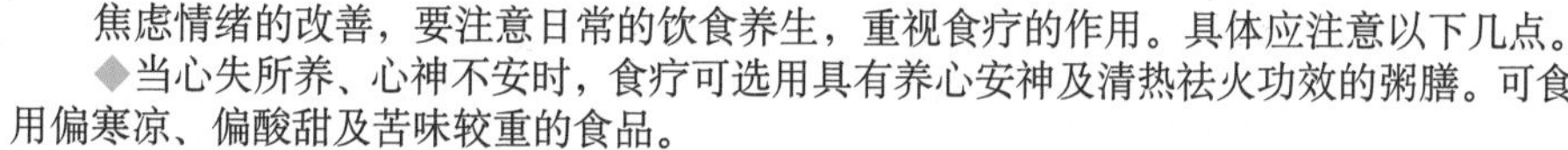

◆当心失所养、心神不安时，食疗可选用具有养心安神及清热祛火功效的粥膳。可食用偏寒凉、偏酸甜及苦味较重的食品。

◆当肝气郁结时，食疗要选用有疏肝气、健脾胃功效的粥膳，且饮食以平和为主，逐渐让病人先恢复到正常的饮食状态。可食用清淡的大米粥或小米粥。

◆当肝气郁结、脾运不健、生湿聚痰时，食疗宜选择能顺气、化痰的粥膳。

◆当心脾胆虚时，应食用补益类的粥膳。

黑米苹果粥

【材料】黑米1杯，苹果1个

【调料】白糖少许

【做法】1.苹果洗净，去核，切块；黑米淘洗干净，用清水浸泡。

2.黑米放入锅中，加适量水煮粥，粥将熟时加入苹果块，粥再熟时加入白糖调味即可。

养生指南 黑米是一种食药兼用的大米，含有蛋白质、碳水化合物、维生素、微量元素和氨基酸等成分。现代医学证实，黑米具有滋阴补肾、健脾暖肝、明目活血等疗效。苹果含有丰富的糖类、有机酸、纤维素、维生素、矿物质、多酚及黄酮类物质，被科学家称为“全方位的健康水果”，苹果具有增强体力和抗病能力的功效。这道黑米苹果粥具有滋阴养肾、明目、降压等功效，对改善焦虑不安情绪有一定的作用。

桂圆枸杞粥

【材料】粳米半杯，桂圆肉100克，枸杞子3大匙，红枣5个

【调料】红糖少许

【做法】1.粳米淘洗干净；桂圆肉、枸杞子冲洗干净，用水浸软；红枣洗净，去核。

2.粳米放入砂锅内，加适量水，以大火煮沸再转小火煮15分钟。

3.桂圆肉、枸杞子、红枣加入砂锅中，煮成稀粥，依个人口味加入适量红糖调味即成。

养生指南 桂圆有养心安神、健脑益智、补血益脾、开胃的功效，对病后需要调养及体质虚弱的人有辅助疗效，可改善贫血和因缺乏烟酸造成的皮炎、腹泻，甚至精神失常等，同时对癌细胞有一定的抑制作用。红枣是食药兼备的食物，具有补中益气、养血安神的功效。枸杞子具有滋补肝肾、明目安神的功效。桂圆、枸杞子、红枣均具有良好的养心安神作用，可缓解心神不安、焦虑等症。这道桂圆枸杞粥可调养心神，适用于情绪焦虑。

神经衰弱

SHENJINGSHUAIRUO

致病机理

神经衰弱是指大脑由于长期的情绪紧张和精神压力而产生精神活动能力减弱的症状，是亚健康的常见症状。神经衰弱与中医所说的惊悸、健忘、失眠等症颇为相像，多数病例发病于16～40岁，两性间发病率无明显差异，从事脑力劳动者占多数。

造成神经衰弱的原因通常是由于长期精神紧张导致中枢神经系统兴奋与抑制转化功能失调，如果这种情况影响到大脑皮质下部，则还有可能导致自主神经功能紊乱。

对于神经衰弱的治疗，中医根据引起疾病的不同原因进行治疗，该病的诱因一般分为肝郁化火、心脾两虚、肝肾阴虚、心虚胆怯等几种，中医常采用降火、补脾、养肝肾等方法，还可配合针灸进行治疗。

症状表现

●失眠。●精神差，易疲乏。●头痛。●情绪烦躁不安。●多疑。

推荐食材

能改善神经衰弱的食材、药材包括：猪心、猪脑、小米、黄花菜、百合、莲子、芝麻、桂圆、葵花子、核桃、何首乌、人参、西洋参等。

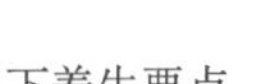

神经衰弱的防治应与生活中的养生方法密切相关。在日常生活中应注意以下养生要点。

◆适当控制自己的情绪，尽量消除疑虑，保持健康平和的心态，同时也要有意识地锻炼自己的心理承受能力，可适当咨询心理医生以缓解病情。

◆适当进行体育锻炼，多与人沟通、交流，以排解心中的不快。

◆生活要有规律，培养良好的生活习惯。每天按时作息，尽量避免熬夜，以免失眠；不应过饥过饱，也不可暴饮暴食；禁烟酒。

◆饮食要健康、适宜。神经衰弱者的饮食需清淡，宜食富含多种营养的食品；不宜傍晚喝浓茶、咖啡或含咖啡因的饮料。忌食辛辣刺激性食品；不可多吃油腻煎炸食品；不宜吃过热、过寒食品；常食能辅助治疗神经衰弱的药粥。

南瓜百合粥

【材料】大米、百合各半杯，南瓜150克，枸杞子适量

【调料】盐1小匙

【做法】1.大米淘洗干净，用清水浸泡30分钟；南瓜去皮，去子，洗净，切块；百合去皮，洗净，剥成瓣，烫透，捞出，沥水。

2.大米放入锅中，加适量水，以大火烧沸，再下入南瓜块，转小火煮约30分钟。

3.放入百合、枸杞子及盐，煮至汤汁黏稠出锅装碗即可。

养生指南

现代医学认为，百合中的营养物质有很好的镇静作用，可辅助治疗情绪混乱的症状。枸杞子能补虚生精、滋补肝肾、养肝明目。这道南瓜百合粥具有滋补肝肾、补虚养血的功效，对肥胖及神经衰弱者具有一定的食疗作用，也可作为日常养生保健粥品。

何首乌猪脑粥

【材料】何首乌10克，猪脑1副，大米半杯

【调料】盐适量

【做法】1.何首乌放入锅中，加适量水煎取汁液。

2.大米淘洗干净，放入锅中，加适量水煮粥，待沸后加入何首乌汁。

3.猪脑洗净，切碎，放入粥中，加盐调味，煮至粥熟服食。

养生指南

现代医学证实，何首乌中所含的卵磷脂是脑组织、血细胞和其他细胞膜的组成物质，经常食用何首乌，对神经衰弱、贫血等病症有治疗作用。中医认为，猪脑有小毒，入肾经，具有补骨髓、益虚劳、滋肾补脑的功效，可改善头晕、头痛、目眩、神经衰弱等症。这道何首乌猪脑粥具有补脑益肾、养血安神的作用，适用于气血虚亏所致的头晕头痛、神经衰弱等症。

[贴心提醒] 由于猪脑中胆固醇含量较高，因此由体内胆固醇增高的高血压或动脉硬化所致的头晕头痛者不宜食用此粥。

精神抑郁

JINGSHENYIYU

致病机理

抑郁的主要症状是情绪异常低落、心境抑郁，它是亚健康状态的典型表现。

现代医学认为，引起精神抑郁的原因主要有遗传因素、生物化学因素及性格因素等。中医认为，精神抑郁的主要原因是由于内伤七情、所欲不达、情志不舒导致肝失疏泄、脾失健运、心神失养、脏腑阴阳气血失调所致。

症状表现

●情绪低落、忧伤、悲观、绝望、心情沉重。●对任何事都没有兴趣。●缺乏精力，常感到疲乏无力。●强烈的自责、内疚、无用感、无价值感、无助感。●注意力难以集中、记忆力减退、思维迟钝、行动迟缓。●食欲减退。●体重减轻。●睡眠障碍。●性功能减退。●病情严重时会产生自杀的念头。

推荐食材

有助于改善精神抑郁的食材包括：五谷类、牛奶、鱼、鸡蛋、虾、香蕉、红枣、柿子、韭菜、芹菜、蒜苗等。

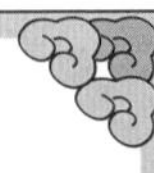

专家建议

精神抑郁重在预防，在日常生活中要注意以下事项。

◆加强体育锻炼。可在清晨散步，使身体保持良性循环，以改善抑郁情绪。

◆调整好心态，保持心情舒畅。精神抑郁者要学会化解和摆脱不快情绪，学会减压，放松精神。

◆学会倾诉，使不愉快的情绪得到释放。同时也要培养爱好，积极参加社交活动，以减少孤独。

◆合理而健康的饮食。平时应多吃富含维生素（尤其是B族维生素）和氨基酸的食物，还宜多吃富含钙的食物，以增进食欲，保持良好的心情。

香蕉葡萄粥

【材料】糯米半杯，香蕉1根，葡萄干1大匙，花生适量，枸杞子少许

【调料】冰糖适量

【做法】1.糯米淘洗干净，用清水浸泡1个小时；香蕉剥皮，切成小丁；葡萄干洗净。

2.锅置火上，放入清水和糯米，大火煮开后，转小火熬煮1小时左右。

3.将葡萄干、花生、冰糖放入粥中，熬煮20分钟后加入香蕉丁、枸杞子即可。

养生指南 糯米具有补中益气及改善自汗的功效，香蕉可清热除烦、利尿消肿。研究发现，香蕉中含有丰富的镁，能改善抑郁的情绪，让人精神愉悦。常食这道香蕉葡萄粥可使人保持心情愉悦、舒畅，对精神抑郁有一定食疗作用。

香蕉糯米粥

香蕉糯米粥

【材料】香蕉3根，糯米半杯

【调料】冰糖适量

【做法】1.香蕉去皮，切成丁。

2.糯米淘洗干净，放入开水锅里煮开，加入香蕉丁、冰糖，熬成粥即可。

养生指南 现代营养学认为，香蕉含有多种营养素，尤其是与神经系统有关的维生素含量颇多，有化学“信使”的别称，能把信号传递到大脑神经末梢，促使人心绪安宁、快活，使疼痛与不适减轻，精神愉悦，抑郁症状自然随之消失。人们因香蕉能解除抑郁而称它为“快乐水果”。这道香蕉糯米粥具有清热润肠、和胃健脾的功效，适用于精神抑郁。

免疫力低下

MIANYILIDIXIA

致病机理

免疫力是人体自身的防御机制，是人体识别和消灭外来侵入的异物（如病毒、细菌等），处理衰老、损伤、死亡、变性的自身细胞，以及识别和处理体内突变细胞和被病毒感染细胞的能力。免疫力低下是指人体因免疫系统功能减退而经常染病。

免疫力低下可以分为三种情况：先天性免疫力低下、后天继发性免疫力低下和生理性免疫力低下。先天性免疫力低下，也称为免疫缺陷，是由于组成免疫系统的某种或多种成分由于基因突变等因素而丧失了原有的功能，导致免疫力低下，持续时间也较长；后天继发性免疫力低下，是由于其他某些因素引起的免疫力低下，都可以恢复，引起后天继发性免疫力低下的原因较多，如感染、药物、营养不良等；生理性免疫力低下的表现一般没有前两种严重。免疫力低下介于健康与疾病之间，是亚健康状态的表现。

症状表现

- 感冒、扁桃体炎、哮喘、支气管炎、肺炎、腹泻等疾病反复发作。
- 经常生病。
- 生病后治疗效果不佳，疾病长期不愈。
- 正常预防接种后出现严重感染。

推荐食材

有助于提升免疫力的食材、药材包括：萝卜、苦瓜、洋葱、西红柿、山药、木耳、银耳、香菇、草菇、金针菇、蒜、五谷类、豆制品、木瓜、柠檬、红枣、各种坚果、鸡肉、牛肉、黄芪、枸杞子、百合、人参、蜂王浆等。

专家建议

免疫力低下者要重视食疗与恰当的饮食营养。可食用能提高免疫力的粥膳，常食有助于提升免疫力的食物，如香菇、草菇、金针菇、蒜、五谷类、豆制品、新鲜的黄绿色蔬菜和水果等，要保证营养全面、均衡，食物品种尽量多样化，不偏食、厌食。

西红柿香菇粥

【材料】西红柿半个，新鲜香菇150克，大米1杯

【调料】盐少许

【做法】1.大米淘洗干净，加适量水以大火煮开，煮开后转小火煮20分钟。

2.香菇洗净，切薄片；西红柿洗净，去皮，切块，与香菇一起加入做法1中续煮15分钟，加盐调味即成。

养生指南 现代医药研究表明，西红柿含有丰富的维生素C、胡萝卜素、西红柿红素、谷胱甘肽以及钙、磷、铁、锌、硒等矿物质。西红柿不但能提供人体所需的多种营养成分，还能保护免疫细胞，并在一定程度上预防癌症及白血球突变。香菇自古以来被认为是益寿延年的珍品，可改善多种疾病。现代医学认为，香菇具有降低胆固醇、降血压、抗癌、抗病毒、增智健脑的作用，能增强人体的免疫功能，尤其适合免疫力低下者食用。这道西红柿香菇粥不仅能提高免疫力，且能抗压力、解忧郁。工作紧张或长期吸烟者可常食，对身体很有益处。

芙蓉鸡粥

【材料】粳米1杯，鸡肉200克，山药100克，肉苁蓉10克，茯苓20克

【做法】1.粳米淘洗干净，用清水浸泡30分钟；山药洗净后，去皮切成末。

2.鸡肉放入锅中，加适量水熬成鸡汤。

3.肉苁蓉、茯苓加适量水煎取药汁，取浓汁。

4.粳米、山药、鸡汤、药汁一同放入锅中，以大火烧开，再转小火煮成粥即可。

养生指南 山药营养丰富，为病后康复食补之佳品，可增强免疫功能，延缓细胞衰老，有延年益寿的功效。肉苁蓉是补益身体的理想药物，具有补肾阳、益精血、润肠通便的功效，常用于阳痿、不孕、腰膝酸软、筋骨无力、肠燥便秘等症的辅助治疗。茯苓含有多种营养成分，有益于人体的健康。鸡肉营养丰富，尤其是富含可增强人体免疫力的牛磺酸，有滋补养身的作用。这道芙蓉鸡粥具有极好的滋补作用，是免疫力低下及体弱多病者理想的养生粥膳。

疲劳

PILAO

致病机理

疲劳是亚健康最典型的表现和标志。疲劳有多种类型，其中，慢性疲劳综合征是新发现的一种危险的现代疾病，同时也是亚健康状态中最具代表性的症状。

到目前为止，慢性疲劳综合征未发现任何器质性病变。其产生的原因主要是精神受到负面刺激、不良习惯、过度劳累等多种应激源的影响，导致人体神经、体液、内分泌、免疫等诸系统的调节失常，最终表现以疲劳为主的机体多种组织、器官功能紊乱的一组综合征。

中医认为，疲劳主要由脾虚湿困、气血两虚所致。因此，疲劳的缓解应以健脾、除湿、补气养血为主。在日常生活中，常感疲劳者可食用具有上述功效的粥膳加以调养。

症状表现

●持续疲劳，软弱无力。●体力低下，肌肉关节疼痛。●头痛，健忘。●注意力不集中。●失眠。●精神恍惚。

推荐食材

能缓解疲劳的食材、药材包括：海参、芹菜、洋葱、胡萝卜、豆芽、莲子、桂圆、苹果、红枣、松子、食醋、党参、西洋参、太子参等。

专家建议

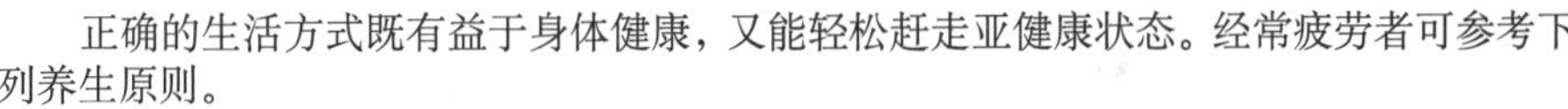

正确的生活方式既有益于身体健康，又能轻松赶走亚健康状态。经常疲劳者可参考下列养生原则。

◆生活、作息要有规律。既要适当锻炼身体，又要保证充分的休息，注意劳逸结合，避免过于劳累，保持高质量的睡眠。

◆饮食科学，营养均衡。应多食用富含蛋白质和维生素的食物，以补充体力、提高精力；多吃具有健脾胃、补气、祛湿功效的食物；适当吃点碱性食物，此类食物经过人体消化吸收后，可以迅速地使血液酸度降低，中和平衡达到弱碱性，从而消除疲劳；多喝水，不吃或少吃糖果、饼干、烧烤食物和其他味重的食物；避免食用含咖啡因、酒精、精制糖及高脂肪的食物。

香菇黑枣粥

【材料】香菇150克，黑枣10个，大米半杯

【调料】盐适量

【做法】1.香菇用适量水泡软后，挤掉水分，切块备用；黑枣去核。

2.锅中加水烧开，放入大米煮成粥后，再加入香菇、黑枣同煮，最后加盐调味。

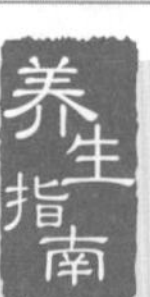

香菇能有效缓解疲劳。中医认为，黑枣具有补益脾胃、滋养阴血、养心安神、缓和药性的功效，常用于改善气虚所致的食少及泄泻等。现代医学认为，黑枣的营养价值很高，能提高人体免疫力，并能促进白细胞的生成，降低血清胆固醇，提高血清白蛋白，保护肝脏。经常食用黑枣，可增强人体耐疲劳的能力。这道香菇黑枣粥可改善气血两虚、积滞不化所导致的内分泌失调、失眠健忘、易劳累、头晕目眩等症。

鸡丝胡萝卜白玉粥

【材料】糙米半杯，鸡胸肉100克，胡萝卜1根，新鲜豆腐200克，豌豆3大匙

【调料】盐适量

【做法】1.糙米淘洗干净，用清水浸泡1小时；鸡胸肉切成细丝；豌豆洗净，剁碎；豆腐切块，备用。

2.胡萝卜入沸水中烫熟，切成小粒。

3.所有材料放入锅中，加适量水煮粥，直到豌豆、胡萝卜彻底煮烂，加盐调味即可。

养生指南

现代营养学研究发现，糙米中米糠和胚芽部分含有丰富的B族维生素和维生素E，能提高人体免疫力，促进血液循环，还能帮助人们消除沮丧烦躁的情绪，解除疲劳，使人充满活力。鸡肉营养丰富，是体质虚弱者极好的补品。胡萝卜富含胡萝卜素，可缓解眼部疲劳。人体热量消耗太大就会感到疲劳，故应多吃富含蛋白质的食物，而豆腐是高蛋白食品，十分适合身体疲劳时食用。豌豆能活跃肝功能，有助于消除身心疲劳。这道鸡丝胡萝卜白玉粥能有效解除身心疲劳，体质虚弱及常感疲劳者不妨经常食用。

食欲不振

SHIYUBUZHEN

致病机理

食欲不振指缺乏食欲，造成食欲不振的原因较多。一般来说，由于过量的工作和运动及生活不规律造成的身心疲惫、工作压力大、因对未来过分担心而造成的精神紧张等，均可能导致暂时性食欲不振。此外，过食、过饮、运动量不足、慢性便秘也可能导致食欲不振。由以上原因引起的食欲不振介于健康与疾病之间，因此是一种亚健康状态的表现。

食欲不振者可尝试通过粥膳疗法来增进食欲。

症状表现

●食欲低下。●有时伴有呃逆、嗳气。●疲乏倦怠。●恶心、呕吐。●厌食。

推荐食材

能增进食欲的食材包括：黑豆、萝卜、茼蒿、葱、辣椒、胡椒、鲢鱼、虾、橙子、葡萄、菠萝、山楂、松子、蒜、太子参等。

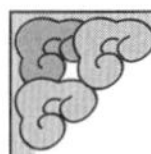

专家建议

食欲不振重在调养，日常生活中要注意以下养生要点。

◆生活要有规律，并养成好的生活习惯，注意调节心态，学会缓解压力。如：戒烟忌酒以提高食欲；在进餐时要做到定时、定量、定质，合理的饮食制度可成为机体的条件刺激，有利于增进食欲，分泌多种消化液，利于食物中各种营养素的吸收；就餐时应专心，保持愉快的心情，避免考虑复杂、忧心的问题，纠正就餐时争论问题、安排工作的习惯；可适当地以音乐为“佐餐”；选择优美、整洁的就餐环境，也会增进食欲。

◆注意烹调技巧的运用。色彩美丽、香气扑鼻、味道鲜美、造型别致的食物，会使人体产生条件反射，分泌出大量消化液，从而引起旺盛的食欲，有助于人体对食物的消化吸收。

◆合理的饮食。可常吃一些能增进食欲的食物，特别是具有香味、辣味、苦味的食物，如茼蒿、葱、蒜、香菜、苦瓜等。

白胡椒粥

【材料】大米半杯，葱 3 根

【调料】黑胡椒粒 1 小匙

【做法】1.葱洗净，取葱白部分切约3厘米长的丝；大米淘洗干净，用清水浸泡 1 小时。

2.锅内放入大米和适量水，用大火煮开后改小火煮。

3.同时加入葱白及黑胡椒粒，煮至粥稠及香味飘出即可。

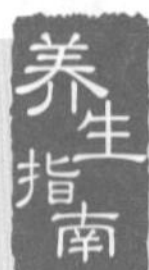

葱既有食用价值，又具药用功效。现代药理研究表明，葱能促进消化液分泌，从而起到健胃增食的作用。此外，葱还有较强的杀菌、兴奋神经和促进血液循环的作用。黑胡椒气味芳香、辛辣，具有温中散寒、下气、消痰的功效。葱与黑胡椒都属辣味食物，一般认为，辣味食物有增进食欲的作用。因此，食欲不振者可常食这道葱白胡椒粥。

蒿粥

【材料】粳米半杯，茼蒿 200 克

【调料】冰糖适量

【做法】1.茼蒿洗净，切成碎段。

2.粳米淘洗干净，放入锅中，加适量清水烧开，加入茼蒿、冰糖熬煮成粥即可。

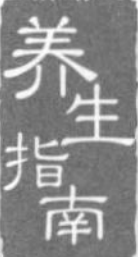

茼蒿又名蓬蒿，为菊科植物茼蒿的茎叶。有研究显示，茼蒿中含有挥发性精油及胆碱等物质，具有开胃健脾、降压补脑等作用。常食茼蒿对肺热、咳吐浓痰、脾胃不和、记忆力减退及习惯性便秘患者颇有益处。这道茼蒿粥具有养心安神、健脾和胃、消痰饮、利二便的功效，适用于肺热、咳嗽、痰浓、高血压、头昏脑胀、烦热头昏、睡眠不安、食欲不振等。

第七章

粥膳美容

美容历来是广为女性朋友关注的焦点。在美容领域中，外用美容品似乎更能得到人们的认可。但事实上，最安全、最健康、最天然的美容方式却是内在的调理，而具有各种不同功效的美容粥膳无疑是爱美人士最佳的选择，它会带给你自内而外的美丽。

身体因素与健康美容

SHENTIYINSUYUJIANKANGMEIRONG

关注健康美容

健康美容日益成为现代人，尤其是女性关注的焦点。健康美容不仅指五官的美化，也指身体各个部位的健康与美化，如面部、头发、四肢乃至全身肌肤等。健康美容需多种因素合理配合。人的健美与本人的身体因素和外在的调养都有很大关系，身体内部因素较好，且后天调补得宜，则健美长寿；反之，则经常生病，更谈不上健美。那么，也就是说，美容与我们的身体密切相关。

与健康美容有关的身体内部因素

身体因素	基础功能	与美容的关系
脏腑	根据中医脏腑学说，人体的脏腑包括五脏、六腑及奇恒之腑。五脏包括心、肝、肺、脾、肾，六腑包括胃、胆、小肠、大肠、膀胱、三焦，奇恒之腑包括脑、髓、骨、脉、胆、子宫。中医认为，人体的脏腑与肢体、五官是相互联系的。五脏的主要生理功能是主导气、血、精、津液在人体的运作、循环、生成及储藏的工作；六腑都是中空的管状器官，是身体中食物与津液等物质传送的管道；奇恒之腑是一类相对密闭的组织器官，不与水谷直接接触，具有类似于五脏贮藏精气的作用。	脏腑功能正常，通过经络将气、血、津液运送散布于面部，滋养肌肤，且能抵御外邪侵袭，使面色红润、眼睛有神、皮肤细腻。
气血	气构成人体并维持人体生命活动，主要来源于精气、营养物质和清气；血对人体脏腑组织器官具有很强的营养与滋润作用，由营气与津液组成。	气对保持容貌美、体态美均具有决定性的作用；血的正常循环在滋养脏腑的同时，也能滋养肌肤，并保持健美的体态。
津液	津液是体内一切正常水液的总称，是构成人体和维持人体生命活动最基本的物质，主要来源于饮食的水谷中。	津液对人体具有良好的滋养功能。散布在肌肤表面的津液能滋润毛发和肌肤；孔窍中的津液能滋润和保护眼睛、鼻子及口腔等；而内脏与血脉中的津液则能深层滋养身体。

粥膳养生与健康美容

ZHOUSHANYANGSHENGYUJIANKANGMEIRONG

粥膳与健康美容

美容是一个永远不会被人遗忘的话题，爱美人士的化妆镜前永远摆满了各式各样的化妆品。但外用化妆品其功效是“治标不治本”，永远无法完全掩饰人体的瑕疵。外养不如内调，粥膳美容才是健康、有效的美容方式，它是通过养生粥膳的内部调理以维持或促进人体的健康与美化。

粥膳属于食疗的一种，可以起到缓解疾病症状、强壮身体的作用。疾病是美容的大敌，只有祛除病邪，消除病因，使人体各个功能恢复到正常生理状态，才能使人体展现出健康之美。

美容粥膳的食材

可以制作美容粥膳的食材有很多种，五谷杂粮、各种水果、肉类、蔬菜、水产、鲜花等都是适宜制作粥膳的材料。但每一道美容粥膳的材料也不能随意搭配，以免将相克的食物搭配在一起，反而有损健康。另外，食材的选择更要适合自己的体质，人的体质有寒、热、虚、实之分，而食物的属性也分为寒、凉、温、热。一般情况下，用寒凉食材制成的粥膳能清热去火、凉血解毒，对头面部疮、疹、疣等热证有效；而用温热食材制成的粥膳能温经通络、活血化淤、化痰除湿，对肤色暗沉、水疱等淤血及寒湿证较有效。如果所选食物的属性与自身的体质不符，不但对健康无益，反而会加重病情，更何谈美容呢！

美容粥膳的五味不能过偏

制作美容粥膳的食材五味要适当，食物的五味包括甘、苦、酸、辛、咸等，不同味的食物，其功效也有所不同。甘味食物制成的粥膳，能益气补血、滋阴润燥，可使肌肤润泽、光滑、细腻，具有润肤抗衰老的功效；用苦味食物制成的粥膳，能清热祛火、除湿排毒，具有不错的祛痘功效；辛味食物制成的粥膳，具有发散、行气血的功效。

根据功效选择美容粥膳的食材

有些食材美容功效显著，在制作美容粥膳时，不妨根据功效来选择食材。如：蜂蜜可使皮肤光洁细嫩，减少皱纹；黄豆能营养肌肤和毛发，使皮肤润泽、细嫩、有弹性，延缓衰老；红枣富含维生素C和维生素E，常吃能润泽肌肤，延缓衰老；核桃仁可使肌肤细嫩光滑、头发乌黑亮丽、血脉通润；黑芝麻能使头发乌黑、亮泽等。

养颜润肤粥膳美容

YANGYANRUNFUZHOUSHANMEIRONG

养颜养生谈

养颜润肤属于美容保健的范畴，在古代，人们称之为“驻颜”，所谓养颜润肤就是指使面色红润、嫩白、细腻。

中医认为，面部是脏腑气血上注之处，血液循环比较丰富，心主血脉，其华在面。中医还将面部不同部位分属五脏，即左颊属肝、右颊属肺、头额属心、下颏属肾、鼻属脾。因此面部与脏腑经络的关系非常密切，尤其是心与美容的关系更加密切。同样，面部的变化也可反映出心脏经络的气血盛衰和病变。面部暴露在人体上部，当外邪侵犯人体时，面部所受的影响最大。另外，人体内部脏腑、阴阳、气血一旦失调，就会郁阻于面部经络，影响容颜的美丽。

面部能够反映出机体的健康状况。因此，当面部出现问题时，不能单单解决肌肤问题，更要关注身体的健康。首先要解决影响容颜的内部因素，才能使肌肤重现美丽与润泽。在保养方面，应注重整体采取综合调养，食疗可选有益于脏腑、气血的粥膳，以充分调动人体自身的积极因素，从根本上实现养颜润肤。

推荐食材

具有美容养颜功效的食材包括：鱿鱼、海参、松子、牛奶、黑豆、红枣、玫瑰花、西红柿、苹果等。

养颜润肤与生活中的养生密切相关，平时应注意以下养生要点。

◆根据肤质选择食物。养颜润肤的粥膳也不能随意食用，要根据肤质特点进行选择。一般情况下，油性皮肤者适宜选用凉性、平性的食物制成的粥膳，少吃辛辣、油腻及温热性的食物，可适当食用清热类的药粥。中干性皮肤者适宜食用碱性食物制成的粥膳，应尽量避免食用酸性食物制成的粥膳，如肉类、鱼贝类粥膳，可选用具有活血化淤及补阴类的药粥。

◆养成良好的生活习惯。平时应注意皮肤的清洁；避免使用堵塞毛孔的护肤品；干燥的季节注意补充肌肤的营养与水分；保证充足的睡眠，以消除肌肤的疲劳。

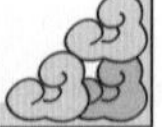

美容粥膳 >>

西红柿西米粥

【材料】西红柿1个，西米半杯

【调料】白糖适量

【做法】1.西红柿洗净，去皮，切成碎丁状，备用。

2.西米淘洗干净，用清水浸至涨透。

3.将白糖、去皮西红柿丁、西米放入开水锅内煮粥。

养生指南 这道西红柿西米粥含有丰富的维生素C，能预防坏血病，还能促进胶原蛋白的合成，从而加速伤口愈合，增加皮肤弹性。由于维生素C是一种水溶性的强抗氧化剂，因此可防止自由基对人体的伤害，延缓皮肤衰老。此粥中还含有一种叫谷胱甘肽的抗氧化剂，与维生素C一样，可以清除体内的自由基，防止皮肤过早老化。此粥具有较好的滋润功效，具有养颜、美白的功效，爱美的女性可常吃。

[贴心提醒] 制作西米食品时，要先加糖后放西米，这样可以保证西米更好地入味。

甜奶黑芝麻粥

【材料】大米半杯，新鲜牛奶1杯，熟黑芝麻1大匙，枸杞子少许

【调料】白糖少许

【做法】1.大米淘洗干净，用清水浸泡30分钟。

2.大米加适量水放入锅中，大火烧开后再转小火煮40分钟成稠粥。

3.粥内加入新鲜牛奶，中火烧沸，再加入枸杞子和白糖，搅匀，撒上黑芝麻，出锅装碗即可。

养生指南 牛奶营养丰富，含有脂肪、蛋白质、维生素、矿物质，特别是含有丰富的B族维生素，具有滋润肌肤、保护表皮的功效，能使皮肤光滑、柔软、嫩白。牛奶中所含的铁、铜和维生素A等成分，有美容养颜的作用，可使皮肤保持光滑、滋润。此外，喝牛奶还能帮助补充肌肤水分，为皮肤提供封闭性油脂，形成薄膜以防皮肤水分蒸发。黑芝麻含有的铁、维生素E等营养成分，可预防贫血、乌发养颜，能从人体内部调理肌肤。这道甜奶黑芝麻粥是一道理想的美容养颜粥膳，能使肌肤嫩白、润泽，还能在一定程度上防止须发早白。

西红柿玉米粥

【材料】西红柿1个，玉米粒1杯，洋菇8～9颗，橘饼1个，青豆罐头1罐，鲜奶适量

【调料】素高汤、水淀粉、奶油各适量，盐、白胡椒粉各少许

【做法】1.西红柿洗净，切成小粒；橘饼切碎。

2.取出罐头中的青豆（罐中汤汁去掉），加素高汤，放入果汁机中打成泥浆，取出，加入鲜奶、盐、白胡椒粉及水淀粉，拌匀。

3.将青豆泥和所有材料一起煮滚成粥，食前加入奶油则更香甜可口。

养生指南 西红柿含有丰富的维生素C，具有美白、滋润的作用。鲜奶是滋润皮肤的理想食物。玉米含有丰富的维生素E，不仅具有滋润作用，还可在一定程度上预防皱纹产生，延缓肌肤衰老。此外，西红柿和玉米中都含具有抗氧化作用的谷胱甘肽，能有效清除人体内的自由基，帮助身体排出毒素，延缓衰老。这道西红柿玉米粥具有极好的抗氧化功效，能在一定程度上防止皮肤早衰，使肌肤更加光洁、动人。女性可常食此粥。

樱桃银耳粳米粥

【材料】水发银耳50克，罐头樱桃2大匙，粳米半杯

【调料】糖桂花、冰糖各适量

【做法】1.粳米淘洗干净，加适量水放入锅中煮成粥。

2.粥熟后，放入冰糖溶化，加入银耳，煮10分钟，再入樱桃、糖桂花，煮沸即成。

养生指南 银耳是一味滋补良药，具有补脾开胃、益气清肠、安眠健胃、补脑、养阴、清热、润燥的功效。现代营养学认为，银耳富含天然特性胶质，加上它又具滋阴作用，长期服用可润肤、养颜，并有淡化脸部黄褐斑、雀斑的食疗功效。樱桃营养丰富，富含蛋白质、糖类、磷、胡萝卜素、维生素C、铁等营养成分，尤其是含铁量较高，可预防缺铁性贫血。因此，常食樱桃能使面部皮肤红润、嫩白，还能淡纹消斑。这道樱桃银耳粳米粥具有补气养血、美容颜的功效，适用于气血两虚导致的面容苍老、皮肤粗糙干皱。常食此粥可使人肌肉丰满、皮肤嫩白光润、容颜焕发。

抗衰老祛皱粥膳美容

KANGSHUAILAOQUZHOUZHOUSHANMEIRONG

祛皱养生谈

面部出现皱纹是人体衰老的一个标志。25岁以后，随着年龄的增长，人体的各个器官会逐渐老化，同样，皮肤也会逐渐变粗、变干燥、弹性差、皱纹增多，皱纹出现的顺序一般是前额、上下眼睑、眼外眦、耳前区、颊、颈部、下颏、口周。但由于每个人保养的情况不同，面部皱纹出现的早晚和程度也各有差异。

导致皱纹产生的原因很多，中医认为，皱纹与人体脏腑的功能活动密切相关。产生皱纹的原因主要有机体衰老、内脏功能失调、饮食不当及情志不调等。现代医学认为，皱纹的出现与年龄、表情肌和重力有关。此外，遗传、慢性消耗性疾病、营养不良、代谢障碍、内分泌功能异常、神经或精神不正常因素都可导致不同程度的皮肤营养失调，影响皮肤的正常代谢功能及活动。而日晒、风吹、寒冷、某些化学物质的刺激使皮肤失水，化妆品选择不当，面部表情过度夸张（如挤眉弄眼等），吸烟，运动少等，均可导致皱纹的出现。

推荐食材

能延缓肌肤衰老的食材有：小麦、葵花子、南瓜子、松子、杏仁、花生、核桃、芝麻、羊奶、牛奶、蜂蜜、食醋、红薯、香菇、银耳、冬瓜、蚕蛹、海参、橙子、葡萄、火龙果、樱桃、无花果、桃花等。

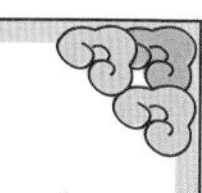

专家建议

虽然皮肤自然老化是不可抗拒的，但仍可借助多种手段推迟皱纹的产生，并将已经产生的皱纹淡化到不引人注目的程度，因此，皱纹重在预防。具体应注意以下几点。

◆及时发现、治疗全身性疾病，特别是慢性消耗性疾病。

◆养成良好的生活习惯。纠正各种不良习惯，如吸烟、面部夸张性表情等；平时要注意防晒，以防日晒使皮肤干燥而产生皱纹；适当锻炼身体，多呼吸新鲜空气；注意皮肤的清洁，每天用温水清洁面部，之后外涂润肤品，以防止皮肤干燥。

◆饮食要恰当，要保证食物多样、营养均衡。多吃新鲜蔬菜及富含维生素A和维生素C的水果；多吃强化乳品；多吃富含维生素E、锌和硒的谷类；常吃豆制品；饮水量要充足；忌饮酒、咖啡、可乐和浓茶等。

美容粥膳 >>

花生杏仁粥

【材料】大米半杯，花生3大匙，杏仁2大匙，枸杞子数粒

【调料】白糖少许

【做法】1.大米淘洗干净，用适量清水浸泡30分钟；花生洗净，用清水浸泡回软；杏仁用热水烫透。

2.大米放入锅中，加适量清水，大火煮沸，转小火，下入花生，煮约45分钟。

3.下入杏仁、枸杞子及白糖，搅拌均匀，煮15分钟，出锅装碗即可。

杏仁自古就是公认的美容佳品具有平衡血压、清除毒性自由基、抗衰老的功效。花生含有维生素E及矿物质锌等，具有抵抗老化、滋润皮肤的作用。枸杞子是极好的补益类药物，具有补精气不足、养颜、美白肌肤、明目安神、延年益寿的功效。这道花生杏仁粥不仅具有保健价值，更是润泽肌肤、延缓衰老的粥膳佳品。

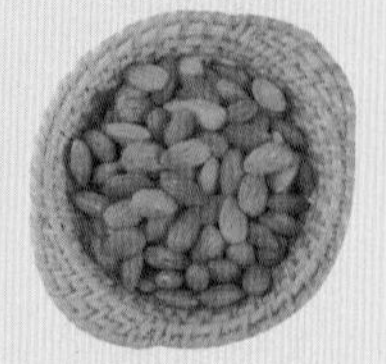

五色甜粥

【材料】大米1杯，嫩玉米粒半杯，青豆、香菇、胡萝卜各50克

【调料】冰糖半杯

【做法】1.大米淘洗干净；香菇、胡萝卜洗净，切丁。

2.嫩玉米粒、青豆、香菇丁、胡萝卜丁分别放入热水中烫透，备用。

3.大米加适量水，大火烧开，转小火煮40分钟成稠粥，加入做法2中的材料及调料，搅拌均匀，出锅装碗即可。

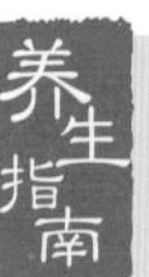

玉米富含多种营养成分，不仅具有极佳的保健作用，还有较好的美容功效。玉米中含有维生素E和谷胱甘肽，具有润泽肌肤、淡化皱纹、延缓衰老的功效。香菇对多种疾病均有较好的食疗作用，可改善便秘、消化不良等。香菇可从内部调理身体，使皮肤红润、有光泽。青豆具有润肤、明目的功效。胡萝卜是补肝明目之佳品。这道五色甜粥所用的材料，均具有极好的美容功效。可有效滋润肌肤、防止皱纹产生。

排毒祛痘粥膳美容

PAIDUQUDOUZHOUSHANMEIRONG

祛痘养生谈

皮肤问题是毒素存留在体内的表现，体内的有毒物质会不同程度地残留在肌肤上，影响到皮肤的健康与美丽，痤疮、青春痘就是体内毒素影响到肌肤的具体体现。进入青春期后，很多人的脸上逐渐冒出很多“痘痘”，有时还伴有痒痛及黑头粉刺。这些“痘痘”破溃后会出现暂时性的色素沉着或凹状疤痕，少数严重的还可能导致软囊肿、脓肿，破溃愈合后会留下比较明显的疤痕，使皮肤凹凸不平，颜色深浅不一，十分影响美观。

一般情况下，男性患痤疮、青春痘的情况比女性要严重，而且更难治愈。

若想皮肤美丽，就应尽早排毒祛痘。青春痘借助药物治疗的效果并不理想，不妨试一试饮食疗法。中医认为，青春痘的治疗应采用清热、解毒、祛风、凉血、利湿的方法，因此可通过食用具有清热解毒等功效的粥膳，以达到排毒祛痘的目的。

推荐食材

有助于排毒祛痘的食材有：西瓜、葡萄、樱桃、绿豆、荞麦、高粱、黑豆、大白菜、荠菜、生菜、莴笋、芹菜、菠菜、茼蒿、芦荟、黄瓜、芋头、茭白、空心菜、南瓜、苦瓜、苋菜、芦荟、猪血、海蜇、蚌肉等。

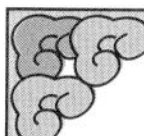

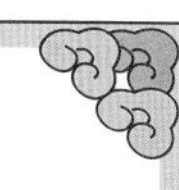

日常生活中正确的养生方法更有益于美容，以下养生原则有助于帮助人体排出毒素、祛除青春痘。

◆体内有毒素且长有青春痘者要保持乐观与自信的心态，避免抑郁情绪，并积极配合医生的治疗。

◆生活要有规律，并养成良好的生活习惯。每天要定时休息，不要经常熬夜；注意皮肤的清洁，切勿用手挤压患处，以免引起感染；女性要慎用化妆品。

◆饮食要合理。饮食宜清淡，不宜吃肥腻及辛辣刺激的食物，平时应多吃富含维生素的食物，如蔬菜、水果等。

海带绿豆粥

【材料】绿豆半杯，泡发海带100克，大米半杯

【做法】1.泡发的海带切碎；大米淘洗干净，用清水浸泡一会儿；绿豆洗净。

2.海带、大米、绿豆一同放入锅中，加适量水煮成粥即可。

养生指南 绿豆含有丰富的蛋白质、多种维生素以及钙、磷、铁等矿物质，不仅具有食用价值，还具有非常好的药用功效。绿豆性凉，有较好的清热解毒作用，能帮助人体排出毒素。海带所含的矿物质可参与皮肤的正常代谢，使上皮细胞正常分化，减轻毛囊皮脂腺导管口的角质化，有利于皮脂腺分泌物排出，从而防止青春痘的形成。这道海带绿豆粥具有清热解毒、降压、祛痘的功效。

百合绿豆粥

【材料】绿豆、大米各半杯，百合3大匙

【调料】白糖少许

【做法】1.百合用清水浸泡；绿豆洗净；大米淘洗干净，用清水浸泡。

2.绿豆、大米放入锅中，加适量清水熬煮。

3.待绿豆将熟时放入百合、白糖熬至浓稠即可。

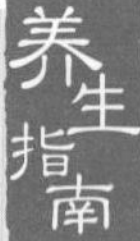

养生指南 青春痘的形成与内热有关。因此，在防治上要以清热解毒为主。这道百合绿豆粥具有清热解毒、凉血、消暑利水的功效，此粥通过食疗，可从内部调理身体的机能，使人体远离毒素的困扰，从而起到预防青春痘的作用。痤疮、青春痘患者可常食此粥。

祛斑美白粥膳美容

QUBANMEIBAIZHOUSHANMEIRONG

祛斑养生谈

根据斑点的形成原因、形状及颜色的深浅等，可将色斑分为黄褐斑、肝斑、雀斑和老年斑等几种类型。

导致皮肤产生色斑的原因较多。主要包括：内脏机能失调、内分泌失调、遗传因素、药物因素（如长期服用避孕药、减肥药等）、紫外线照射、精神压力过大、外伤性因素、营养不足（如缺乏维生素）、妊娠或哺乳因素、新陈代谢缓慢、抵抗力差、化妆品使用不当以及不良的清洁习惯等。

中医认为，肝失调养、血行不畅等，均可导致面部气血失和。另外，脾虚、肾虚等也可导致面部产生色斑。由此看来，祛斑也需要辨证论治。可先找到产生色斑的根源再进行治疗。在食疗方面，建议多吃用具有祛斑美白功效的食物制作的粥膳。

推荐食材

具有祛斑美白功效的食材有：谷类食物、芝麻、豌豆、银耳、桃花、火龙果、西红柿、柠檬、藻类、牛奶等。

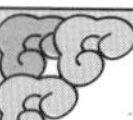

专家建议

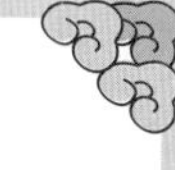

色斑的防治与生活中的养生方法密切相关，平时应注意以下养生要点。

◆黑色素是形成斑点的主要物质，也是影响美白的关键因素，为了防止体内黑色素的形成，平时要使用防紫外线的护肤品，并注意肌肤的清洁，还可适当使用外用的美白淡斑化妆品。

◆注意调节内分泌，并及时治疗肝脏疾病，以防色斑产生。

◆规律的生活习惯。每天按时作息，保证充足的睡眠，并学会减缓或解除压力。

◆合理的饮食。多吃富含维生素C的食物，大量研究表明，维生素C能阻止黑色素的形成，从而预防色斑；少吃富含酪氨酸的食物，酪氨酸是形成黑色素的基础物质，因此要减少其摄入量；经常吃谷类食物；注意补充肌肤的水分；食用含感光物质的食物（如芹菜、萝卜、柠檬等）后，要避免阳光照射，以免形成黑色素。

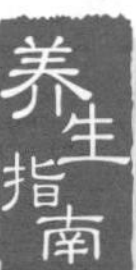

养生指南 银耳具有极好的美容养颜功效，其营养价值与保健功效都十分卓著。常食银耳可在一定程度上防止体内毒素沉积，具有良好的滋润补水、美白淡斑的作用。香菇也是不可多得的具有美容功效的保健食品。这道银耳香菇粥具有补养肺气、通畅呼吸、增进肺功能和过滤污浊空气的功效，还能美润肌肤、淡化色斑。

银耳香菇粥

【材料】银耳50克，小香菇150克，大米半杯

【调料】盐1小匙

【做法】1.银耳冲洗干净，用清水浸软后，去蒂，再切成小块。

2.香菇洗净，用水泡软；大米洗净。

3.将银耳、香菇、大米加适量水一同放入锅中，同煮成粥后，加盐调味。

养生指南 天麻是一种珍贵的药用植物，有平肝息风的功能，适用于头痛眩晕、肢体麻木等。中医认为，肝藏血。天麻平肝，因此可养血，能使面色红润。牛奶是润白皮肤的理想食物，无论内服还是外用，都可起到美白淡斑的作用。洋葱所含的硒是一种抗氧化剂，可延缓皮肤衰老。南瓜含有的维生素E具有润肤和抗氧化的作用，能有效保护肌体免受自由基和过氧化物的损害。这道南瓜牛奶鸡肉粥具有补中益气、镇定安神的功效，能延缓衰老、润泽肌肤、美白淡斑。

[贴心提醒] 腹泻者忌服此粥。

南瓜牛奶鸡肉粥

【材料】南瓜80克，大米1杯，洋葱30克，鸡肉40克，牛奶2杯，天麻10克

【调料】盐、胡椒粉、奶油各少许

【做法】1.锅中放入半杯水，加入天麻煮10分钟，去渣取汁，备用。

2.南瓜去皮，切成丁状；洋葱、鸡肉亦切丁；大米浸泡1小时后淘洗干净。

3.锅中放奶油，将洋葱、鸡肉略炒，放入大米，加适量水，用小火煮20分钟。

4.将南瓜、牛奶、天麻药汁加入做法3中，煮10分钟，然后用盐、胡椒粉调味便可起锅。

养发护发粥膳美容

YANGFAHUFAZHOUSHANMEIRONG

美发养生谈

头发直而有光泽、粗而密集、长而秀美是中国人美发的标准。而未老发早灰白、发枯焦稀疏、脱发等均属病态。头发不仅是健康的标志，它本身还有保护头部和大脑的作用，同时健康秀美的头发又有特殊的美容作用，更能衬托出人的美丽。

中医认为，发为血之余，头发与脏腑的关系十分密切，头发的美丽与否能直接反映出人体五脏气血的盛衰。五脏的生理病理变化直接影响头发的变化，而头发的变化又能反映出人的情志、生理和病理变化。七情过度，也会引起头发的变化，如忧愁思虑过度常引起头发早白、脱发。一般而言，头发由黑变灰、变白的过程，就是机体精气由盛转衰的过程。因此，头发的保养需要保持精神愉快，避免情绪受到过度刺激。食疗可选用能促进气血运行、具有健发美发功效的粥膳。

推荐食材

有助于美发的食材、药材包括：猕猴桃、桑葚、海参、核桃、黑芝麻、葵花子、胡麻、油菜子、槐实、黑豆、何首乌、黄芪、当归、枸杞子、川芎、丹参等。

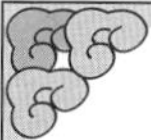

专家建议

养发护发的日常饮食要做到以下几点。

◆日常饮食宜多样化，食物搭配要合理，并保持体内酸碱平衡，这对于健发、美发、防止头发早衰有重要作用。

◆可适量食用富含蛋白质、碘、钙、维生素A、B族维生素、维生素E等营养成分的天然食物，如：牛奶、鱼、蛋类、豆类、绿色蔬菜、瓜果、粗粮等。

◆适当食用富含不饱和脂肪酸的食物。不饱和脂肪酸能使毛发及肌肤自然健美，因此可适量吃一些，如黑芝麻、葵花子、花生等。

◆可根据情况适当选用能健发的药粥，如何首乌与粳米熬煮而成的粥等。

另外，在食疗的基础上，还要积极参加各种运动和锻炼，注意防治全身性疾病，戒除吸烟、酗酒、暴食暴饮等不良习惯，同时要合理使用大脑，注意劳逸结合，养成良好的生活习惯。

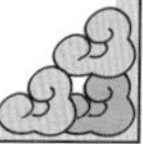

白芝麻核桃粥

【材料】糙米半杯，黑芝麻、白芝麻各2大匙，核桃仁3大匙

【调料】白糖适量

【做法】1.糙米、黑芝麻、白芝麻、核桃仁分别洗净，糙米用清水浸泡1小时。

2.所有材料一同入锅中，加适量水，中火煮沸后再改小火熬煮1小时，加糖拌匀即成。

黑芝麻、白芝麻、核桃仁都是很好的美发食物。黑芝麻常作药用，白芝麻则以食用为主。黑芝麻具有乌发、生发的功效，对须发早白、病后脱发有较好的辅助疗效。白芝麻能防止过氧化脂质对皮肤的伤害，抵消或中和细胞内有害物质自由基，可使皮肤白皙润泽。经常食用白芝麻，可改善皮肤、须发干枯现象。核桃仁也是养发护发的理想食物。这道黑白芝麻核桃粥具有润肤、乌发、生发等功效，常食可使头发秀美、乌黑、有光泽。

芝麻双米粥

【材料】鹌鹑蛋4个，黑芝麻、玉米粒各2大匙，小米1杯

【调料】冰糖适量

【做法】1.小米淘洗干净，用清水浸泡；黑芝麻磨成芝麻粉；鹌鹑蛋煮熟，去壳。

2.锅中加水煮开，加小米、黑芝麻粉和玉米粒煮开，再用小火煮熟。

3.加入冰糖煮化，最后放入鹌鹑蛋稍煮片刻即可。

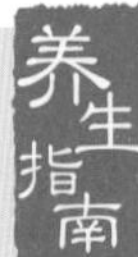

一般认为，白发产生的主要原因是缺乏维生素B_2。而这道黑芝麻双米粥富含维生素B_2，有助于头皮内的血液循环，增强头发的生命力，并对头发起滋润作用，可在一定程度上防止头发干燥和发脆。此粥是养发、乌发、生发、润肤的滋补佳品，具有多种保健功效。

牙齿保健粥膳美容

美齿养生谈

最新调查研究发现，绝大多数长寿老人，口腔中都有一定数量的自然牙齿，后天镶配的假牙不能完全取代自然牙齿的作用。因此，保持良好的卫生习惯、重视固齿保健，是养生保健的一项重要任务。

牙齿是咀嚼食物的主要器官。牙齿保健应从小开始，养成良好的口腔卫生习惯，对健康长寿十分有益。

中医认为，肺主皮毛，脾主肌肉，肾主骨，齿为骨之余。因此，牙齿保健重在调理人体脏腑功能，使气血充沛、阴阳调和、肾精充足，从而使牙齿洁白、坚固、有光泽。牙齿保健类粥膳就是最好的选择。

推荐食材

有利于牙齿保健的食材包括：金枪鱼、绿茶、莴笋、芹菜、黑豆、芋头、奶酪、酸奶等。

专家建议

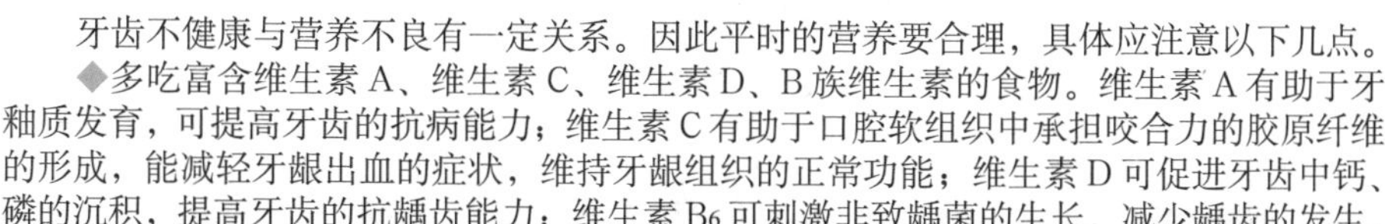

牙齿不健康与营养不良有一定关系。因此平时的营养要合理，具体应注意以下几点。

◆多吃富含维生素A、维生素C、维生素D、B族维生素的食物。维生素A有助于牙釉质发育，可提高牙齿的抗病能力；维生素C有助于口腔软组织中承担咬合力的胶原纤维的形成，能减轻牙龈出血的症状，维持牙龈组织的正常功能；维生素D可促进牙齿中钙、磷的沉积，提高牙齿的抗龋齿能力；维生素B_6可刺激非致龋菌的生长，减少龋齿的发生。

◆适量摄取含有各种矿物质的食物，钙、磷、氟等是牙齿发育不可缺少的营养成分。氟元素可以通过全身或局部作用预防龋齿的发生。钙与磷则是牙齿的主要组成部分，牙齿的生长发育受钙、磷代谢的影响。若饮食中钙含量高、磷含量低，则龋齿易感性增加，可造成龋损，而适量增加饮食中的磷可降低患龋率。如饮食中缺铁，不仅会造成贫血，还易产生牙病。

◆适当食用富含蛋白质的食物。蛋白质也是牙齿发育不可或缺的营养成分，在抗龋方面也有显著的作用。若蛋白质缺乏，可造成牙体形成缺陷，同时增加致龋的敏感性，从而诱发龋齿。

黑豆天冬芝麻粥

【材料】天冬30克，黑豆2大匙，黑芝麻2大匙，粳米半杯

【调料】冰糖适量

【做法】1.天冬、黑豆、黑芝麻洗净，沥干；粳米淘洗干净。

2.天冬、黑豆、黑芝麻、粳米放入砂锅内，加适量水煮粥。

3.待粥将熟时加入冰糖，再煮沸1～2次即可。

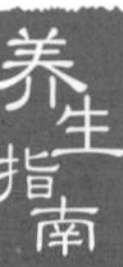

养生指南

天冬具有养阴、生津、清肺、润燥的功效。黑豆具有补肾养血、调中下气、解毒利尿的作用。中医认为，齿为肾之外候，肾气足，牙齿才能光泽、坚固。而黑豆具有极好的补肾功效，因此，可进而使牙齿坚固、有光泽。黑芝麻也是补肝肾、益精血佳品，不仅具有乌发美发的功效，还能坚固、美白牙齿。这道黑豆天冬芝麻粥具有益肝补肾、滋阴养血之功，还能固齿乌发，适用于肝肾不足所致头发早白或花白等的辅助食疗。

芋头薄荷粳米粥

【材料】芋头90克，粳米半杯，薄荷叶适量

【调料】砂糖少许

【做法】1.芋头洗净，去皮，切成小块；粳米淘洗干净；薄荷叶洗净。

2.芋头、粳米一同放入锅中，加适量水煮粥。

3.粥将熟时，加入薄荷叶再煮片刻。

4.粥熟后，加入砂糖再煮片刻即可。

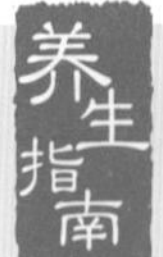

养生指南

芋头具有补肝肾、坚固牙齿的功效。薄荷具有清热、清头目的功效，常用于风热感冒、口疮、牙痛、头痛等的辅助治疗。这道芋头薄荷粳米粥具有补脾胃、固齿、使口气清新的功效，适用于慢性淋巴结核、淋巴腺肿等。

亮眼明眸粥膳美容

LIANGYANMINGMOUZHOUSHANMEIRONG

明目养生谈

眼睛是人们感知世界的重要器官，是“视万物、别黑白、审短长”的器官。眼睛与工作、学习以及一切日常生活密切相关，而且还会影响面容整体的美观程度。因此眼睛的健康与美观是至关重要的。

中医认为，眼睛的功能与脏腑经络的关系非常密切，眼睛是人体精气神的综合反映。眼睛之所以能视万物、辨五色，必须依赖五脏六腑精气的滋养。心主血，肝藏血。当心血充足、肝血畅旺、肝气顺达时，肾脏所藏的精气，就能借助脾肺之气的传输而到达眼部，发挥正常的生理功能。因此，正常的视觉功能离不开脏腑中精、气、血、津液的濡养。脏腑的功能一旦失调，精气就不能充足地滋养眼部，从而引起视觉功能障碍。因此，眼睛保健既要重视局部，又须重视整体与局部的关系。

想使眼睛更漂亮，就要注意生活中的饮食养生，可食用能使眼睛明亮有神、增强眼睑肌肉弹性的粥膳。

推荐食材

具有亮眼明眸功效的食材包括：黑米、胡萝卜、豌豆、草莓、芒果、沙丁鱼、鲤鱼、鳗鱼、鳝鱼、猪肝、羊肝等。

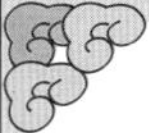

日常生活中的合理饮食对眼睛的健康与美观具有至关重要的作用，具体养生要点如下：

◆多吃富含多种维生素的食物。维生素对于防治眼病意义重大。维生素A能防止眼睛干涩，预防夜盲症；维生素C对于预防白内障具有积极意义；维生素A、维生素B_2、维生素C及维生素D协同合作，对防治角膜炎和角膜溃疡有积极的作用。

◆多吃能保护视力的蔬菜（如胡萝卜等）、水果、动物肝脏，也可以适当服用一些鱼肝油。

◆切忌贪食肥腻及辛辣刺激性食物。

◆注意通过饮食调节体内的酸碱平衡，以防止各种眼病的发生或病情加剧。

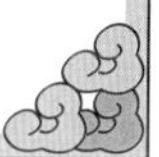

羊肝菠菜玉米粥

【材料】羊肝50克，玉米面3大匙，菠菜50克，鸡蛋1个

【做法】1.羊肝洗净，切成末；菠菜洗净，切碎。

2.羊肝、菠菜、玉米面一同放入锅中，加适量水煮粥。

3.粥熟后打入鸡蛋调匀即可。

养生指南 羊肝具有养肝、明目、清虚热的功效，适用于夜盲症、眼干燥症、青盲翳、目暗昏花及热病后弱视。玉米是抗眼睛老化的极佳食物。菠菜含有胡萝卜素，可降低患视网膜退化的危险，保护视力。鸡蛋具有养肝、补脑的作用。以四者煮制的羊肝菠菜玉米粥具有养肝明目、补血敛阴的功效，适用于气血不足、雀目、眼目干涩等。

猪肝绿豆粥

【材料】猪肝100克，绿豆3大匙，粳米半杯，葱花少许

【调料】盐少许

【做法】1.猪肝洗净，切片。

2.绿豆洗净，放入锅中，加适量水煮至熟烂。

3.粳米洗净，放入煮至熟烂的绿豆中。

4.待粥熬煮至黏稠软烂时，放入切好的猪肝，见猪肝变颜色，放入少许盐和葱花即可。

养生指南 中医认为，猪肝具有补肝、明目、养血的功效，适用于肝血不足所致的视物模糊不清、夜盲、眼干燥症。绿豆是很好的清热类食物，尤其是绿豆衣，具有清热解毒、消肿、明目的作用。这道猪肝绿豆粥具有清热、补肝、养血、明目、润肤的功效，适用于面色发黄、视力减退等。

减肥瘦身粥膳美容

JIANFEISHOUSHENZHOUSHANMEIRONG

瘦身养生谈

肥胖是困扰人们已久的问题。因为肥胖不仅会影响人的美观，严重的还会危害到人们的身体健康，同时也是导致很多疾病产生的危险因素，如高血压、高血脂、糖尿病、脂肪肝、动脉硬化等。

中医认为，肥胖者多属于痰湿体质，痰湿源于脏腑失调，如脾胃失调、肝胆失调等，脏腑失调会导致身体代谢失常，病理产物不能及时排出体外，从而表现出体态偏胖、胸闷、多汗且黏、身重不爽等症状。引起肥胖的脏腑功能失调大致归为四类，主要包括：胃热型、脾虚型、肝郁气滞型、肝肾两虚型。

不同类型的肥胖者，其减肥瘦身所用的粥膳也应有所区别。胃热型肥胖，应选用有泻下、清热、排汗、利尿功效的粥膳，以扫除体内食积、湿热等毒素；脾虚型肥胖，可选用能益气、健脾、利水、消肿的粥膳；肝郁气滞型肥胖，可选用能改善肝肠实热的粥膳；肝肾两虚型肥胖，适合选用具有滋阴、清热功效的粥膳。

推荐食材

有利于减肥瘦身的食材、药材包括：红薯、土豆、芹菜、生菜、银耳、冬瓜、丝瓜、蒜、金枪鱼、火龙果、无花果、柠檬、菊花、大黄、女贞子、丹参、红花、灵芝、荷叶、枸杞子、决明子、山楂、益母草、川芎、泽泻等。

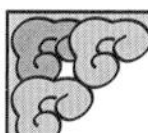

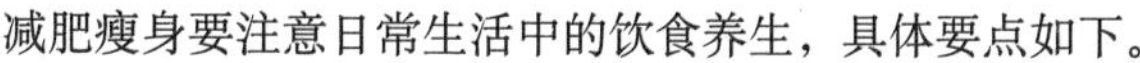

专家建议

减肥瘦身要注意日常生活中的饮食养生，具体要点如下。

◆饮食要合理。少吃富含脂肪与热量的食物，高脂肪食物是减肥的最大障碍，尤其是富含动物性脂肪的食物，因此若想减肥，使身体苗条，一定要控制脂肪的摄入。只有在日常饮食中做到控制脂肪与热量、营养均衡、搭配合理，才能保证身体的健康与体态的美观。

◆增加水分的摄入量。人体如果缺水，就会导致脂肪代谢减慢，从而造成脂肪堆积。因此，肥胖者平时应多喝水，也可多吃富含水的食物。

◆避免排泄不畅。便秘是美容与减肥的大敌，因为粪便在肠道停留的时间越长，人体吸收的营养就越多。若想减肥，就一定要缩短粪便在肠道停留的时间。因此可多吃些利于排便的食物。

养生指南

中医认为，芦荟味苦，性寒，入肝、心、脾经，具有清热、排毒、利尿、通便、杀虫的功效。现代医学研究证明，芦荟能排出体内积存的废物及多余的脂肪，因此，服用芦荟能达到减轻体重、减肥健身的神奇效果。土豆是理想的减肥食品，具有健脾和胃、通利大便的功效。土豆还含有丰富的膳食纤维与极少量的脂肪，能增强人体的饱腹感，可减少大量食物的摄入。这道芦荟土豆粥具有极好的瘦身效果，减肥者可常吃。

荟土豆粥

【材料】粳米半杯，芦荟50克，土豆100克，枸杞子数粒

【调料】白糖少许

【做法】1.粳米淘洗干净，用清水浸泡30分钟。
2.芦荟洗净，切3厘米见方的块；土豆去皮，切2厘米见方的块。
3.将芦荟、粳米、土豆一同放入锅内，加适量水，用大火烧沸，再用小火煮约35分钟，加入枸杞子、白糖搅匀即成。

辣椒生姜粥

【材料】大米半杯，尖辣椒15克，生姜少许

【做法】1.尖辣椒洗净，切成碎末；生姜洗净，切丝；大米淘洗干净，备用。
2.锅内加适量水，放入大米、辣椒末、生姜丝一同煮粥，熟后即成。

养生指南

中医认为，辣椒味辛，性热，是一种减肥的理想食物。现代医学认为，辣椒含有一种成分，能有效燃烧体内的脂肪，促进新陈代谢，从而达到减肥的效果。生姜也是减肥佳品，可帮助人体燃烧脂肪，从而起到减肥瘦身的作用。这道辣椒生姜粥具有温中散寒、健胃消食、减肥瘦身的功效，适用于上腹部冷痛。建议每日食用此粥1～2次。

冬瓜紫菜粥

【材料】紫菜50克，冬瓜300克，大米半杯，葱花适量

【调料】盐、香油各少许

【做法】1.紫菜洗净，切碎；冬瓜去皮，去心，切碎；大米浸泡半小时后淘洗干净。

2.紫菜、冬瓜、大米一同放入锅中，加适量水煮成粥。

3.粥熟时加盐、香油调味，最后撒葱花即可。

养生指南 紫菜是生长在浅海岩石上的红藻类海生植物，味道鲜美，营养独特，含有丰富的膳食纤维，且热量很低，具有很好的减肥效果。中医认为，冬瓜具有清热解毒、利水消痰、除烦止渴、祛湿解暑等作用，常用于心胸烦热、小便不利、咳喘、高血压等的食疗。由于冬瓜具有优异的利水功效，因此对水肿性肥胖具有一定食疗功效。这道冬瓜紫菜粥具有清热、利水、平喘的作用，水肿性肥胖者不妨常食。

苹果蔬菜粥

【材料】大米1杯，芹菜、苹果、甜玉米粒、西红柿、圆白菜各20克，香菇1朵，姜片1片

【调料】盐适量

【做法】1.大米淘洗干净；苹果洗净，取果肉切成小块；西红柿洗净，切块；圆白菜洗净，切块；香菇洗净；甜玉米粒洗净；芹菜洗净，切段。

2.将所有备好的材料一同放入锅中，加适量水煮粥。

3.粥熟后加盐调味即可。

养生指南 苹果含大量的水分和纤维素，能使人有饱腹感，可起到节制饮食的作用。苹果所含的有机酸类成分能刺激肠蠕动，促进大小便畅通。西红柿、圆白菜与苹果一样，也是减肥的理想食物，而且还能清除人体内的自由基，延缓皮肤衰老。玉米含有丰富的纤维素，具有利尿、减肥的功效。芹菜也是减肥的理想佳蔬，具有很好的瘦身效果。这道苹果蔬菜粥营养丰富，保健功效强，有抗癌、抗衰老、减肥瘦身的作用。

丝瓜虾皮粥

【材料】丝瓜500克，粳米半杯，虾皮、葱花、姜末各适量

【调料】香油、盐各少许

【做法】1.丝瓜去皮，用清水洗净，切成小丁；虾皮洗净备用。

2.粳米淘洗干净，放入锅内，加适量清水烧开。

3.待米粒煮至开时，加入丝瓜丁、虾皮、香油、盐熬煮成粥，再调入葱花、姜末调匀即可。

养生指南 丝瓜又名天罗，为葫芦科植物丝瓜或粤丝瓜的鲜嫩果实。现代营养学认为，丝瓜含胡萝卜素、维生素 B_1、维生素 B_2、维生素 C、多种矿物质、蛋白质、碳水化合物等成分，具有很好的滑肠作用，有助于排泄，可以起到减肥瘦身的作用。这道丝瓜虾皮粥具有生津止渴、解暑除烦、化痰止咳、滑肠润燥的功效，也适合体胖者减肥时作辅助食品，还能改善热病口渴烦躁、痰喘咳嗽等。

大蒜粥

【材料】大蒜瓣半杯，大米1杯

【做法】1.大米淘洗干净，放入锅中，加水以大火煮沸。

2.大蒜剥皮，整瓣加入粥中煮，然后转小火煮至米粒熟软即可。

养生指南 中医认为，大蒜具有暖脾胃、解毒、杀虫、消炎、止泻、利尿、降压等功效。《本草纲目》认为，大蒜能“消水，利大小便”。大蒜属辣味食品，有十分强烈的杀菌、强身健体、减肥瘦身功效。一般认为，人体之所以会变胖，是由于酶参与了脂肪酸和胆固醇的合成，而大蒜对酶的形成能起阻止作用。因此，大蒜对肥胖有一定的抑制作用。

丰胸粥膳美容

FENGXIONGZHOUSHANMEIRONG

丰胸养生谈

胸部太小、太平令许多女性十分烦恼。影响女性胸部大小的因素较多，其中，最重要且起决定性作用的是遗传因素。此外，生产后哺喂母乳、重病过后、年龄超过30岁、长期穿且不适合的内衣、体重迅速降低等因素也会导致原本还算丰满的胸部松弛、萎缩或下垂，使胸部变小。20～25岁是女性乳房发育的最佳时期。因此，若想通过食用粥膳达到丰胸的目的，一定不要错过这个时期。

中医认为，女性乳房的发育，与脏腑、经络、气血等都密切相关，其中，受肝、胃、肾等的影响最大。若肝、胃、肾功能失调，经络功能紊乱，气血、阴阳出现偏差，就会影响胸部发育。因此丰胸也要根据具体情况来进行。

肝气郁血型：此类型的人最多，情绪不稳定，容易发怒，也容易忧郁。此类型人的乳房经络不畅通，生理周期前乳房胀痛，产后乳汁分泌亦容易不足。食疗可选用能养肝、通络的粥膳。

气血不足型：先天性体质虚弱，也可能是由于营养不足而导致扁平胸部，产后乳汁分泌亦不足。食疗宜选用益气补血类的粥膳。

肝胃郁热型：此类型人体质偏热，或很喜欢吃辣，乳房容易起硬块。食疗宜用能养肝胃、清热的粥膳。

推荐食材

具有丰胸功效的食材包括：猪蹄、猪尾巴、木瓜、黄豆、牛奶、海参、牡蛎、杏仁、花生、芝麻、核桃、腰果、莲子等。

专家建议

胸部的丰满与饮食密切相关，平时应注意以下饮食养生要点。

◆多吃富含蛋白质的食物。蛋白质能促进乳房发育。

◆多吃富含胶原蛋白的食物。胶原蛋白能增加肌肤弹性，使胸部更加挺拔。

◆适当食用含有脂肪的食物。乳房的大小取决于乳腺组织与脂肪的数量。因此，适度地增加饮食中的脂肪量，是使胸部丰满最自然、健康的方法。

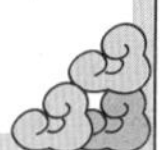

花生猪蹄粥

【材料】猪蹄1个，大米半杯，花生2大匙，葱花适量

【调料】盐少许

【做法】1.猪蹄洗净，剁成小块，放入开水中汆烫，去血水，然后再放入开水中煮至汤汁浓稠。

2.大米淘洗干净，放入锅中，加适量水煮熟。

3.将煮好的猪蹄、花生一同加入粥锅中，煮至烂稠，加入盐、葱花调味，约10分钟即可。

养生指南 猪蹄是用途广泛的食物。猪蹄中含有丰富的胶原蛋白，胶原蛋白是构成肌腱、韧带及结缔组织最主要的蛋白质成分。在人体内，胶原蛋白约占蛋白质的1/3，还可增加皮肤弹性，促进毛发、指甲生长，保持皮肤柔软、细腻，使指甲有光泽。常吃猪蹄，可保持肌肤水嫩、红润、有光泽。此外，猪蹄还具有很好的丰胸作用。花生脂肪含量较高，与富含胶质的猪蹄合用煮粥，可促进胸部的发育。

银耳木瓜粥

【材料】水发银耳20克，枸杞子1大匙，青木瓜150克，糙米1杯

【调料】盐少许

【做法】1.银耳用清水浸泡至软，去蒂，摘成小朵；青木瓜去皮及子，切小丁。

2.糙米淘洗干净，放入锅内，加入水煮沸后，改小火继续煮。

3.约10分钟后，粥锅中加入银耳、枸杞子，再煮约5分钟后，加入木瓜，继续以小火煮约15分钟，加盐调味后加盖，再焖约10分钟即可。

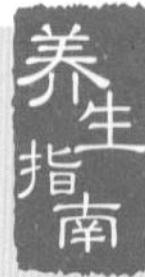

养生指南 青木瓜是丰胸佳果，含有丰富的木瓜酶等营养成分，对乳腺发育很有益处，能刺激女性卵巢分泌雌激素，使乳腺畅通，达到丰胸的目的。此外，木瓜还能帮助润滑肌肤，排出体内毒素，促进肌肤新陈代谢，帮助溶解毛孔中堆积的皮脂及老化角质，让肌肤更润泽清新。银耳是极好的美容材料，具有排毒、滋润、美白、淡斑的功效。这道银耳木瓜粥对促进胸部发育，有较好功效。

第八章

不同季节的粥膳养生

古人曰：『智者之养生也，必顺四时而适寒暑，则僻邪不至、长生久视』，这说明养生要顺应时令、寒暑的变化，粥膳养生尤应如此。顺四时而养生，必先了解春、夏、秋、冬的特点与规律，然后才能得养生之良法，祛百病而保安康。

春季粥膳养生

CHUNJIZHOUSHANYANGSHENG

春季话养生

春为四时之首，也是新陈代谢最为活跃的时期，人们的生活规律在此时会发生很大的变化。所谓“百草回生，百病易发”，因此人们的生活养生要顺应春天阳气生发、万物萌生的特点，使精神、情志、气血也能像春天般生机勃发。另外，许多疾病也易在春天复发或新增，常见的有：冠心病、风湿性心脏病、关节炎、肾炎、精神病、花粉过敏症、春季皮炎、哮喘病等。春季所患疾病多为风邪所致，因此要注意躲避能使人致病的风邪，正如《黄帝内经》所说：“虚邪贼风，避之有时。”

中医认为，春季养生应以保持体内的阳气为主。《素问·脏气法时论》提到：“肝主春……”因此，保持阳气，重在养肝。故春季保肝尤为重要。

推荐食材

适合春季养生的食材、药材包括：黑米、小米、小麦、豆豉、豆腐、黑芝麻、花生、韭菜、香椿、葱、香菜、牛蒡、胡萝卜、山药、春笋、豌豆苗、菠菜、菜花、乌鸡、猕猴桃、苹果、枸杞子、白术、西洋参等。

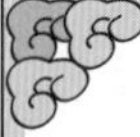

春季养生应注意以下要点。

◆注意调节情绪，保持好心情。春季养生，既要力戒暴怒，又要忌忧郁情绪，要做到心胸开阔、乐观豁达。

◆适当锻炼。经过寒冷的冬季，各脏腑器官的阳气都有不同程度的下降，因此春季应加强锻炼，尽量多活动，使阳气生发有序，符合“春夏养阳”的要求。可在清晨多去室外活动，舒展筋骨，流通气血。但晨起也不可过早，以防受风寒和湿露侵袭。另外，也要注意保暖，使阳气不致受到伤害。

◆饮食调养。春季阳气初生，宜食辛甘发散类的食物，而不宜食酸收类食物。酸味入肝，且具收敛作用，不利于阳气的生发和肝气的疏泄，且会影响脾胃的运化功能。春季也要注意饮食均衡，要多吃些新鲜蔬菜和低蛋白、低脂肪、高维生素、高矿物质的食品，少吃些酸、辣及油炸、烤、煎的食品，并要多喝水，少饮酒。

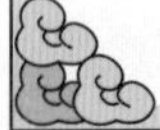

芥菜粳米粥

【材料】鲜芥菜叶适量，粳米半杯

【做法】1.芥菜叶洗净，切细；粳米淘洗干净。

2.粳米、芥菜一同放入锅中，加适量水煮成粥。

养生指南 芥菜含有蛋白质、黏液质、碳水化合物、钙、磷、维生素C等营养成分，还含有防癌物质维生素A原，能补充人体所需的维生素A，可明目、养肝。中医认为，芥菜味辛，性温，无毒，入肺、胃、肾经，具有宣肺化痰、温中利气、止咳化痰、利九窍、明耳目、安中、下气、去头面风、利膈开胃等功效。这道芥菜粳米粥可养肝明目，十分适合春天养生之用。建议空腹食用此粥。

［贴心提醒］眼病、痔疮、便血患者应忌食此粥。

香葱鸡粥

【材料】鸡胸肉200克，葱2根，大米半杯

【调料】白糖、橄榄油、盐各1小匙，醪糟2小匙

【做法】1.葱洗净，去根部及老茎，取葱白部分，切长段；鸡胸肉洗净，切方丁，放碗中，加调料拌匀并腌20分钟。

2.大米淘洗干净，放入锅中，加适量水，以中火煮开，再转小火煮至熟烂成稀粥。

3.煮好的稀粥加鸡肉丁，以中小火煮开，加葱段，再转小火加盖焖煮3～5分钟，盛入碗中即可。

养生指南 葱兼具食物与药物的功效。葱含有多种物质，具有刺激身体发汗散热、抵御细菌和病毒、抗癌的作用。此外，葱还有刺激机体消化液分泌的作用，能健脾开胃，增进食欲。这道香葱鸡粥具有解热、祛痰、促进消化吸收、抗菌、抗病毒的作用，适合春季保持阳气之用。

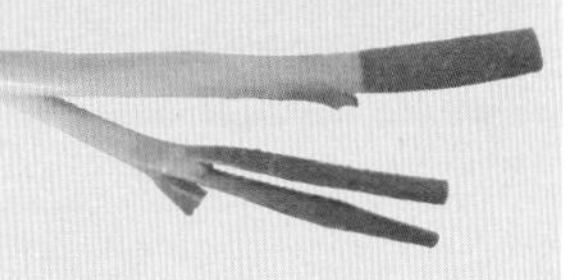

芹菜双米粥

【材料】小米、大米各半杯，芹菜200克

【调料】盐少许

【做法】1.芹菜去除根部，洗净，切成碎末，备用。

2.小米淘洗干净，用清水浸泡20分钟，捞出；大米淘洗干净，用清水浸泡30分钟。

3.大米、小米一同放入锅中，加入适量水，以大火煮滚，再转小火熬粥。

4.粥煮滚后，放入芹菜末煮熟，加入盐调味即可。

养生指南 芹菜具有清热解毒、平肝健胃、利水消肿、凉血止血等功效，能改善高血压、头痛、头晕、暴热烦渴、黄疸、水肿、小便热涩不利、女性月经不调、赤白带下等病症。现代医学认为，芹菜可降低血压与血液中的胆固醇，改善高血压、血管硬化、头晕目眩、面红耳赤等。芹菜中的食物纤维可以促进肠道蠕动，改善便秘。芹菜还可以改善女性生理期不适或更年期障碍。这道芹菜双米粥具有清热解毒、降血压等功效，春季常食此粥对高血压等心血管疾病有较好的食疗作用。

[贴心提醒] 芹菜具有杀精的作用，男子不宜多食此粥。因其性凉，脾胃虚弱、经常腹泻者也不宜食用此粥。

香韭蛋粥

【材料】韭菜适量，大米半杯，鸡蛋1个

【调料】高汤适量，盐少许

【做法】1.韭菜洗净；大米淘洗干净；鸡蛋敲破，加入盐调味打散。

2.大米放入锅中，加适量高汤，以小火慢熬。

3.起锅热油，放入鸡蛋炒熟，弄碎，备用。

4.待米粥至九成熟时，韭菜切成小段，将韭菜和炒蛋一起加入米粥中，继续煮至烂熟即可。

养生指南 韭菜又叫起阳草，属百合科多年生草本植物，种子和叶均可入药。中医认为，韭菜味甘、辛，性温，无毒，具有健胃、提神、止汗固涩、补肾助阳、固精等功效。现代医学认为，韭菜为振奋性强壮药，含有挥发油及硫化物、蛋白质、脂肪、碳水化合物、B族维生素、维生素C等物质，适用于盗汗、遗尿、尿频、阳痿、遗精、反胃、下痢、腹痛、女性月经不调、崩漏带下及跌打损伤、吐血、鼻出血等。这道香韭蛋粥可提升肾阳，具有健胃、固精等功效，是春季首选食物，男性可常吃。

夏季粥膳养生

XIAJIZHOUSHANYANGSHENG

夏季话养生

夏季是一年里阳气最盛的季节，气候炎热，生机旺盛，也是人体新陈代谢的旺盛时期，人体阳气外发，气血运行也相应旺盛起来，并且活跃于机体表面。因此，夏季要注意保护人体阳气，防止因避暑而过食寒凉食品，从而伤害了体内的阳气。这就是所谓的“春夏养阳”。中医认为，夏属火，与心相应，所以夏季要重视心神的调养，同时也要注意脾胃的调理。另外，夏季酷热多雨，易引起心火过旺，而暑湿之气也容易乘虚而入，易致中暑等病。因此，夏季也要注重除湿与清热。

夏季的三伏天是全年气温最高、阳气最盛的时节，因此对于阳虚证来说，是最佳的防治时机，这也就是所谓的“冬病夏治”的原则，常见的阳虚证包括：慢性支气管炎、肺气肿、支气管哮喘、腹泻等。

推荐食材

适合夏季养生的食材包括：小米、绿豆、小麦、圆白菜、茼蒿、西红柿、黄瓜、苦瓜、海带、紫菜、百合、藕、莲子、荷叶、柠檬、西瓜、桃、乌梅、草莓等。

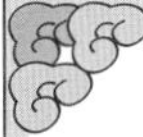

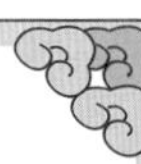

夏季养生应注意以下要点。

◆精神方面。夏季要神清气和、心情愉快、胸怀宽阔、精神饱满、培养乐观外向的性格，从而使心情舒畅。

◆养成良好的生活习惯。注意作息时间的调整，顺应自然界阳盛阴衰的变化；体育锻炼要避开烈日，可选择在清晨或傍晚较凉爽时进行，同时注意加强防护；可适当安排午睡；经常洗澡，消暑防病；防止风邪侵体。

◆注意饮食调养。夏季炎热，易出汗，出汗过多会损失较多盐分，因此应适当吃些咸味食物，以补充身体的盐分；还宜多吃酸味食物及一些能清热、利湿的食品；富含蛋白质、维生素、水和矿物质的食物也可多吃，以满足身体的需求；同时不宜过食寒凉食物，以防伤脾损胃；饮食宜清淡，不宜吃肥腻食物。此外，还要注意饮食卫生，预防夏季肠道传染病。

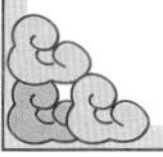

甘草绿豆粥

【材料】绿豆半杯，生甘草10克

【做法】1.绿豆洗净，备用。

2.绿豆、生甘草一同放入锅中，加适量水，以小火煮至粥熟即可。

养生指南

绿豆为豆科草本植物绿豆的成熟种子，具有清热解毒、消肿、明目、止痒等作用。甘草为平性药物，可补脾益气，能改善咽喉肿痛、痈疽疮疡、胃肠道溃疡，还能解药毒、食物中毒等。以绿豆和生甘草煮制的粥膳，具有消暑、利湿、解毒的作用，可解暑热及各种药物中毒等。

荷叶莲藕粥

【材料】荷叶1大张，莲藕1小节，粳米半杯

【调料】白糖适量

【做法】1.荷叶洗净；莲藕清洗干净，切成小粒，备用；粳米淘洗干净。

2.荷叶放入锅中，加适量水煎汤500毫升左右，用细滤网滤取汁液。

3.莲藕、粳米与荷叶汁一同放入锅中煮成稀粥。

4.粥熟时，加白糖调味即可。

养生指南

中医认为，莲藕具有健脾开胃、养心安神、补血益气的功效。莲藕还能促进胃肠蠕动，从而达到健脾养胃、消胀顺气的作用。荷叶含有莲碱、原荷叶碱等成分，有清热解毒、凉血止血的功效，适用于腮腺炎、发热、舌红、面赤、口渴、小儿热毒等。此外，荷叶还能升发胃气，具有消暑、化湿的作用。这道荷叶莲藕粥具有清热、解暑、和胃的功效，适用于因夏热食欲不振的人群，是夏季养生的理想粥品。

豆浆小米粥

【材料】小米1杯，黄豆500克，生姜3片

【调料】盐1小匙

【做法】1.黄豆洗净，用适量清水浸泡至发胀，加水磨成豆浆，用细滤网过滤，去渣取汁；小米淘洗干净后，用清水泡过，磨成糊状，也用细滤网过滤，去渣。

2.锅中加适量水烧沸，加入豆浆，再沸时撇去浮沫，下小米糊搅匀。

3.再次煮沸后撇沫，加入生姜片及盐调味，继续煮5分钟即成。

养生指南

豆浆由黄豆磨制而成，包含了黄豆所有营养。夏饮豆浆，可消热防暑、生津解渴。小米具有极好的养心安神功效，十分适合夏季解暑之用。夏季常食这道豆浆小米粥，可消暑去热。

荷叶扁豆薏米粥

【材料】扁豆1大匙，荷叶半张，赤小豆2大匙，山药15克，木棉花15克，薏米2大匙，灯心少许

【做法】1.赤小豆洗净；薏米淘洗干净，备用。

2.山药去皮，切成块；扁豆洗净；荷叶洗净撕成小块备用。

3.所有材料一同放入锅中，加适量水，以小火煮粥，煮至豆熟透即可。

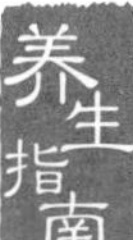

养生指南

木棉花为木棉科植物木棉的花。中医认为，其味甘，性凉，具有清热、利湿、解毒、止血的功效，可缓解泄泻、痢疾、血崩、疮毒等。扁豆可辅助治疗暑湿吐泻、脾虚呕吐、食少久泄等，常用于化湿、消暑、消水肿。荷叶具有极好的清热凉血、解暑、升发清阳等功效，可改善暑热烦渴、暑湿泄泻等。山药具有益气养心、健脾固涩的功效。赤小豆、薏米都具有很好的利湿作用，可消肿、解毒。这道荷叶扁豆薏米粥具有消暑、祛湿的功效，可用作夏季清暑食品。

秋季粥膳养生

QIUJIZHOUSHANYANGSHENG

秋季话养生

秋季气候由热转寒，是阳气渐收、阴气渐长、由阳盛转变为阴盛的关键时期，人体阴阳的代谢也开始阳消阴长。因此，秋季养生应以养收为原则。

在经过了盛夏过多的发泄之后，人们往往在秋季缺乏体液，感觉干燥，会有不同程度的喉干舌苦、鼻咽干塞等症状发生，还易引发伤风、咳嗽、支气管炎等疾病，因此秋季养生的关键在于防燥。

秋燥易伤津液，所以饮食应以滋阴润肺为主，可常食具有此功效的粥膳，尤其是具有宣肺化痰、滋阴益气的药粥，如用人参、沙参、西洋参、百合、杏仁、川贝等中药熬制的养生粥等，对缓解秋燥多有良效。

推荐食材

适合秋季养生的食材包括：芝麻、糯米、黑米、粳米、蜂蜜、枇杷、菠萝、奶制品、甘蔗、白萝卜、山药、菜花、茼蒿、南瓜、银耳、百合、蛤蜊、螃蟹等。

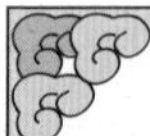

秋季养生应注意以下要点。

◆培养乐观的情绪，保持心情愉悦。秋季的衰败景象易引起人内心的凄凉、垂暮之感，从而使人产生忧郁、烦躁等情绪，中医认为，悲忧易伤肺，因此应尽量避免负面情绪的影响。

◆养成良好的生活习惯。秋季，自然界的阳气由疏泄趋向收敛，起居作息要相应调整。秋季天气转凉，注意增添衣物，加强保暖；适当开展各种运动锻炼，可根据个人具体情况选择不同的锻炼项目。

◆合理饮食。由于酸味食物收敛补肺，辛味食物发散泻肺，而秋天宜收不宜散，所以要尽可能少食葱、姜等辛味食物，适当多吃些酸味的蔬菜和水果；为防秋燥伤津液，应多吃能滋阴润肺的食物；多喝开水、淡茶和汤，可以水解燥；多吃富含维生素的食物。

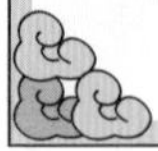

养生粥膳 >>

养生指南 熟地又称熟地黄，中医认为，它具有补血、滋阴的功效，常用于血虚萎黄、眩晕、心悸失眠、月经不调等，还可用于肾阴不足的潮热、盗汗、遗精、消渴及肝肾精血亏虚引起的腰膝酸软、眩晕耳鸣、须发早白等的辅助治疗。百合归肺、心经，具有良好的养阴、润肺、止咳功效。地骨皮为茄科植物枸杞的干燥根皮，中医认为，地骨皮具有凉血除蒸、清肺降火的功效，常用于阴虚潮热、骨蒸、盗汗、肺热咳嗽、咯血、鼻出血等的辅助治疗。这道百合二地粥具有滋阴润肺、清热降火、止血的作用，可为秋季养生之用。

百合二地粥

【材料】百合3大匙，熟地30克，地骨皮20克，粳米半杯

【调料】冰糖适量

【做法】1.百合、熟地、地骨皮一同放入砂锅中，加适量水，煎熬30分钟后，滤取药液。

2.粳米淘洗干净，与药液一同放入砂锅中，以小火煮粥。

3.至粥熟时加入冰糖溶化即可。

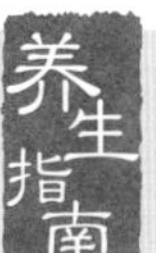

甘蔗枸杞粳米粥

【材料】粳米半杯，枸杞子适量

【调料】甘蔗汁半杯

【做法】1.粳米淘洗干净。

2.粳米、甘蔗汁放入锅中，加适量水煮粥。

3.粥将熟时，放入枸杞子煮熟即可。

养生指南 甘蔗为禾本科植物甘蔗的茎秆，甘蔗汁中含多种氨基酸等成分，可补充人体所需的营养。中医认为，甘蔗具有消热、生津、下气、润燥的功效，对热病津伤、心烦口渴、反胃呕吐、肺燥咳嗽、大便燥结等具有一定的辅助食疗作用。甘蔗与粳米及具有补益作用的枸杞子合用煮制的粥膳，可清热生津、养阴润肺，适用于肺燥咳嗽、热病津伤、心烦口渴、大便燥结等，并能解酒毒。建议空腹食用此粥。

燕窝粳米粥

【材料】燕窝10克，粳米半杯

【做法】1.粳米洗净，备用。

2.将燕窝与粳米一起放入锅中熬煮成粥即可。

养生指南 燕窝既是名贵的烹饪材料，又是营养价值极高的补品。燕窝具有润肺健腰、壮脾健胃、止血等独特的疗效。此外，燕窝含有大量的黏蛋白、钙、磷等多种天然营养成分，有润肺燥、滋肾阴、补虚损的功效，能增强人体对疾病的抵抗力，有助于抵抗伤风、咳嗽和感冒。这道燕窝粳米粥具有养阴润燥、益气补中的功效，适用于阴虚劳损、咳嗽气喘、咯血、吐血、自汗、泻泄、消渴、尿频等的辅助食疗。此粥可随意食用。

鸡蛋糯米粥

【材料】鸡蛋2个，糯米半杯

【调料】白糖少许

【做法】1.糯米淘洗干净；鸡蛋敲破，打散备用。

2.糯米放入锅中，加适量水煮成粥。

3.粥将熟时，放白糖，淋入鸡蛋，煮熟即可。

养生指南 中医认为，鸡蛋可补肺养血、清肺利咽、滋阴润燥、滋养肌肤，常用于气血不足、热病烦渴、胎动不安等的辅助食疗，是扶助正气的佳品。现代营养学认为，鸡蛋是营养丰富的食品，含有蛋白质、脂肪、卵磷脂、维生素及铁、钙、钾等人体所需的矿物质，还含有丰富的DHA等营养成分，对神经系统和身体发育很有益处，能健脑益智，并可改善各个年龄组的记忆力。这道鸡蛋糯米粥具有宣肺利咽、滋阴润燥、补血健体的功效，适用于燥咳、目赤咽痛、月经不调、体弱血虚等的辅助食疗，十分适合秋燥时节食用。建议空腹食用此粥。

冬季粥膳养生

DONGJIZHOUSHANYANGSHENG

冬季话养生

冬季是自然界万物闭藏的季节，人的阳气也要潜藏于内。因此，冬季养生的基本原则是“藏”。中医认为，“肾主冬……肾欲坚，急食苦以坚之，”由于人体阳气闭藏后，新陈代谢就会相应降低，因而要依靠肾来发挥作用，以保证生命活动适应自然界的变化。冬季，肾脏机能如果正常，则可调节机体适应严冬的变化，反之则会使新陈代谢失调而引发疾病。因此，冬季养生应以养肾防寒为主，可常食温热滋补的粥膳，也可适当食用补益类的药粥。药粥的补益作用能使人体功能正常，增进脏腑功能的活力。

冬季是麻疹、白喉、流感、腮腺炎、支气管哮喘、慢性支气管炎等疾病的好发季节，因此要注意这些疾病的防治，可选用一些能改善上述疾病的药粥进行调理。

推荐食材

适合冬季养生的食材、药材包括：黑米、黑豆、黄豆、红枣、栗子、桂圆、莲子、芝麻、核桃、红薯、土豆、萝卜、圆白菜、木耳、羊肉、驴肉、牛肉、猪腰、乌鸡、甲鱼、当归、杜仲、冬虫夏草等。

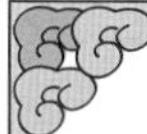

专家建议

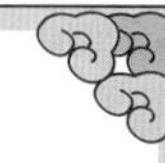

冬季养生应注意以下要点。

◆精神宜安静，并控制情志活动，以养精蓄锐。为了保证冬令阳气伏藏的正常生理不受干扰，因此要求精神安静。

◆注意良好生活习惯的养成。冬季要保证充足的睡眠时间，以利阳气潜藏，阴精积蓄。此外，冬季应适当增减衣物，以防寒邪入侵；还要节制房事，养藏保精；可适当参加体育锻炼。

◆饮食调养要合理。宜食用滋阴潜阳、热量较高的食物，如羊肉、狗肉等；多食富含维生素的食物，可多摄取新鲜的蔬菜和水果；宜多食苦味食物，以补肾养心；不宜食用生冷、黏硬的食物，以防伤害脾胃的阳气；减少盐的摄入量，以减轻肾脏的负担。

陈皮猪腰粳米粥

【材料】猪腰（去脂膜）1对，粳米半杯，陈皮、缩砂仁各10克，去皮苹果块、葱花各少许

【做法】1.猪腰洗净，切细；粳米淘洗干净。

2.陈皮、缩砂仁一同放入砂锅中，加适量水煎取汁液，去渣取汁。

3.粳米、猪腰、苹果块与煎好的药汁一同放入锅中煮粥。

4.粥将熟时，撒上葱花略煮即可。

养生指南 按照中医"以脏养脏"的理论，猪腰可改善肾虚遗精、肾虚腰痛、咳嗽、久泄不止、赤白痢、产后虚汗、发热、肢体疼痛等。陈皮具有益气健脾、润燥化痰的作用，常用于食少吐泻、咳嗽痰多等。缩砂仁是砂仁的一种，具有温暖脾肾、下气止痛等功效。这道陈皮猪腰粳米粥具有强腰滋肾、健脾益气的功效，适用于肾虚劳损、气阴不足、腰膝无力、腹痛作泄等的辅助食疗。建议空腹食用此粥。

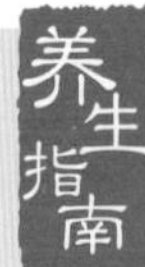温补羊肉粥

【材料】瘦羊肉150克，粳米1杯，葱花适量

【调料】盐少许

【做法】1.羊肉洗净，切成小块。

2.粳米淘洗干净，放入锅中，加适量水，与切好的羊肉块煮至软烂，撒上葱花。

3.食用时依个人口味加盐调味。

养生指南 由于冬季养生以养肾为主，所以应多食养肾防寒的食物，羊肉就是冬季养生的理想食物之一。中医认为，羊肉具有补虚劳、祛寒冷、温中补血、益肾气、助元阳、益精血的功效。由于羊肉较牛肉的肉质要细嫩，较猪肉和牛肉的脂肪、胆固醇含量都要少，因此冬季吃羊肉不会影响身体健康，而且还可进补防寒。这道温补羊肉粥是冬季养肾之佳品。

[贴心提醒] 如果不喜欢羊肉的膻味，可以将羊肉切块后放入水中，加点米醋煮，待沸后捞出羊肉，再继续烹调，基本可去除膻味。

暖身狗肉粥

【材料】狗肉100克，粳米半杯，葱花、姜丝各适量

【调料】盐少许

【做法】1.狗肉洗净，切成丁。

2.粳米淘洗干净，加适量水与狗肉丁一同放入锅中，煮至软烂黏稠。

3.粥将熟时加盐、姜丝、葱花调味即成。

养生指南

中医认为，狗肉具有补中益气、温肾助阳的功效，可辅助治疗脾肾气虚、胸腹胀满、浮肿、腰膝酸软、寒疟等。狗肉是温肾壮阳的理想食品，其温补之功效较羊肉更强，多用于老年人体弱阳虚、畏冷、手足不温、腰膝酸软、尿频等，为冬令进补佳品。葱、姜皆属热性食物，更适合冬季食用。这道暖身狗肉粥具有温补、养肾、暖身等功效，适宜冬季食用。

[贴心提醒] 新鲜的狗肉有时会有土腥的气味，不宜立即食用，应先用盐渍一下，以除去异味，然后再进行烹饪。

锅巴莲子粥

【材料】莲子3大匙，大米半杯，锅巴适量

【调料】白糖少许

【做法】1.莲子、锅巴、大米一同放入锅中，加适量水，以小火煮粥，待粥熟后，转小火。

2.等莲子肉煮至烂熟时，加入白糖调匀即可。

养生指南

莲子具有较好的补脾养肾、养心安神的功效，适合冬季养肾之用。锅巴是煮米饭时锅底所结之物经低温烘烤而成，略黄不焦，既香又脆。中医认为，锅巴味甘、苦，性平，具有补气健脾、消食止泻的功效。现代营养学认为，锅巴含有淀粉、蛋白质、脂肪、维生素B_1、维生素A、维生素E、纤维素和钙、磷、铁等矿物质，可促使肠胃蠕动，增强消化功能。这道锅巴莲子粥具有健脾养肾、益气消食、涩肠的功效，适用于脾胃虚弱、食欲不振、消化不良、大便溏泄等的辅助食疗。建议早晚温热食用此粥。

图书在版编目(CIP)数据

粥膳养生堂1000例/养生堂膳食营养课题组编著. -北京：中国轻工业出版社，2012.9
(彩读养生馆)
ISBN 978-7-5019-6151-1

Ⅰ.粥… Ⅱ.养… Ⅲ.粥-食物养生-食谱 Ⅳ.R247.1
TS972.137

中国版本图书馆CIP数据核字(2007)第149904号

责任编辑：王秋墨　　责任终审：劳国强
策划编辑：王恒中　　装帧设计：刘金华　旭　晖
文字编辑：高新梅　　美术编辑：冯　静

出版发行：中国轻工业出版社（北京东长安街6号，邮编：100740）
印　　刷：北京博艺印刷包装有限公司
经　　销：各地新华书店
版　　次：2012年9月第1版第11次印刷
开　　本：787×1092　1/16　印张：18
字　　数：260千字
书　　号：ISBN 978-7-5019-6151-1/TS·3592　定价：29.90元
读者服务部邮购热线电话：010-65241695　010-85111729　传真：010-85111730
发行电话：010-85119845　65128898　传真：010-85113293
网　　址：http://www.chlip.com.cn
Email：club@chlip.com.cn